"十三五"普通高等教育本科系列教材

普通高等教育"十一五"国家级规划教材

•掌握发电厂及变电站二次设备相关知识的必备教材•

发电厂及变电站的二次回路（第三版）

主编 何永华

编写 阎晓霞 何文涛

主审 王永珠 黄咸湖

中国电力出版社
CHINA ELECTRIC POWER PRESS

内 容 提 要

本书为“十三五”普通高等教育本科系列教材，普通高等教育“十一五”国家级规划教材。

本书全面讲述了发电厂及变电站的二次回路的构成及其工作原理，力求内容新颖、联系实际，概念准确清晰，文字通俗易懂。其主要内容包括：互感器及其二次回路，操作电源，断路器的控制和信号电路，隔离开关的控制和闭锁电路，中央信号及其他信号系统，同步系统，测量回路，发电厂和变电站的弱电控制和信号系统，电气图的基本知识，二次设备的选择和发电厂二次回路工程图。每章后面均附有复习思考题。

本书可作为本科电气工程及其自动化专业、电力系统及其自动化方向和其他相关专业的教材，也可作为高职高专及函授教材，还可供从事继电保护和二次回路设计、安装、运行、调试的工程技术人员参考使用。

图书在版编目（CIP）数据

发电厂及变电站的二次回路/何永华主编．—3版．—北京：中国电力出版社，2020.8（2025.7重印）

“十三五”普通高等教育本科规划教材

ISBN 978-7-5198-3512-5

Ⅰ．①发… Ⅱ．①何… Ⅲ．①发电厂－二次系统－高等学校－教材②变电所－二次系统－高等学校－教材 Ⅳ．①TM645.2

中国版本图书馆CIP数据核字（2019）第169545号

出版发行：中国电力出版社
地　　址：北京市东城区北京站西街19号（邮政编码100005）
网　　址：http://www.cepp.sgcc.com.cn
责任编辑：牛梦洁（mengjie-niu@sgcc.com.cn）
责任校对：黄　蓓　马　宁
装帧设计：郝晓燕
责任印制：吴　迪

印　　刷：三河市航远印刷有限公司
版　　次：2007年4月第一版　2012年2月第二版　2020年8月第三版
印　　次：2025年7月北京第二十二次印刷
开　　本：787毫米×1092毫米　16开本
印　　张：15
字　　数：364千字
定　　价：45.00元

前　言

本书为“十三五”普通高等教育本科系列教材，第一版根据教育部高教司 2006 年第 9 号文件《教育部关于印发普通高等教育“十一五”国家级教材规划选题的通知》，列入教育部普通高等教育“十一五”国家级规划教材。

发电厂及变电站的二次回路是发电厂和变电站的重要组成部分，它直接影响发电厂和变电站的安全运行。本书全面阐述了发电厂和变电站二次回路的构成及其工作原理，力求内容新颖、联系实际，概念准确清晰，文字通俗易懂。同时，遵照 GB/T 6988《电气技术用文件的编制》系列标准、GB/T 5094《工业系统、装置与设备以及工业产品结构原则与参照代号》、DL/T 5028—2015《电力工程制图标准》系列标准；还参考了上海继电器厂电气设备文字符号的有关规定。

全书分两篇，共十一章，第一篇为发电厂及变电站的二次回路基础，第二篇为发电厂及变电站二次回路设计。其中，第一章为互感器及其二次回路，第二章为操作电源，第三章为断路器的控制和信号电路，第四章为隔离开关的控制和闭锁电路，第五章为中央信号及其他信号系统，第六章为同步系统，第七章为测量回路，第八章为发电厂和变电站的弱电控制和信号系统，第九章为电气图的基本知识，第十章为二次设备的选择，第十一章为发电厂二次回路工程图。前八章属第一篇内容，后三章属第二篇内容。

本书第一、四、六、七、十、十一章由山西大学何永华编写；第二章由华电山西能源有限公司何文涛和何永华编写；第三、五、八、九章由阎晓霞编写。全书由何永华主编，并由山西省电力科学研究院王永珠高级工程师、山西省电力公司黄咸湖教授级高工主审。此外，本书在编写过程中，曾得到许多单位的热忱支持，并提供大量的资料和有益的建议，在此一并表示感谢。

编　者

2019 年 8 月

目　录

绪　　论

发电厂和变电站的电气设备分为一次设备和二次设备。一次设备（也称主设备）是构成电力系统的主体，是直接生产、输送、分配电能的电气设备，包括发电机、电力变压器、断路器、隔离开关、电力母线、电力电缆和输电线路等。二次设备是对一次设备进行监测、控制、调节和保护的电气设备，包括测量仪表、控制及信号器具、继电保护和自动装置等。二次设备通过电压互感器和电流互感器与一次设备取得电的联系。一次设备及其相互连接的回路称为一次回路（又称主回路或主系统或主电路）。二次设备及其相互连接的回路称为二次回路。

二次回路是电力系统安全生产、经济运行、可靠供电的重要保障，是发电厂和变电站中不可缺少的重要组成部分。

一、二次回路的内容

二次回路的构成包括发电厂和变电站一次设备的控制、信号、测量、调节、继电保护和自动装置等回路以及操作电源系统。

1. 控制回路

控制回路由控制开关和控制对象（断路器、隔离开关）的传送机构及执行（或操作）机构组成。其作用是对一次开关设备进行“跳”“合”闸操作。控制回路按自动化程度可分为手动控制和自动控制两种；按控制距离可分为就地控制和距离控制两种；按控制方式可分为分散控制和集中控制两种，分散控制均为一对一控制，集中控制有一对一控制和一对 N 的选线控制；按操作电源性质可分为直流操作和交流操作两种；按操作电源电压和电流的大小，可分为强电控制和弱电控制两种，强电控制采用较高电压（直流 110V 或 220V）和较大电流（交流 5A），弱电控制采用较低电压（直流 60V 以下，交流 50V 以下）和较小电流（交流 0.5～1A）。

2. 信号回路

信号回路是由信号发送机构、传送机构和信号器具构成。其作用是反映一、二次设备的工作状态。信号回路按信号性质，可分为事故信号、预告信号、指挥信号和位置信号四种；按信号显示方式，可分为灯光信号和音响信号两种；按信号的复归方式，可分为手动复归和自动复归两种。

3. 测量回路

测量回路是由各种测量仪表及其相关回路组成。其作用是指示或记录一次设备的运行参数，以便运行人员掌握一次设备的运行情况。测量仪表的测量结果是分析电能质量、计算经济指标、了解系统潮流和主设备运行工况的主要依据。

4. 调节回路

调节回路是指调节型自动装置回路。它由测量机构、传送机构、调节器和执行机构组成。其作用是根据一次设备运行参数的变化，实时在线调节一次设备的工作状态，以满足运行要求。

5. 继电保护及操作型自动装置回路

继电保护和操作型自动装置回路由测量机构、传送机构、执行机构及继电保护和自动装置组成。其作用是自动判别一次设备的运行状态，在系统发生故障或异常运行时，自动跳开断路器（切除故障）或发出异常运行信号，故障或异常运行状态消失后，快速投入断路器，恢复系统正常运行。

6. 操作电源系统

操作电源系统由电源设备和供电网络组成，包括直流电源和交流电源系统。其作用是供给上述各回路工作电源。发电厂和变电站的操作电源多采用直流电源系统（简称直流系统），部分小型变电站也可采用交流电源或整流电源（如硅整流电容储能或电源变换式直流系统）。

反映上述二次回路的电气图包括表示功能关系的系统图、框图、逻辑图和电路图，表示位置关系的布置图和安装图，表示连接关系的接线图。

本书主要阐明控制、信号、测量回路和操作电源系统的工作原理和电路图、继电保护和自动装置的外部电路图。装置本身的工作原理在专门的课程中有介绍。对于大容量机组的汽轮机、锅炉及其辅助设备的监视、控制和保护，已经形成了完整的独立的热控系统，不属于本书的范畴。

二、监测和控制技术的发展

近年来随着机组容量的增大、自动化水平的提高以及计算机和微机技术的应用，发电厂及变电站的监测和控制技术得到迅速发展。

发电厂和变电站控制水平的发展过程是一个从分散到集中，从单元到综合，从低级到高级的过程，大体经历了以下四个阶段。

1. 就地分散控制

就地分散控制是指在被控对象所在地，运行人员就地对被控对象进行的监视和控制。这种控制方式简单且易于实现，但不便于各机组或各设备之间的协调控制。就地分散控制一般适用于小型发电厂和变电站；在大、中型发电厂和变电站中，只适用于 6～10kV 屋内配电装置主设备的控制。

2. 电气集中控制

电气集中控制是指在主控制室或网络控制室，运行人员对全厂（站）的主要电气设备集中进行的监视和控制。

在主控制室主要是对发电机、主变压器、高压母线设备、高压厂用工作变压器、备用变压器和 35kV 及以上输电线路进行监视和控制。这种集中控制方式一般用于单机容量为 100MW 及以下的发电厂和 35kV 及以上的变电站。

在网络控制室主要是对三绕组变压器或自耦变压器、高压母线设备和 110kV 及以上输电线路进行监视和控制。这种网络集中控制方式通常与单元控制相配合。

3. 单元控制

单元控制是指在单元控制室，运行人员对本单元的机、电、炉主要设备进行的监视和控制。单元控制一般用于单机容量为 200MW 及以上的发电厂。

发电厂采用单元控制时，可根据机组台数设置数个单元控制室，根据发电厂主系统接线复杂程度不设置或设置网络控制室（主系统接线不太复杂时，可不设网络控制室，而在单元控制室另设网络控制屏）。每个单元控制室控制一台或两台机、电、炉的主要设备。其中，电气主设备包括发电机或发电机—变压器组、高压厂用工作变压器和备用变压器等。

单元控制便于机、电、炉的统一调度和事故处理，有利于运行人员的协调配合，是目前我国大型发电厂广泛采用的控制方式。

电气集中控制和单元控制均属于集中控制。

4. 综合控制

综合控制以电子计算机为核心，同时实现全厂（站）的监视、控制、测量、调节、保护、分析判断和计划决策等功能。综合控制能更好地实现各单元的协调配合，提高控制质量和自动化水平，并在整个电力生产、输送过程中实现最佳控制，使机组的安全生产和经济运行达到最优状态，因而是最高级的集中控制方式。

目前，我国大容量的发电厂和高压、超高压变电站已普遍采用计算机监控系统。

第一篇　发电厂及变电站的二次回路基础

第一章　互感器及其二次回路

电力系统中一次运行设备的监控和故障的切除是靠测量仪表、继电保护及自动装置实现的。测量仪表、继电保护和自动装置通过互感器取得一次设备的运行参数，所以，仪表测量的准确性、继电保护及自动装置动作的可靠性，在很大程度上与互感器的性能有关。

互感器包括电压互感器和电流互感器。电压互感器是一种小型的变压器，电流互感器是一种小型的变流器。电压互感器或电流互感器是将电力系统的一次电压或一次电流按比例变换为符合要求的二次电压或二次电流，向测量仪表、继电保护及自动装置的电压线圈和电流线圈供电。电压互感器和电流互感器的工作原理和结构在“电机学”“发电厂和变电站电气设备”课程中作过详细阐述，本章主要介绍它们的二次回路，并将互感器的技术性能作一简单的回顾。互感器的作用主要有以下两点：

（1）将一次回路的高电压和大电流变换成二次回路的低电压和小电流，并规范为标准值。这样可使测量仪表、继电保护及自动装置标准化、小型化。

（2）将一次回路与二次回路进行电气隔离，这样既保证了二次设备和人身安全，又保证了二次回路维修时不必中断一次设备运行。

第一节　电压互感器

电压互感器是一种小型的变压器，其一次绕组并接于电力系统一次回路中，仪表或继电保护或自动装置的电压线圈并接于其二次绕组（即负载为多个元件时，负载并联后接入二次绕组）。

一、电压互感器的分类和结构

常用的电压互感器有三相五柱式、三相三柱式和电容式电压互感器三种。

（一）三相五柱式电压互感器

三相五柱式电压互感器由五柱式铁芯、一组一次（三相）绕组和两组二次（三相）绕组组成。其结构示意如图1-1所示。

1. 五柱式铁芯

五柱式铁芯左右两个边柱为零序磁通提供通路。

2. 一次三相绕组

一次三相绕组分别绕于铁芯中部的三个芯

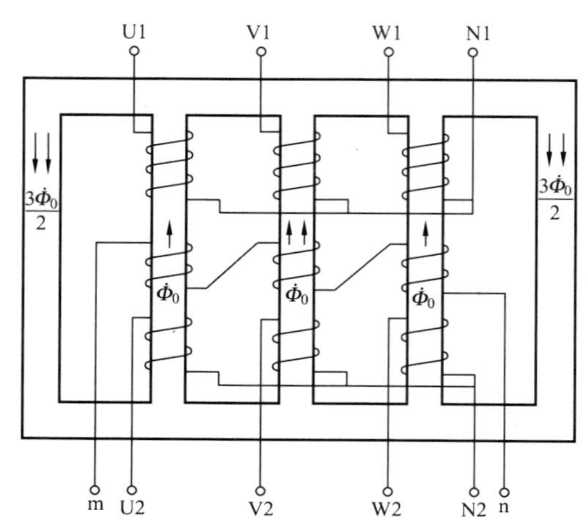

图1-1　三相五柱式电压互感器结构示意图

柱上，连接成星形接线，其引出端 U1、V1、W1 并接于一次回路中，中性点 N1 直接接地。

3. 二次三相绕组

二次侧有两组三相绕组：主二次绕组和辅助二次（开口三角形接线）绕组。

（1）主二次（三相）绕组分别绕于铁芯中部的三个芯柱上，连接成星形接线，其引出端 U2、V2、W2 向二次回路负载提供三相电压。中性点 N2 是否接地根据二次回路的要求而定。一般在 110kV 及以上电压等级的中性点直接接地的电力系统（以下简称 110kV 及以上中性点直接接地系统）中，N2 直接接地。

（2）辅助二次（三相）绕组，分别绕于铁芯中部的三个芯柱上，连接成开口三角形接线，形成零序电压滤过器。

三相五柱式电压互感器由于既能检测一次系统的相电压、线电压，又能检测零序电压，因此广泛应用在电力系统中。

（二）三相三柱式电压互感器

它是由"⊟"形（三柱）铁芯（即图 1-1 中铁芯去掉左右两个边柱）和一、二次绕组组成。一次（三相）绕组分别绕于铁芯的三个芯柱上，连接成星形接线，其引出端 U1、V1、W1 并联接于一次回路中。中性点 N1 不允许接地，否则，当一次系统发生单相接地时，由于出现零序电流，致使互感器过热，甚至烧坏。二次（三相）绕组也分别绕于三个芯柱上，连接成星形接线，其引出端 U2、V2、W2 向二次回路负载提供三相电压，而中性点 N2 是否接地根据二次回路要求而定。

三相三柱式电压互感器主要应用在 35kV 及以下电压等级的中性点非直接接地的电力系统（以下简称 35kV 及以下中性点不直接接地系统）中。

（三）电容式电压互感器

电容式电压互感器实质上是一个电容分压器，它由电容 C_1 和 C_2（其值为等效电容）、电抗器 L、中间电压互感器 TV 组成，如图 1-2 所示。

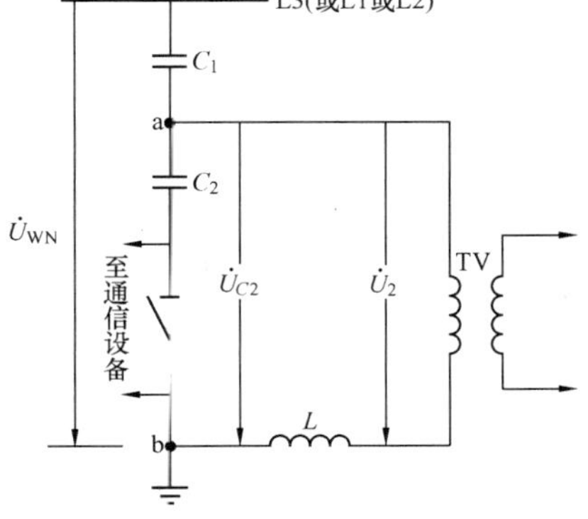

图 1-2　电容式电压互感器

在被测线路的某相与地之间串入电容器 C_1 和 C_2，C_1 和 C_2 按反比分压，C_2 上电压 $\dot{U}_{C2}$ 为

$$\dot{U}_{C2}=\frac{C_1}{C_1+C_2}\dot{U}_{WN}=n\dot{U}_{WN} \qquad (1-1)$$

式中：n 为分压比，$n=C_1/(C_1+C_2)$；$\dot{U}_{WN}$ 为被测线路 L3 相对地电压。

a、b 两点间内阻抗 Z 等于

$$Z=\frac{1}{j\omega(C_1+C_2)}$$

为了减少 Z，要在 a、b 回路中加入电抗器 L 进行补偿。

当 $j\omega L=\frac{1}{j\omega(C_1+C_2)}$ 时，有

$$Z=j\omega L+\frac{1}{j\omega(C_1+C_2)}=0$$

在 $Z=0$ 时，输出（即电压互感器一次侧）电压 $\dot{U}_2$ 与阻抗 Z 无关，即

$$\dot{U}_2 = \dot{U}_{C2} = n\dot{U}_{WN} \tag{1-2}$$

电容式电压互感器由于结构简单、体积小、质量轻、成本低，分压电容器还可兼作载波通信的耦合电容器，因此广泛应用在 110kV 及以上中性点直接接地系统中，用来检测相电压。电容式电压互感器的缺点是输出容量较小、误差较大，二次电压在一次系统短路时，不能迅速、真实地反映一次电压的变化。

二、电压互感器的特性

1. 电压互感器二次绕组的额定电压

当一次绕组电压等于额定值时，二次额定线电压为 100V，额定相电压为 $100/\sqrt{3}$V。对三相五柱式电压互感器，辅助二次绕组额定相电压，用于 35kV 及以下中性点不直接接地系统，为$\frac{100}{3}$V；用于 110kV 及以上中性点直接接地系统，为 100V。

2. 电压互感器正常运行时近似空载状态

并接在电压互感器二次绕组上的二次负载，是测量仪表、继电保护及自动装置的电压线圈。电压线圈导线较细，负载阻抗较大，负载电流很小，所以，电压互感器正常运行时近似于空载运行。

3. 电压互感器二次侧不允许短路

由于电压互感器内阻抗很小，若二次回路短路，则会出现危险的过电流，将损坏二次设备和危及人身安全。

4. 电压互感器的变比

若电压互感器一次绕组为 N_1 匝，额定相电压为 U_{1N}；二次绕组为 N_2 匝，额定相电压为 U_{2N}，则变比 n_{TV} 为

$$n_{TV} = \frac{N_1}{N_2} = \frac{U_{1N}}{U_{2N}}$$

电压互感器的变比等于一、二次绕组匝数之比，也等于一、二次额定相电压之比。

对于三相五柱式电压互感器，为了使开口三角侧输出的最大二次电压 $U_{mn,max}$ 不超过 100V，其变比 n_{TV} 有两种情况：

（1）用于 35kV 及以下中性点不直接接地系统，变比 n_{TV} 为

$$n_{TV} = U_{1N}\Big/\frac{100}{\sqrt{3}}\Big/\frac{100}{3}$$

（2）用于 110kV 及以上中性点直接接地系统，变比 n_{TV} 为

$$n_{TV} = U_{1N}\Big/\frac{100}{\sqrt{3}}\Big/100$$

三、电压互感器的极性及接线方式

（一）电压互感器的极性

电压互感器的极性端采用减极性标注法，用“*”或“·”表示极性端，如图 1-3 所示。

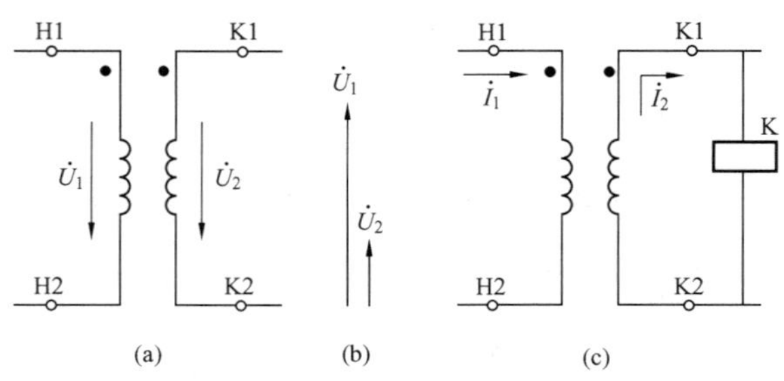

图 1-3　电压互感器的极性标注

（a）极性与电压；（b）相量图；（c）极性与电流

电压互感器一、二次绕组的极性取决于绕组的绕向，而一、二次绕组电压

的相位取决于绕组的绕向和对绕组始末端的标注方法。我国按一、二次电压相位相同的方法标注极性端，这种标注方法称为减极性标注法。

如图 1-3（c）所示，极性端是指在同一瞬间，端子 H1 有正电位时，端子 K1 也有正电位，则两端子有相同的极性。电压互感器两侧电压 $\dot{U}_1$ 和 $\dot{U}_2$ 的正方向，一般均由极性端指向非极性端。这种标注方法使一、二次电压相位相同，如图 1-3（b）所示。

当电压互感器带上负载后，一次绕组电流 $\dot{I}_1$ 的正方向从极性端 H1 流入，二次绕组电流 $\dot{I}_2$ 的正方向从极性端 K1 流出，可简记为电流是“头进头出”，如图 1-3（c）所示。

对于三相五柱式电压互感器，一、二次绕组相电压的正方向也是由极性端指向非极性端，如图 1-4（a）所示。一次绕组与主二次绕组电压相量如图 1-4（b）所示，一次绕组与辅助二次（开口三角形侧）绕组电压相量如图 1-4（c）所示。

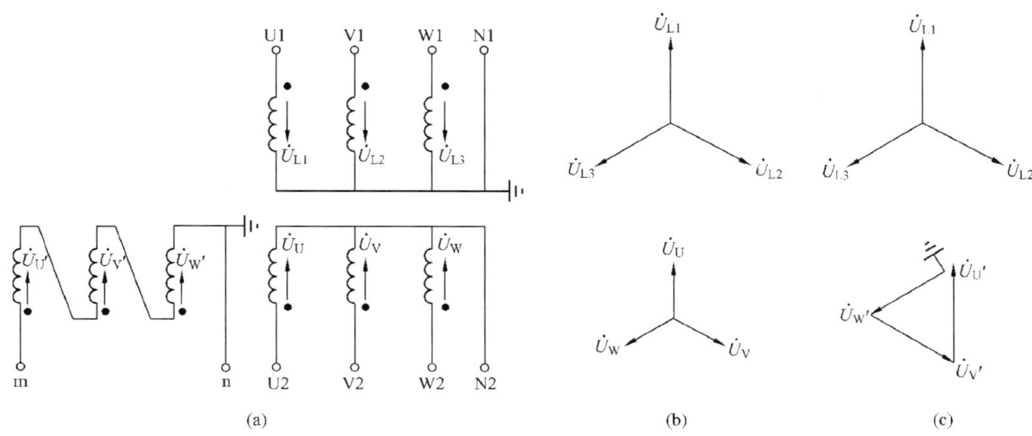

图 1-4　三相五柱式电压互感器极性

（a）极性标注；（b）一次绕组与主二次绕组电压相量图；（c）一次绕组与辅助二次（开口三角形侧）绕组电压相量图

（二）电压互感器的接线方式

电压互感器的接线方式根据二次负载的需要而定。

图 1-4 中，三相五柱式电压互感器一次绕组连接成星形，主二次绕组连接成星形，形成 Yy0 接线方式，辅助二次绕组连接成开口三角形，形成 Yd1 接线方式。

辅助二次绕组按开口三角形连接的目的，是构成零序电压滤过器，使 mn 端子上的电压与一次系统 3 倍零序电压成正比，即

$$\dot{U}_{mn}=\dot{U}_{U'}+\dot{U}_{V'}+\dot{U}_{W'}=\frac{1}{n_{TV}}(\dot{U}_{L1}+\dot{U}_{L2}+\dot{U}_{L3})=\frac{1}{n_{TV}}\times 3\dot{U}_0 \quad (1-3)$$

一次系统正常运行（或对称短路）时，$\dot{U}_{L1}$、$\dot{U}_{L2}$、$\dot{U}_{L3}$ 三相电压对称（或三相电压中含有对称的正序电压或负序电压时），其相量之和等于零（即 $3\dot{U}_0$ 等于零），则 $\dot{U}_{mn}$ 等于零（或 $\dot{U}_{mn}\approx 0$）。

一次系统发生单相或两相接地故障时，电压互感器二次电压与故障点的位置、故障类型及电压互感器的变比有关。一次系统发生单相（L1 相）金属性接地时 U_{mn} 的大小，可分为下面两种情况：

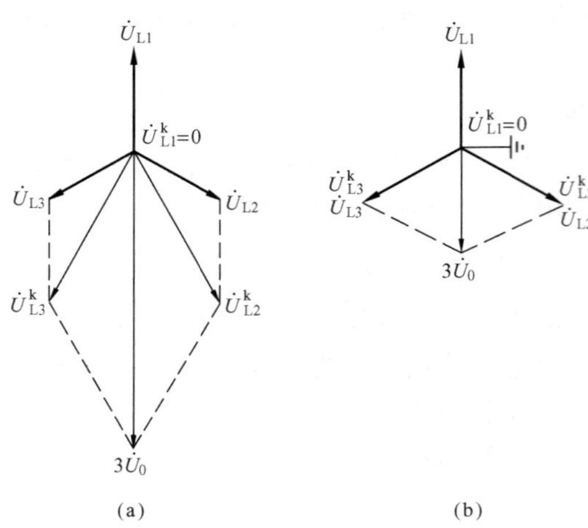

图 1-5 单相（L1 相）接地时三相电压相量图
(a) 35kV 及以下中性点不直接接地系统；
(b) 110kV 及以上中性点直接接地系统

(1) 35kV 及以下中性点不直接接地系统。如图 1-5（a）所示，故障相对地电压为零，非故障相对地电压升高为线电压，非故障相之间电压为线电压。可见，此时线电压三角形不变，用户可正常工作，允许继续运行一段时间。

因为 $3\dot{U}_0=\dot{U}^{k}_{L1}+\dot{U}^{k}_{L2}+\dot{U}^{k}_{L3}$，则

$$\dot{U}_{mn}=\frac{1}{n_{TV}}(\dot{U}^{k}_{L1}+\dot{U}^{k}_{L2}+\dot{U}^{k}_{L3})=\frac{1}{n_{TV}}\times 3\dot{U}_0=\frac{1}{n_{TV}}(\dot{U}^{k}_{L2}+\dot{U}^{k}_{L3}) \tag{1-4}$$

其有效值为

$$U_{mn}=\frac{1}{n_{TV}}\times\sqrt{3}\times U^{k}_{L2}=\frac{1}{n_{TV}}\times 3U_0=3\times\frac{100}{3}=100(\text{V})$$

(2) 110kV 及以上中性点直接接地系统。相量图如图 1-5（b）所示。该图对应 L1 相的负序电压与零序电压相等的情况，$\dot{U}^{k}_{L2}$ 等于 $\dot{U}_{L2}$；$\dot{U}^{k}_{L3}$ 等于 $\dot{U}_{L3}$。图中，故障相对地电压为零，非故障相对地电压的大小和相位保持不变，则

$$\dot{U}_{mn}=\frac{1}{n_{TV}}(\dot{U}^{k}_{L1}+\dot{U}^{k}_{L2}+\dot{U}^{k}_{L3})=\frac{1}{n_{TV}}\times 3\dot{U}_0=\frac{1}{n_{TV}}(\dot{U}^{k}_{L2}+\dot{U}^{k}_{L3})=\frac{1}{n_{TV}}(\dot{U}_{L2}+\dot{U}_{L3}) \tag{1-5}$$

其有效值为

$$U_{mn}=\frac{1}{n_{TV}}U_{L2}=100(\text{V})$$ [1]

第二节 电压互感器二次回路

一、对电压互感器二次回路的要求

电压互感器二次回路应满足以下要求：

(1) 电压互感器的接线方式应满足测量仪表、远动装置、继电保护和自动装置检测回路的具体要求。

(2) 应装设短路保护。

(3) 应有一个可靠的接地点。

(4) 应有防止从二次回路向一次回路反馈电压的措施。

[1] 在电压互感器入口处，一次系统发生单相金属性接地时，U_{mn} 最大，（即 $U_{mn,max}$）等于 100V，否则 U_{mn} 小于 100V。

（5）对于双母线上的电压互感器，应有可靠的二次切换回路。

二、电压互感器二次回路的短路保护

电压互感器正常运行时，近似于空载状态，若二次回路短路，会出现危险的过电流，将损坏二次设备和危及人身安全。所以，必须在电压互感器二次侧装设熔断器或低压断路器，作为二次侧的短路保护。

1. 装设熔断器

在 35kV 及以下中性点不直接接地系统中，一般不装设距离保护，不用担心在电压互感器二次回路末端短路时，因熔断器熔断较慢而造成距离保护误动作。因此，对 35kV 及以下的电压互感器，可以在二次绕组各相引出端装设熔断器（如图 1-6 中所示的 FU1～FU3）作为短路保护。

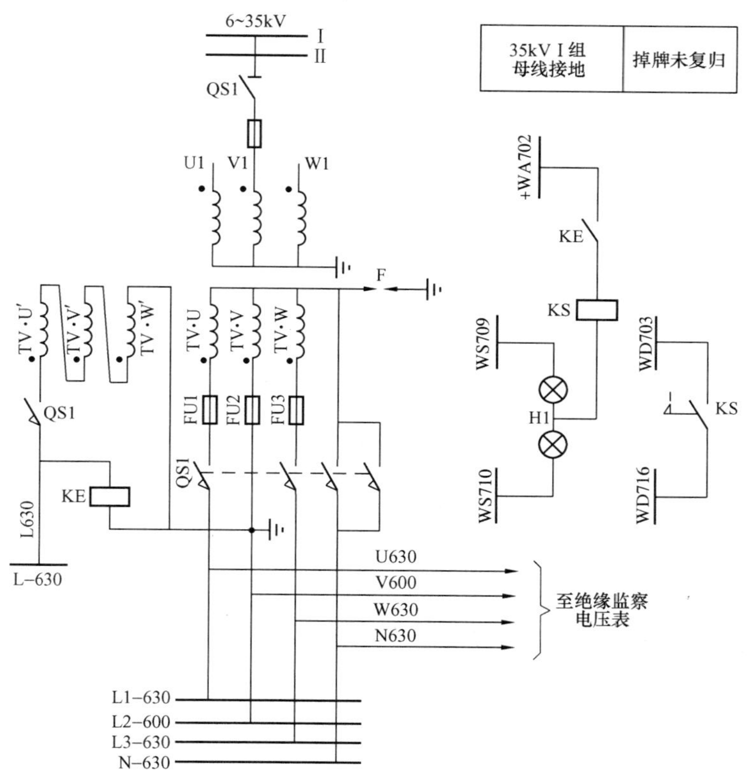

图 1-6　V 相接地的电压互感器二次回路

选择熔断器的原则有以下两点：

（1）在电压互感器二次回路内发生短路故障时，熔断器熔体的熔断时间应小于继电保护的动作时间。

（2）熔断器熔体的额定电流应整定为二次最大负载电流的 1.5 倍。对于双母线系统，应考虑一组母线停止运行时，所有电压回路的负载全部切换至另一组电压互感器上。

2. 装设低压断路器

在 110kV 及以上中性点直接接地系统中，通常装有距离保护，如果在远离电压互感器的二次回路上发生短路故障时，由于二次回路负载阻抗较大，短路电流较小，则熔断器不能快速熔断，但在短路点附近电压比较低或等于零，可能引起距离保护误动作。所以，对于110kV及以上的电压互感器，在二次绕组各相引出端装设快速低压断路器（如图1-7中Q1～Q3）作为短路保护。

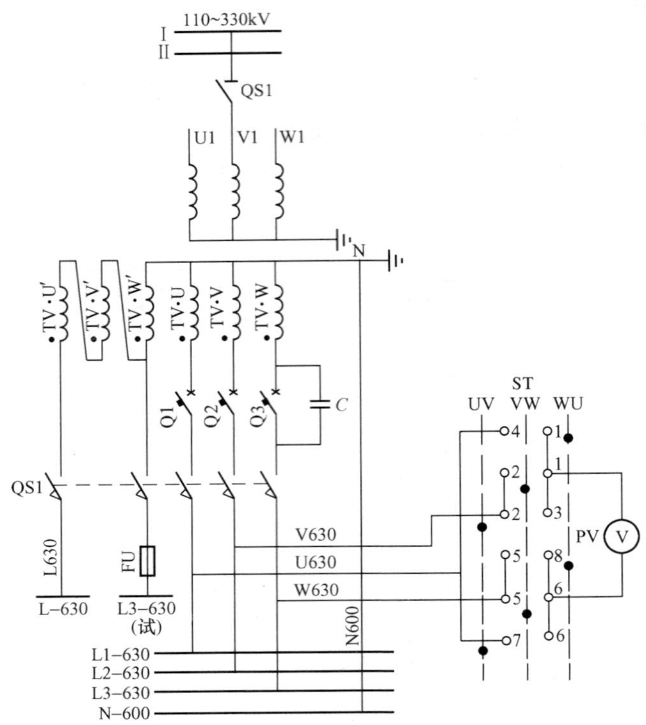

ST：LW2-5.5/F4-X型

触点盒型式			5			5		
触点号			1—2	2—3	1—4	5—6	6—7	5—8
位置	UV	←	—	•	—	—	•	—
	VW	↑	•	—	—	•	—	—
	WU	→	—	—	•	—	—	•

图1-7　中性点N接地的电压互感器二次回路

选择低压断路器时有以下三点原则：

（1）低压断路器脱扣器的动作电流应整定为二次最大负载电流的1.5～2.0倍。

（2）当电压互感器运行电压为90%额定电压时，在二次回路末端经过渡电阻发生两相短路，而加在继电器线圈上的电压低于70%额定电压时，低压断路器应能瞬时动作于跳闸。

（3）低压断路器脱扣器的断开时间不应大于0.02s。

对于110kV及以上或35kV及以下的电压互感器，在中性线和辅助二次绕组回路中，均不装设熔断器或低压断路器，因为正常运行时，在中性线和辅助二次绕组回路中，没有电压或只有很小的不平衡电压；同时，此回路也难以实现对熔断器和低压断路器的监视。

由电压互感器二次回路引到继电保护屏的分支回路上，为保证继电保护工作的可靠性，不装设熔断器；引到测量仪表回路的分支回路上，应装设熔断路，此熔断器应与主回路的熔断器在动作时限上相配合，以便保证在测量回路中发生短路故障时，首先熔断分支回路熔断器。

三、电压互感器二次回路断线信号装置

由于电压互感器二次输出端装有短路保护，当短路保护动作或二次回路断线时，与其相连的距离保护可能误动作。虽然距离保护装置本身的振荡闭锁回路可兼作电压回路断线闭锁之用，但是为了避免在电压回路断线的情况下，又发生外部故障造成距离保护无选择性动作，或者使其他继电保护和自动装置不正确动作，一般还需要装设二次回路断线信号装置。当熔断器或低压断路器断开或二次回路断线时，发出断线信号，以便运行人员及时发现并处理。

二次回路断线信号装置的类型很多。目前多采用按零序电压原理构成的电压回路断线信号装置。如图 1-8 所示，该装置由星形连接的三个等值电容 C_1、C_2、C_3，断线信号继电器 K，电容 C' 及电阻 R' 组成。断线信号继电器 K 有两组线圈，其工作线圈 L1 接于电容中性点 N′和二次回路中性点 N 回路中，另一线圈 L2 经 C'、R' 接于电压互感器辅助二次绕组（开口三角形侧）回路。

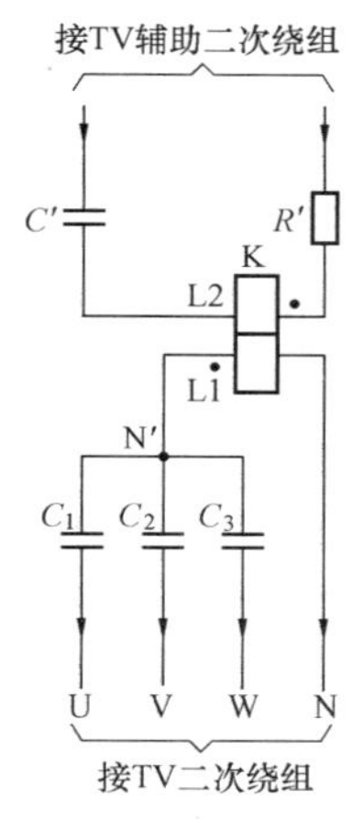

图 1-8　电压互感器二次回路断线信号装置电路图

在正常运行时，由于 N′与 N 等电位，辅助二次回路电压也等于零，所以断线信号继电器 K 不动作。

当电压互感器二次回路发生一相或二相断线时，由于 N′与 N 之间出现零序电压，而辅助二次回路仍无电压，所以断线信号继电器 K 动作，发出断线信号。

当电压互感器二次回路发生三相断线（熔断器或低压断路器三相同时断开）时，在 N′与 N 之间无零序电压出现，断线信号继电器 K 将拒绝动作，不发断线信号，这是不允许的。为此，在三相熔断器或三相低压断路器的任一相上并联一个电容 C（见图 1-7）。这样，当三相同时断开时，电容 C 仍串接在一相电路中，则 N′与 N 之间仍有电压，可使断线信号继电器 K 动作，仍能发出断线信号。

电容 C 的电容值选择与二次负载大小有关。当电压互感器二次回路上接有两套距离保护装置时，C 可取 4μF；若接有四套距离保护装置，C 可取 8μF。但必须经过现场模拟试验，即在电压互感器最大负载时三相断线和最小负载时与电容 C 并联的一相断线后，作用在断线信号继电器的电压不小于其动作电压的 2 倍，作为选择电容 C 的基本依据。

当一次系统发生接地故障时，在 N′与 N 之间出现零序电压，同时在辅助二次回路中也出现零序电压，此时断线信号继电器 K 的两组线圈 L1 和 L2 所产生的零序磁动势大小相等、方向相反、合成磁通等于零，K 不动作。

四、电压互感器二次回路安全接地

电压互感器的一次绕组并接在高压系统的一次回路中，二次绕组并接在二次回路中。当

电压互感器一、二次绕组之间绝缘损坏被击穿时，高电压将侵入二次回路，危及人身和二次设备的安全。为此，在电压互感器二次侧必须有一个可靠的接地点，通常称为安全接地或保护接地。目前国内电压互感器二次侧的接地方式有V相接地和中性点接地两种。

1. V相接地的电压互感器二次回路

在35kV及以下中性点不直接接地系统中，一般不装设距离保护，V相接地对保护影响较小，又由于一次系统发生单相接地故障时，相电压随其变化，而线电压三角形不变。因此，同步系统不能用相电压，而必须用线电压。为了简化其二次回路，对35kV及以下的电压互感器，二次绕组一般采用V相接地，如图1-6所示。

图1-6中，WS709和WS710分别为Ⅰ和Ⅱ组预告信号小母线；+WA702为母线设备辅助小母线。TV•U、TV•V、TV•W为电压互感器主二次绕组，在二次绕组引出端附近，装设熔断器FU1～FU3作为二次回路的短路保护。二次绕组的安全接地点设在V相，并设在FU2之后，以保证在电压互感器二次侧中性线上发生接地故障时，FU2对V相绕组起保护作用。但是接地点设在熔断器FU2之后也有缺点，当熔断器FU2熔断后，电压互感器二次绕组将失去安全接地点。为了防止在这种情况下有高电压侵入二次侧，在二次侧中性点与地之间装设一个击穿保险器F。击穿保险器实际上是一个放电间隙，当二次侧中性点对地电压超过一定数值后，间隙被击穿，变为一个新的安全接地点。电压值恢复正常后，击穿保险器自动复归，处于开路状态。正常运行时中性点对地电压等于零（或很小），击穿保险器处于开路状态，对电压互感器二次回路的工作无任何影响。

为防止在电压互感器停用或检修时，由二次侧向一次侧反馈电压，造成人身和设备事故，可采取如下措施：除接地的V相以外，其他各相引出端都由电压互感器隔离开关QS1辅助动合触点控制。这样当电压互感器停电检修时，在断开其隔离开关QS1的同时，二次回路也自动断开。由于隔离开关的辅助触点有接触不良的可能，而中性线上的触点接触不良又难以发现，所以，在中性点引出线上，并联了两对辅助触点QS1，以提高其可靠性。

母线上的电压互感器是接在同一母线上的所有电气元件（发电机、变压器、线路等）的公用设备。为了减少联系电缆，采用了电压小母线L1-630、L2-600、L3-630、N-630和L-630（“630”代表Ⅰ组母线，“L1、L2、L3、N和L”代表相别和零序）。电压互感器二次引出端最终接在电压小母线上。根据具体情况，电压小母线可布置在配电装置内或保护和控制屏顶部。接在这组母线上的各电气元件的测量仪表、远动装置、继电保护及自动装置所需的二次电压均从小母线取得。

在辅助二次绕组TV•U′、TV•V′、TV•W′回路中，装有绝缘监察（接地）继电器KE，用来监视一次系统是否接地（或绝缘是否完好）。前面已经讲过，当一次系统发生单相接地时，在mn端子上出现3倍零序电压，当此电压大于KE的启动电压（一般整定为15V）时，KE动作，其动合触点闭合，点亮光字牌H1（详见第五章第三节），显示“第Ⅰ组母线接地”字样，并发出预告音响信号，还启动信号继电器KS，KS动作后掉牌落下，将KE动作记录下来，同时通过掉牌未复归小母线WD703、WD716点亮“掉牌未复归”光字信号（详见第五章第四节），提醒运行人员Ⅰ段母线接地（KE动作及KS的掉牌还没有复归）。

在母线接地时，为了判别接地相，通常接有绝缘监察装置，详见第七章第五节。

2. 中性点接地的电压互感器二次回路

110kV及以上中性点直接接地系统一般装设距离保护和零序方向保护，电压互感器二次绕组采用中性点接地对保护较有利。中性点接地的电压互感器二次回路如图1-7所示。

前面已经讲过，对于110kV及以上的电压互感器，在二次回路装有短路保护，并装有电压回路断线信号装置，为了保证在二次回路断线时，断线信号能可靠地发出，其中性点引出线不经过隔离开关的辅助触点（或继电器的触点）引出，并在三相中的任一相上并联一个电容 C；为防止二次侧向一次侧反馈电压，其各相（除中性线）引出端都经电压互感器隔离开关QS1的辅助触点引出；图1-7中还设有相应的电压小母线。

为了给零序功率方向保护提供 $3\dot{U}_0$ 电压，在辅助二次绕组输出端设有零序电压（$3\dot{U}_0$）小母线L-630；为了便于利用负载电流检查零序功率方向元件的接线是否正确，由辅助二次绕组TV·W′的正极性端引出一个试验小母线L3-630（试），其抽取的试验电压为 $+\dot{U}_{W'N}$。

由于一次系统中性点直接接地，则不需装设绝缘监察装置，而是通过转换开关ST和绝缘监察电压表PV，选测 U_{UV}、U_{VW}、U_{WU} 三种线电压。

五、电压互感器二次电压切换电路

1. 双母线上电气元件二次电压切换

对于双母线上所连接的各电气元件，其测量仪表、远动装置、继电保护及自动装置的电压回路（即电气元件的二次电压），应随同一次回路一起进行切换，即电气元件的一次回路连接在哪组母线上，其二次电压也应由该母线上的电压互感器供电。否则，当母线联络（简称母联）断路器断开，两组母线分开运行时，可能出现一次回路与二次回路不对应的情况，则仪表可能测量不准确，远动装置、继电保护和自动装置可能发生误动作或拒绝动作。所以，双母线上的电气元件应具有二次电压切换回路。一般利用隔离开关（QS1、QS2）的辅助触点和中间继电器（K1、K2）触点进行自动切换，如图1-9所示。

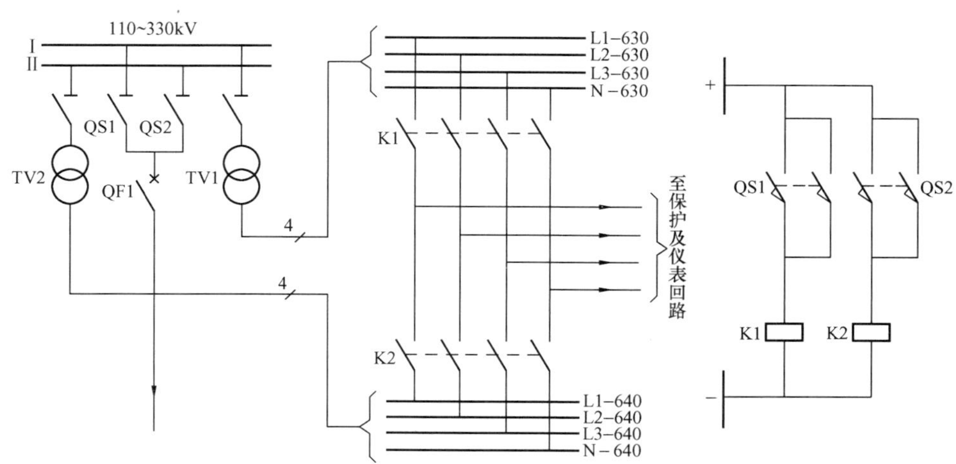

图1-9　利用继电器触点进行切换的电压电路

图1-9中，L1-630、L2-630、L3-630、N-630和L1-640、L2-640、L3-640、N-640分别为第Ⅰ组和第Ⅱ组母线电压互感器二次电压小母线。馈线（电气元件）的二次电压利用中间

继电器 K1、K2 的触点进行切换。当馈线运行在Ⅰ组母线上时，隔离开关 QS1 闭合，由其辅助动合触点启动中间继电器 K1，K1 的动合触点闭合，将Ⅰ组母线电压互感器小母线上的电压引至馈线的保护及仪表的电压回路。

2. 互为备用的电压互感器二次电压切换

对于 6kV 及以上电压等级的双母线系统，两组母线的电压互感器应具有互为备用的切换回路，以便其中一组母线上的电压互感器停用时，保证其二次电压小母线上的电压不间断。其切换电路如图 1 - 10 所示。

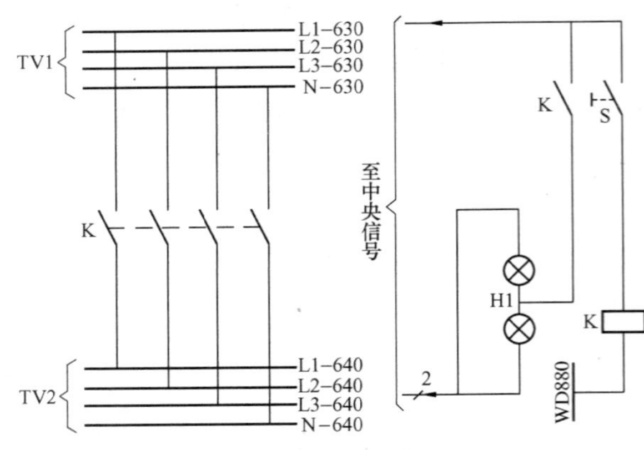

图 1 - 10　两组母线电压互感器互为备用的切换电路图

切换操作是利用手动开关 S 和继电器 K 实现的。由于这种切换只有当母联断路器在闭合状态下才能进行，因此，继电器 K 的负电源是由母联隔离开关操作闭锁小母线 WD880 供给。例如：Ⅰ组母线上的电压互感器 TV1 需要停用时，停用前双母线需并联运行（即合上母联断路器），使母联隔离开关操作闭锁小母线 WD880 与电源负极接通；然后再接通手动开关 S，启动继电器 K，K 动作后，其动合触点闭合，点亮光字牌 H1，显示“电压互感器切换”字样；最后断开Ⅰ组母线电压互感器 TV1 的隔离开关，使 TV1 的电压小母线由 TV2 供电。

第三节　电 流 互 感 器

电流互感器是一种小型的变流器，其一次绕组串接于电力系统的一次回路中，二次绕组与仪表或继电保护或自动装置的电流线圈相串联（即负载为多个元件时，负载串联后接入二次绕组）。

一、电流互感器的分类和结构

电流互感器按结构可分为单匝单铁芯、多匝单铁芯、多匝双铁芯电流互感器和零序电流互感器四种。

1. 单匝单铁芯电流互感器

如图 1 - 11（a）所示，单匝单铁芯电流互感器的一次绕组为单根粗导线，穿过一个圆形铁芯后，串入一次回路中；二次绕组绕于铁芯上。

2. 多匝单铁芯电流互感器

如图 1 - 11（b）所示，多匝单铁芯电流互感器的一次绕组为多匝，穿过一个圆形铁芯后，串入一次回路中；二次绕组绕于铁芯上。

3. 多匝双铁芯电流互感器

如图 1 - 11（c）所示，多匝双铁芯电流互感器的一次绕组为多匝，同时穿过两个圆形铁芯后，串入一次回路中；二次绕组绕于各自的铁芯上。

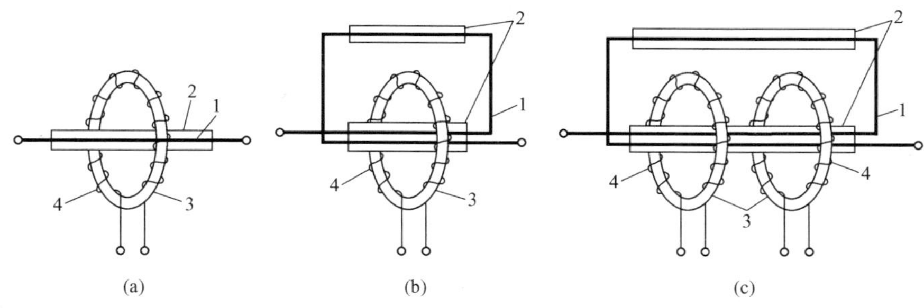

图 1-11　电流互感器结构示意图

(a) 单匝单铁芯；(b) 多匝单铁芯；(c) 多匝双铁芯

1—一次绕组；2—绝缘；3—铁芯；4—二次绕组

4. 零序电流互感器

如图 1-12 所示，零序电流互感器的一次绕组为三个（三相）单匝，同时穿过一个圆形铁芯，然后串入一次回路中；二次绕组绕于铁芯上。

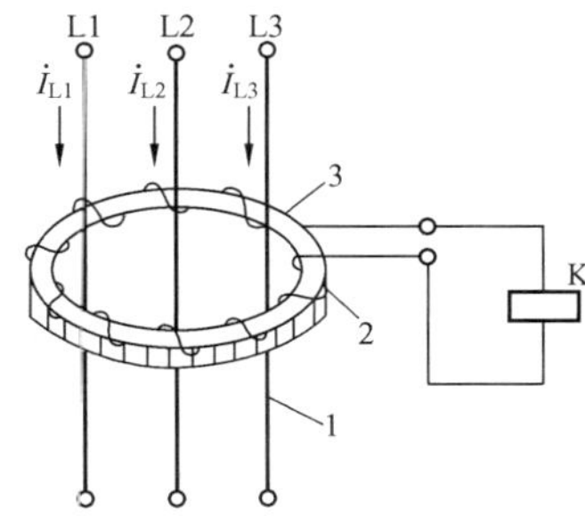

图 1-12　零序电流互感器结构示意图

1—一次绕组；2—二次绕组；3—铁芯

零序电流互感器，流过负载 K 的电流 $\dot{I}_K$ 等于一次侧三相电流 $\dot{I}_{L1}$、$\dot{I}_{L2}$、$\dot{I}_{L3}$ 的相量和，即

$$\dot{I}_K = \frac{1}{n_{TA}}(\dot{I}_{L1} + \dot{I}_{L2} + \dot{I}_{L3}) = \frac{1}{n_{TA}} \times 3\dot{I}_0 \qquad (1-6)$$

正常运行（或对称短路）时，一次侧三相电流对称（或三相电流中含有对称的正序或负序电流时），三相电流相量之和等于零（即 $3\dot{I}_0=0$），铁芯中不产生磁通，二次负载电流为

$$\dot{I}_K = 0$$

当一次系统发生单相接地（或不对称故障）时，三相电流不对称，其相量和不等于零，铁芯中出现零序磁通，此时

$$3\dot{I}_0 = \dot{I}_{L1}^k + \dot{I}_{L2}^k + \dot{I}_{L3}^k$$

则二次负载电流 $\dot{I}_K$ 为

$$\dot{I}_K = \frac{1}{n_{TA}}(\dot{I}_{L1}^k + \dot{I}_{L2}^k + \dot{I}_{L3}^k) = \frac{1}{n_{TA}} \times 3\dot{I}_0$$

二、电流互感器的特点

1. 电流互感器二次绕组的额定电流

当一次绕组流过额定电流时，二次绕组的额定相电流为 5、1A 或 0.5A。

2. 电流互感器正常运行时接近短路状态

串接在电流互感器二次绕组上的负载，是测量仪表、继电保护和自动装置的电流线圈，电流线圈导线较粗，负载阻抗较小，则二次绕组的端电压较低，相当于短路状态。

3. 电流互感器二次侧不允许开路

电流互感器正常运行时，二次电流有去磁作用，使合成磁动势很小。当二次侧开路时，二次电流的去磁作用立即消失，使合成磁动势突然增大。这时，在二次侧感应出数百伏至数千伏的高电压，危及二次设备及人身安全。所以，运行中的电流互感器严禁二次回路开路。

4. 电流互感器的变比

若电流互感器一次绕组为 N_1 匝，额定相电流为 $\dot{I}_{1N}$；二次绕组为 N_2 匝，额定相电流为 $\dot{I}_{2N}$，则变比 n_{TA} 为

$$n_{TA}=\frac{N_2}{N_1}=\frac{I_{1N}}{I_{2N}}$$

电流互感器的变比等于一、二次额定相电流之比，但与一、二次绕组匝数成反比。

三、电流互感器的极性及接线方式

（一）电流互感器的极性

为了准确判别电流互感器一次电流 $\dot{I}_1$ 与二次电流 $\dot{I}_2$ 的相位关系，必须先识别一、二次绕组的极性端。电流互感器极性端标注的方法和符号与电压互感器相同，如图 1-13 所示。一次电流 $\dot{I}_1$ 的正方向从极性端 H1 流入一次绕组，从非极性端 H2 端流出；二次电流 $\dot{I}_2$ 的正方向从二次绕组的极性端 K1 流出，从 K2 流入，即“头进头出”。

按上述原则标注电流正方向时，在忽略电流互感器相位差的情况下，一次电流 $\dot{I}_1$ 与二次电流 $\dot{I}_2$ 相位相同，如图 1-13（b）所示。

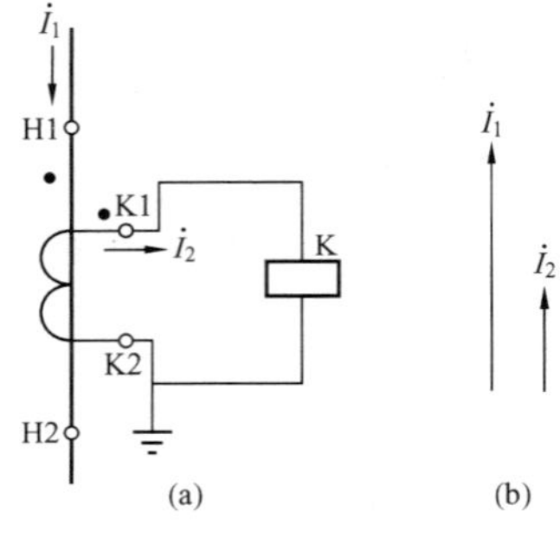

图 1-13　电流互感器极性标注

（a）极性标注；（b）电流相量图

（二）电流互感器的接线方式

电流互感器的接线方式根据测量仪表、继电保护及自动装置的要求而定，常见的接线方式有三相星形、两相 V 形、三相三角形和三相零序四种。

1. 三相星形接线方式

三个型号相同的电流互感器的一次绕组分别串接入一次系统三相回路中，二次绕组与二次负载连接成星形接线，如图 1-14 所示。

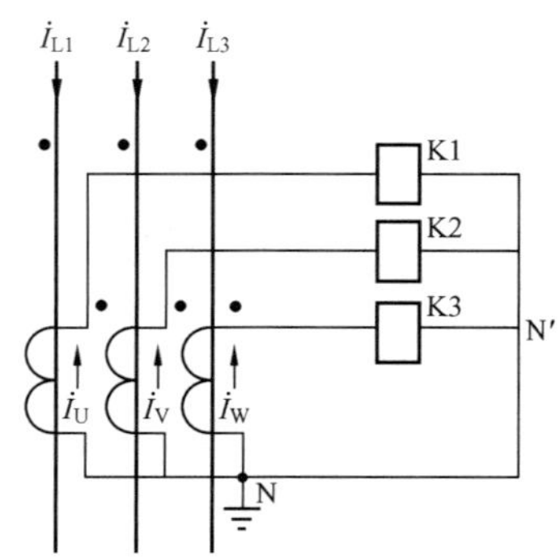

图 1-14　三相星形接线

正常运行时，在三相负载中分别流过二次绕组的相电流为

$$\dot{I}_U=\frac{\dot{I}_{L1}}{n_{TA}},\quad \dot{I}_V=\frac{\dot{I}_{L2}}{n_{TA}},\quad \dot{I}_W=\frac{\dot{I}_{L3}}{n_{TA}}$$

式中：$\dot{I}_{L1}$、$\dot{I}_{L2}$、$\dot{I}_{L3}$ 为电流互感器一次相电流，A；$\dot{I}_U$、$\dot{I}_V$、$\dot{I}_W$ 为电流互感器二次相电流，A。

这种接线方式的特点是：流过负载的电流等于流过二次绕组的电流，因此接线系数（或称电流分配系数）K_{con} 等于 1；三相电流 $\dot{I}_{L1}$、$\dot{I}_{L2}$、$\dot{I}_{L3}$ 对称时，在 N′与 N 的连接线中无电流；能反映各种类型的短路故障。

这种接线方式既可用于测量回路，又可用于继电保护及自动装置回路，因此广泛应用在电力系统中。

2. 两相V形接线方式

两个型号相同的电流互感器一次绕组分别串接在一次系统 L1、L3 两相回路中，二次绕组与二次负载（K1、K2）连接成V形接线，如图1-15（a）所示。

参照三相星形接线可知，这种接线方式的特点是：流过负载的电流等于流过二次绕组的电流，因此接线系数 K_{con} 等于1；三相电流（$\dot{I}_{L1}$、$\dot{I}_{L2}$、$\dot{I}_{L3}$）对称时，在 N′与 N 的连接线中流过 V 相电流（$-\dot{I}_V$），但在一次系统发生不对称短路时，N′N 连接线中流过的电流往往不是真正的 V 相电流；不能反映 L2 相接地故障。

这种接线方式广泛应用在 35kV 及以下中性点不直接接地系统。

图1-15　两相V形接线方式

（a）接线方式；（b）电流相量图

3. 三相三角形接线方式

三个型号相同的电流互感器的一次绕组分别串接入一次系统的三相回路，二次绕组按三角形连接，然后与三相星形连接的负载相连，如图1-16（a）所示。

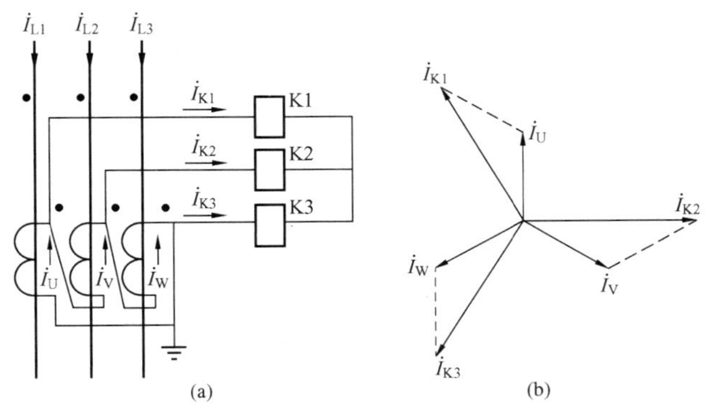

图1-16　三相三角形接线方式

（a）接线方式；（b）电流相量图

正常运行时，流过每相负载（K1、K2、K3）的电流是两相电流的相量差，如图1-16（b）所示，即

$$\dot{I}_{K1} = \dot{I}_U - \dot{I}_V$$

$$\dot{I}_{K2} = \dot{I}_V - \dot{I}_W$$

$$\dot{I}_{K3} = \dot{I}_W - \dot{I}_U$$

这种接线方式的特点是：流过每相负载的电流等于相电流的$\sqrt{3}$倍，因此接线系数 K_{con} 等于$\sqrt{3}$；能反映各种类型的短路故障，但一次系统发生不对称短路故障时，各相负载中的电流变化较大。

这种接线方式主要用于继电保护及自动装置中，很少用于测量仪表回路。

4. 三相零序接线方式

它是将三相中三个同型号电流互感器的极性端连接起来，同时将非极性端也连接起来，然后再与负载 K 相连接，组成零序电流滤过器，如图1-17所示。

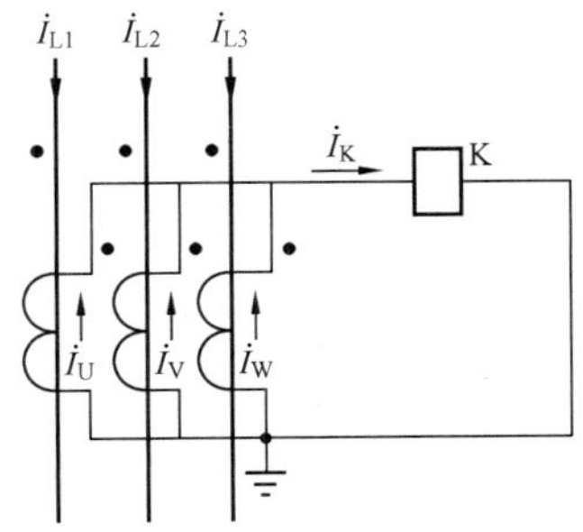

图1-17　三相零序接线方式

这种接线流过负载 K 的电流 $\dot{I}_K$ 等于三个电流互感器二次电流的相量和，即

$$\dot{I}_K=\dot{I}_U+\dot{I}_V+\dot{I}_W=\frac{1}{n_{TA}}(\dot{I}_{L1}+\dot{I}_{L2}+\dot{I}_{L3})=\frac{1}{n_{TA}}\times 3\dot{I}_0 \tag{1-7}$$

零序电流互感器正常运行（或对称短路）时，二次负载电流为

$$\dot{I}_K=0$$

当一次系统发生接地短路时，二次负载电流为

$$\dot{I}_K=\frac{1}{n_{TA}}\times 3\dot{I}_0$$

这种接线方式主要用于继电保护及自动装置回路，测量仪表回路一般不用。

四、电流互感器的误差、准确度等级及10%误差曲线

1. 误差

电流互感器在理想（即忽略铁芯损耗）情况下，$n_{TA}\dot{I}_2$ 与 $\dot{I}_1$ 大小相等、相位相同。但实际上存在着误差，其误差极限包含有相位（角）误差，用（°）度表示；电流（值）误差 ΔI，用百分数“%”表示，即

$$\Delta I=\frac{n_{TA}I_2-I_1}{I_1}\times 100\% \tag{1-8}$$

式中：I_1 为电流互感器一次电流；I_2 为电流互感器二次电流；n_{TA}为电流互感器变比。

2. 准确度等级

电流互感器的准确度等级是指在规定的二次负载范围内，一次电流为额定值时，电流的最大误差，用百分数“%”表示。

准确度等级分为 0.2、0.5、1、3、10（10P 或 10P10 或 10P20）五级。其中，0.2、0.5、1 级为测量级；3，10（10P、10P10、10P20）级为保护级，括号内为国际电工委员会 IEC 规定。10P 中的“P”表示保护，10P10、10P20 后边的 10 和 20 表示一次电流与额定电流的倍数。

测量级电流互感器在一次系统正常运行时工作。若一次系统发生短路时，希望电流互感器较早饱和，以便保护测量仪表不会因为二次电流过大而损坏。例如：0.5 级表示一次电流为额定值时，电流误差极限为±0.5%，相位误差极限为±40°。

保护级电流互感器在一次系统短路时工作。要求在可能出现的短路电流范围内，并在规定的二次负载情况下，电流互感器最大误差极限不超过相应的准确度等级。例如：10P10 表示短路电流与额定电流倍数 $m=10$ 时，在保证 10%误差曲线（即二次负载阻抗 Z_2 不超过允许负载阻抗 Z_{2en}）情况下，电流误差极限为 10%，相位误差极限一般不作规定。

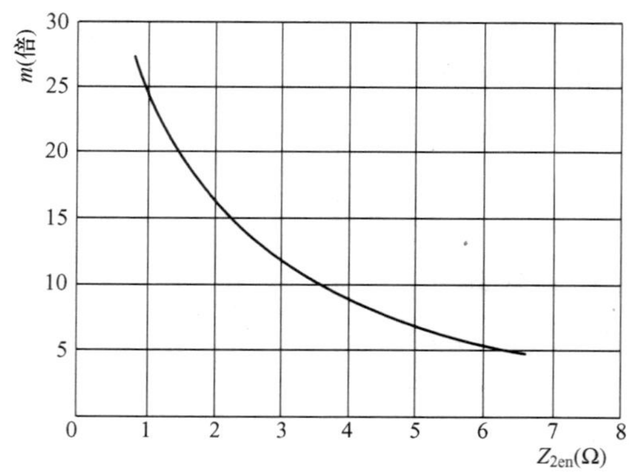

图 1-18 电流互感器 10%误差曲线

3. 10%误差曲线

10%误差曲线是在保证电流互感器电流误差不超过 10%条件下，一次电流倍数$m\left(\frac{I_1}{I_N}\right)$与电流互感器二次允许负载阻抗 Z_{2en}的关系曲线，如图 1-18 所示。

第四节　电流互感器二次回路

一、对电流互感器二次回路的要求

电流互感器二次回路应满足以下要求：

(1) 电流互感器的接线方式应满足测量仪表、远动装置、继电保护和自动装置检测回路的具体要求。

(2) 应有一个可靠的接地点，但不允许有多个接地点，否则会使继电保护拒绝动作或仪表测量不准确。

(3) 当电流互感器二次回路需要切换时，应采取防止二次回路开路的措施。

(4) 为保证电流互感器能在要求的准确级下运行，其二次负载阻抗不应大于允许负载阻抗。

(5) 保证极性连接正确。

电流互感器同电压互感器一样，为防止电流互感器一、二次绕组之间绝缘损坏而被击穿时，高电压侵入二次回路危及人身和二次设备安全，在电流互感器二次侧必须有一个可靠的接地点。

前面已经讲过，电流互感器正常运行时，近似于短路状态，一旦二次回路出现开路故障，在二次绕组两端，会出现危险的过电压，对二次设备和人身安全造成很大的威胁。因此，运行中的电流互感器严禁二次回路开路。防止开路的措施，通常有以下几种：

(1) 电流互感器二次回路不允许装设熔断器。

(2) 电流互感器二次回路一般不进行切换。当必须切换时，应有可靠的防止开路措施。

(3) 继电保护与测量仪表一般不合用电流互感器。当必须合用时，测量仪表要经过中间变流器接入。

(4) 对于已安装而尚未使用的电流互感器，必须将其二次绕组的端子短接并接地。

(5) 电流互感器二次回路的端子应使用试验端子。

(6) 电流互感器二次回路的连接导线应保证有足够的机械强度。

二、电流互感器的二次负载

电流互感器的二次负载是指二次绕组所承担的容量，即负载功率。其计算式为

$$S_2 = U_2 I_2 = I_2^2 Z_2 \tag{1-9}$$

式中：S_2 为电流互感器二次负载功率，VA；U_2 为电流互感器二次工作电压，V；I_2 为电流互感器二次工作电流，A；Z_2 为电流互感器二次负载总阻抗，Ω。

由于电流互感器二次工作电流 I_2 只随一次电流变化，而不随二次负载阻抗变化。因此，其容量 S_2 取决于 Z_2 的大小。Z_2 是二次绕组负载的总阻抗，包括测量仪表或继电保护（或远动或自动装置）电流线圈的阻抗 Z_{22}、连接导线阻抗 Z_{21} 和接触电阻 R 三部分。为了保证电流互感器能够在要求的准确级下运行，必须校验其实际二次负载阻抗是否小于允许值。校验的方法有计算法和实测法两种。在设计阶段采用计算法，在电流互感器投入运行前采用实测法。

（一）计算法

电流互感器二次负载阻抗可用式（1-10）计算

$$Z_2 = K_1 Z_{21} + K_2 Z_{22} + R \tag{1-10}$$

式中：Z_{21}为连接导线阻抗，Ω；Z_{22}为测量仪表或继电器线圈阻抗，Ω；R为接触电阻，一般为0.05～0.1Ω；K_1、K_2为连接导线、继电器或测量仪表线圈阻抗换算系数，取决于电流互感器及负载的接线方式和一次回路的短路型式，可由表1-1查得。

下面分析图1-19所示三相电流互感器星形接线方式下，在三相、两相和单相短路故障时，二次负载阻抗和阻抗换算系数。

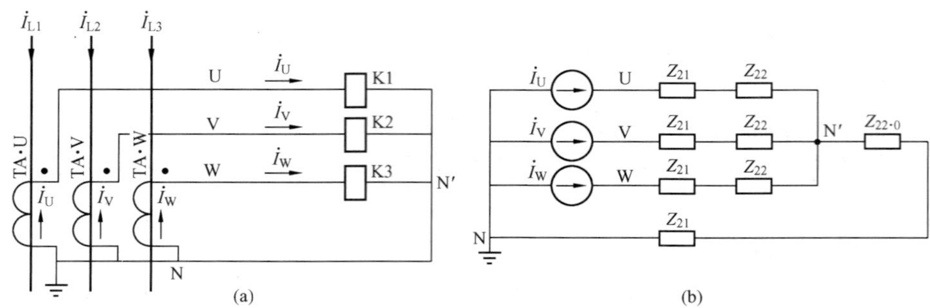

图1-19 三个电流互感器的完全星形接线

（a）电路图；（b）等值电路

1. 一次系统发生三相短路（或正常运行）

三相电流基本对称，中性线（N′与N连线）上无电流。所以，电流互感器U相二次电压为

$$\dot{U}_U = \dot{I}_U (Z_{21} + Z_{22})$$

即

$$Z_2^{3k} = \frac{\dot{U}_U}{\dot{I}_U} = Z_{21} + Z_{22} \tag{1-11}$$

与式（1-10）比较可知：$K_1 = 1$，$K_2 = 1$。

2. 一次系统发生L1、L2两相短路

在忽略负载电流的情况下，有

$$\dot{I}_{L1} = -\dot{I}_{L2}$$

$$\dot{I}_{L3} = 0$$

则$\dot{I}_U = -\dot{I}_V$，$\dot{I}_W = 0$，所以中性线电流为

$$\dot{I}_N = \dot{I}_U + \dot{I}_V + \dot{I}_W = 0$$

此时，L1、L2两相电流互感器的二次绕组视为相互串联，因此

$$2\dot{U}_U = \dot{I}_U (Z_{21} + Z_{22} + Z_{21} + Z_{22}) = 2\dot{I}_U (Z_{21} + Z_{22})$$

即

$$Z_2^{2k} = \frac{\dot{U}_U}{\dot{I}_U} = Z_{21} + Z_{22} \tag{1-12}$$

与式（1-10）比较可知：$K_1 = 1$，$K_2 = 1$。

3. 110kV及以上中性点直接接地系统发生L1相单相接地短路

在忽略负载电流的情况下，有

$$\dot{I}_V = \dot{I}_W = 0$$

则中性线电流 $\dot{I}_N$等于 $\dot{I}_U$，因此

$$\dot{U}_U = \dot{I}_U(Z_{21} + Z_{22}) + \dot{I}_N(Z_{21} + Z_{22\cdot0})$$
$$= \dot{I}_U(Z_{22} + Z_{22\cdot0} + 2Z_{21})$$

式中：$Z_{22\cdot0}$为接于中性线上的负载阻抗，Ω。

其他符号含义同前。

若 $Z_{22} \gg Z_{22\cdot0}$，有

$$Z_{22} + Z_{22\cdot0} \approx Z_{22}$$

则
$$\dot{U}_U = \dot{I}_U(Z_{22} + 2Z_{21})$$

即
$$Z_2^{1k} = \frac{\dot{U}_U}{\dot{I}_U} = 2Z_{21} + Z_{22} \tag{1-13}$$

与式（1-10）比较可得：$K_1=2$，$K_2=1$。

可见，这种接线方式在一次回路发生单相接地短路时，二次负载阻抗最大，与表1-1的计算结果一致。

通过上述分析可知，其他接线方式的电流互感器阻抗换算系数 K_1、K_2 和二次负载阻抗均可直接采用表1-1中的公式和系数进行计算。

（二）实测法

实测法通常采用电流电压法实测二次负载阻抗，再按表1-1所列公式和系数，计算出每相电流互感器的二次最大负载阻抗 Z_2。

表1-1　　电流互感器二次负载阻抗计算公式

序号	接线方式	运行状态		阻抗换算系数 K_1	阻抗换算系数 K_2	二次负载阻抗 Z_2	接线系数 K_{con}
1	三相星形	正常及三相短路两相短路		1	1	$Z_2=Z_{21}+Z_{22}+R$	1
		单相短路		2	1	$Z_2^{**}=2Z_{21}+Z_{22}+R$	1
2	两相星形	正常及三相短路	$Z_{22\cdot0}=0$	$\sqrt{3}$	1	$Z_2=\sqrt{3}Z_{21}+Z_{22}+R$	1
			$Z_{22\cdot0}\neq0$	$\sqrt{3}$	$\sqrt{3}$	$Z_2^{*}=\sqrt{3}Z_{21}+\sqrt{3}Z_{22}+R$	1
		L1、L3两相短路		1	1	$Z_2=Z_{21}+Z_{22}+R$	1
		L1、L2或L2、L3两相短路	$Z_{22\cdot0}=0$	2	1	$Z_2=2Z_{21}+Z_{22}+R$	1
			$Z_{22\cdot0}\neq0$	2	2	$Z_2^{*}=2Z_{21}+2Z_{22}+R$	1
3	两相差接	正常及三相短路		$2\sqrt{3}$	$\sqrt{3}$	$Z_2=2\sqrt{3}Z_{21}+\sqrt{3}Z_{22}+R$	$\sqrt{3}$
		L1、L3两相短路		4	2	$Z_2=4Z_{21}+2Z_{22}+R$	2
		L1、L2或L2、L3两相短路		2	1	$Z_2=2Z_{21}+Z_{22}+R$	1
4	三相三角形	正常及三相短路		3	3	$Z_2=3Z_{21}+3Z_{22}+R$	$\sqrt{3}$
		两相短路		3	3	$Z_2=3Z_{21}+3Z_{22}+R$	1
		单相或两相接地短路		2	2	$Z_2=2Z_{21}+2Z_{22}+R$	1

续表

序号	接线方式	运行状态	阻抗换算系数		二次负载阻抗 Z_2	接线系数 K_{con}
			K_1	K_2		
5	单相单电流互感器	正常及短路	2	1	$Z_2=2Z_{21}+Z_{22}+R$	1
6	单相两电流互感器串联	正常及短路	1	$\frac{1}{2}$	$Z_2=Z_{21}+\frac{1}{2}Z_{22}+R$	$\frac{1}{2}$
7	单相两电流互感器并联	正常及短路	4	2	$Z_2=4Z_{21}+2Z_{22}+R$	2

*　将 $Z_{22}+Z_{22\cdot0}$ 作为等值 Z_{22} 计算；

**　110kV 及以上中性点直接接地系统的单相短路与此相同。

实测法与电流互感器的接线方式有关。

1. 三相星形接线方式

将电流互感器二次绕组的引出端拆开，分别从 U—N、V—N、W—N 向负载回路通入交流相电流 I_p（一般不超过额定值），并测取相应的外加电压 U_{UN}、U_{VN}、U_{WN}。如果通入电流大小相等且二次负载回路三相对称，则

$$U_{UN}=U_{VN}=U_{WN}=U_p$$

每相负载的实测阻抗为

$$Z_p=\frac{U_p}{I_p}=2Z_{21}+Z_{22}+Z_{22\cdot0} \tag{1-14}$$

由表 1-1 可知：三相星形接线方式下，在一次回路发生单相短路时，二次负载阻抗最大，其算式与式（1-14）相同，即

$$Z_2^{1k}=2Z_{21}+Z_{22}+Z_{22\cdot0} \tag{1-15}$$

可见，对于三相星形接线的电流互感器，其二次负载阻抗最大值 Z_2^{1k} 等于实测阻抗 Z_p。

2. 三相三角形接线方式

分别在电流互感器一次侧 L1—L2、L2—L3、L3—L1 端通入试验（交流）电流（需将一次侧的另一端的两个端子短接），其试验电流不能超过额定值，分别测出二次侧电流 I 和相应的感应电压 U_{UV}、U_{VW}、U_{WU}。当二次侧三相负载不对称时，应根据每次测得的电压与电流值求得

$$Z_{UV}=\frac{U_{UV}}{I},\quad Z_{VW}=\frac{U_{VW}}{I},\quad Z_{WU}=\frac{U_{WU}}{I}$$

由于二次负载的阻抗角相差不大，可以假定 Z_{UV}、Z_{VW}、Z_{WU} 的阻抗角相等，再换算出各相阻抗为

$$\left.\begin{aligned}Z_U&=\frac{1}{2}(Z_{UV}+Z_{WU}-Z_{VW})\\Z_V&=\frac{1}{2}(Z_{UV}+Z_{VW}-Z_{WU})\\Z_W&=\frac{1}{2}(Z_{VW}+Z_{WU}-Z_{UV})\end{aligned}\right\} \tag{1-16}$$

在每次计算出来的三相阻抗 Z_U、Z_V、Z_W 中，取其最大者作为每相负载的实测阻抗 Z_p。由表 1-1 可知：三角形接线方式下，在一次回路发生三相短路时，二次负载阻抗最大，则

每个电流互感器负担的二次最大负载阻抗为

$$Z_2^{3k} = 3Z_p \tag{1-17}$$

可见，对于三相三角形接线的电流互感器，二次负载阻抗最大值 Z_2^{3k} 是实测阻抗 Z_p 的 3 倍。

对于其他接线方式的电流互感器，均可参照上述方法进行实测，这里不再赘述。

（三）校验计算

校验电流互感器二次负载阻抗（或电流互感器误差校验）时，应根据电流互感器的不同用途进行。

（1）测量仪表用的电流互感器二次负载阻抗。要求在正常运行时不应大于该准确度等级下的二次额定负载阻抗，即

$$Z_2 \leqslant Z_{2N} \text{ 或 } S_2 \leqslant S_{2N} \tag{1-18}$$

式中：Z_{2N}为电流互感器二次额定负载阻抗，Ω；S_{2N}为电流互感器二次额定容量，VA。

测量仪表用的电流互感器二次负载阻抗 Z_2 计算式与式（1-10）类似，即

$$Z_2 = K_1 Z_{21} + K_2 Z_{23} + R \tag{1-19}$$

式中：Z_{23}为测量仪表线圈阻抗，Ω；K_1、K_2 为阻抗换算系数，取表 1-1 中正常运行状态下的值。Z_{21}及 R 意义同前。

按式（1-19）计算出的 Z_2 若满足式（1-18），则表明电流互感器能在要求的准确度等级下运行，即校验结果满足要求。

（2）继电保护用的电流互感器的二次负载阻抗。按电流互感器的 10%误差曲线进行校验，即

$$Z_2 \leqslant Z_{2en} \tag{1-20}$$

二次允许负载阻抗 Z_{2en}由电流互感器的 10%误差曲线确定。为查 10%曲线，首先要确定短路时一次电流倍数 m，即

$$m = \frac{K_{rel} I_1}{I_{1N}} \tag{1-21}$$

式中：K_{rel}为可靠系数；I_1 为流过电流互感器一次绕组的短路电流；I_{1N}为电流互感器一次额定电流。

可靠系数 K_{rel}和短路电流 I_1 与保护方式有关，已在继电保护课程中讲述。

在所选用的电流互感器的 10%误差曲线图 1-18 上找出与 m 相对应的二次允许负载阻抗 Z_{2en}值。

继电保护用的电流互感器二次负载阻抗 Z_2 计算式与式（1-10）类似，即

$$Z_2 = K_1 Z_{21} + K_2 Z_{24} + R \tag{1-22}$$

$$Z_{24} = \frac{P}{I_2^2}$$

式中：Z_{24}为继电器阻抗，Ω；P 为继电器在最低整定值时消耗的总功率，可由手册或产品样本查得；I_2 为继电器在最低整定值时的动作电流；K_1、K_2 为阻抗换算系数，取表 1-1 中在故障状态下的最大值。

按式（1-22）计算出的 Z_2 满足式（1-20）时，则校验结果满足要求；若不满足要求时，可根据具体情况采取以下措施：

（1）增加连接导线的截面积。

（2）将同一电流互感器的两个二次绕组串联起来使用。

（3）将电流互感器的两相 V 形接线改为三相星形接线，差电流接线改为两相 V 形接线。

（4）选用二次允许负载阻抗较大的电流互感器。

（5）采用二次额定电流小的电流互感器或消耗功率小的继电器等。

【例 1 - 1】　6kV 馈线装设的仪表和继电器如图 1 - 20 所示，仪表和继电器的阻抗见表 1 - 2。电流互感器的变比为 400/5，具有 0.5、3 级铁芯各 1 个。0.5 级接仪表，$Z_{2N}=2\Omega$；3 级接继电器，其 $m=3$，$Z_{2en}=1.5\Omega$。试校验二次回路电缆（铜芯电缆，芯线截面积为 2.5mm^2）长度为 50m 时的二次负载阻抗 Z_2 是否满足要求？

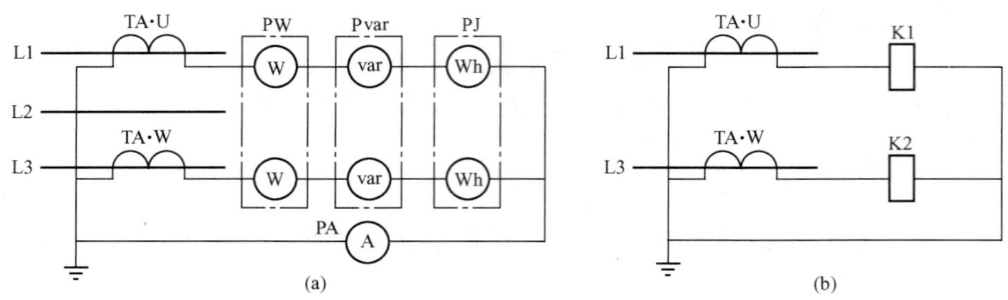

图 1 - 20　6kV 馈线装设的仪表和继电器图

（a）测量电路；（b）保护电路

表 1 - 2　　**【例 1 - 1】仪表和继电器阻抗**

级　别	二次负载名称	二次负载阻抗（Ω）		
		U	W	返回线
TA（0.5 级）	电流表 PA（1T1-A）			0.12
	有功功率表 PW（1D1-W）	0.058	0.058	
	无功功率表 Pvar（1D1-VAR）	0.058	0.058	
	有功电能表 PJ（DS1）	0.02	0.02	
TA（3 级）	电流继电器 K（DL11）	0.04	0.04	

解　取二次回路接触电阻 $R=0.1\Omega$。二次回路电缆阻抗为

$$Z_{21}=R_{21}=\rho\frac{L}{S}=\frac{1}{57}\times\frac{50}{2.5}=0.351(\Omega)$$

式中：ρ 为电阻系数，铜的电阻系数 $\rho=1/57$，$\Omega\cdot\text{mm}^2/\text{m}$；$S$ 为电缆芯线截面积，mm^2；L 为电缆长度，m。

（1）测量仪表回路。按正常运行状态进行校验，即

$$Z_2\leqslant Z_{2N}$$

查表 1 - 1，正常运行状态，$Z_{22\cdot 0}\neq 0$ 时，$K_1=K_2=\sqrt{3}$，则 U 相二次负载阻抗为

$$\begin{aligned}Z_2&=\sqrt{3}Z_{21}+\sqrt{3}Z_{23}+R=\sqrt{3}\times 0.351+\sqrt{3}\times 0.136+0.1\\&=0.9435(\Omega)<2\Omega\end{aligned}$$

式中：Z_{21}为二次回路电缆阻抗（0.35Ω）；Z_{23}为测量仪表线圈阻抗（0.058×2+0.02=0.136Ω）；R为二次回路接触电阻（0.1Ω）。

可见，二次负载Z_2阻抗不大于二次额定负载阻抗Z_{2N}，所以校验结果满足要求。

（2）继电保护回路。按10%误差进行校验，即

$$Z_2 \leqslant Z_{2en}$$

查表1-1，当一次回路发生两相短路时，二次负载阻抗最大，$Z_{22 \cdot 0}=0$时，$K_1=2$，$K_2=1$，则U相二次负载阻抗为

$$\begin{aligned} Z_2 &= 2Z_{21} + Z_{24} + R = 2 \times 0.351 + 1 \times 0.04 + 0.1 \\ &= 0.842(\Omega) < 1.5\Omega \end{aligned}$$

式中：Z_{24}为继电器线圈阻抗（0.04Ω）。

可见，二次负载阻抗Z_2不大于二次允许负载阻抗Z_{2en}，所以校验结果满足要求。

复习思考题

1. 电压互感器和电流互感器二次侧为什么要接地？电压互感器二次接地的方式有几种？说明其特点和应用。

2. 运行中的电压互感器二次绕组为什么不允许短路？电流互感器二次绕组为什么不允许开路？

3. 什么是电流互感器的二次负载阻抗？如何确定？

4. 试校验【例1-1】中的二次回路电缆芯线截面积为2.5mm²（铜芯）、长度为100m时的二次负载阻抗Z_2是否满足要求。

第二章　操　作　电　源

第一节　概　　述

操作电源是为控制、信号、测量回路及继电保护装置、自动装置和断路器的操作提供可靠的工作电源。在发电厂和变电站中主要采用直流操作电源。

一、对操作电源的基本要求

（1）应保证供电的可靠性，最好装设独立的直流操作电源，以免交流系统故障时，影响操作电源的正常供电。

（2）应具有足够的容量，以保证正常运行时，操作电源母线（简称母线）电压波动范围小于±5%额定值；事故时的母线电压不低于90%额定值；失去浮充电源后，在最大负载下的直流电压不低于80%额定值。

（3）波纹系数小于5%。

（4）使用寿命、维护工作量、设备投资、布置面积等应合理。

二、操作电源的分类

按电源性质不同，发电厂和变电站的操作电源可分为交流操作电源和直流操作电源两种。直流操作电源又分为独立和非独立操作电源两种。独立操作电源分为蓄电池和电源变换式直流操作电源两种。非独立操作电源分为复式整流和硅整流电容储能直流操作电源两种。按电压等级不同操作电源分为220、110、48、24V。

1. 蓄电池直流操作电源

蓄电池是一种可以重复使用的化学电源，充电时将电能转变为化学能储存起来，放电时又将储存的化学能转变为电能送出。若干个蓄电池连接成的蓄电池组（简称为蓄电池），作为发电厂和变电站的直流操作电源。蓄电池是一种独立可靠的直流电源，不受交流电源的影响，即使在全厂（站）交流系统全部停电的情况下，仍能在一定时间内可靠供电。它是发电厂和变电站常用的直流操作电源。

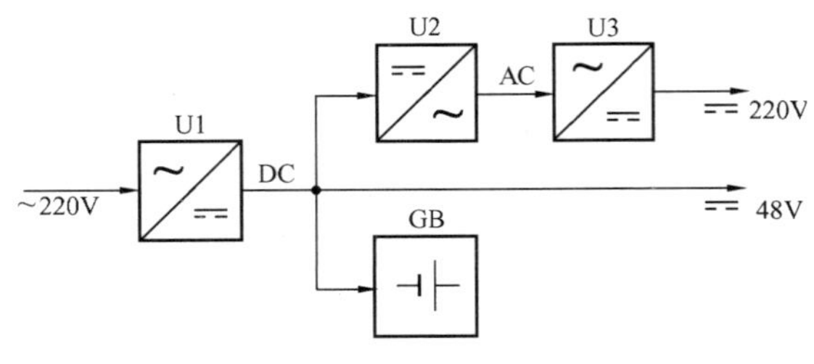

图2-1　电源变换式直流操作电源工作原理框图

2. 电源变换式直流操作电源

电源变换式直流操作电源是一种独立式直流操作电源，其工作原理框图如图2-1所示。

电源变换式直流操作电源由可控整流装置U1、48V蓄电池GB、逆变装置U2和整流装置U3组成。正常运行时，220V交流电源经过可控整流装置U1变换为48V的直流电源，作为全厂（站）的48V直流操作电源，并对48V蓄电池GB进行充电或浮充电；同时48V直流电源经过逆变装置U2变换为交流电源，再通过整流装置U3变换为220V直流操作电源输出。事故情况下，电源逆变装置U2能利用蓄电池储存的电能进行逆变，从而保证了重要直流负载的连续供电，供电时间的长短取决于48V蓄电池容量，其容量必须经过计算确定（可参考有关书籍）。

可见，这种直流电源能提供两个电压等级的操作电源，直流220V和48V，为中、小型变电站的弱电控制提供了方便。

3. 复式整流直流操作电源

复式整流直流操作电源是一种非独立式的直流电源，其工作原理框图如图2-2所示。它是一种复式整流装置，其整流装置不仅由厂（站）用变压器T供电，还由电流互感器TA供电。在正常运行情况下，由厂（站）用变压器T的输出电压（电压源Ⅰ）经整流装置U1提供控制电源。在事故情况下，由电流互感器TA的二次电流（电流源Ⅱ），通过铁磁谐振稳压器V变换为交流电压，再经整流装置U2提供操作电源。电流源与一次回路的短路电流及电流互感器的输出容量有关，因此选择电流源时，要通过详细计算才能确定。其具体计算方法请参考有关书籍，这里不再赘述。

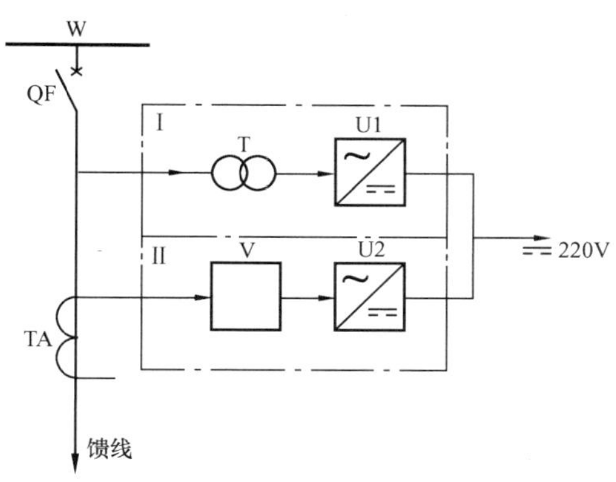

图2-2 复式整流直流操作电源工作原理框图
Ⅰ—电压源；Ⅱ—电流源

复式整流直流操作电源可用于线路较多，继电保护较复杂，容量较大的变电站。

4. 硅整流电容储能直流操作电源

硅整流电容储能直流操作电源是一种非独立式的直流操作电源。它由硅整流设备和电容器组成（见图2-12所示）。在正常运行时，厂（站）用变压器的输出电压经硅整流设备变换为直流电源，作为电容器充电电源和全厂（站）的操作电源。事故情况下，可利用电容器正常运行储存的电能，向重要直流负载（继电保护、自动装置和断路器跳闸回路）供电。由于储能电容器容量的限制，事故时只能短时间向重要直流负载供电，所以很难满足一次系统和继电保护复杂的发电厂和变电站对直流操作电源的要求。因此，它只适用于35kV及以下电压等级的小容量变电站，或用于继电保护较简单的110kV及以下电压等级的终端变电站。对于发电厂远离主厂房的辅助设施，如水源地、二次灰浆泵房等的直流负载，常采用这种直流操作电源供电。

5. 交流操作电源

交流操作电源直接使用交流电源作为操作电源，一般由电流互感器向断路器的跳闸回路供电，由厂（站）用变压器向断路器的合闸回路供电，由电压互感器（或厂用变压器）向控制、信号回路供电。

交流操作电源接线简单，维护方便，投资少，但其技术性能不能满足大、中型发电厂和变电站的要求。因此，它只适用于不重要的终端变电站，或用于发电厂中远离主厂房的辅助设施。

三、直流负载的分类

发电厂和变电站的直流负载，按其用电特性可分为经常性负载、事故负载和冲击负载三种。

1. 经常性负载

经常性负载是在各种运行状态下，由直流电源不间断供电的负载。它包括：

(1) 经常带电的直流继电器、信号灯、位置指示器和经常点燃的直流照明灯。

(2) 由直流供电的交流不停电电源，即逆变电源装置。

(3) 为弱电控制提供的弱电电源变换装置。

2. 事故负载

事故负载是指在事故情况下必须由直流电源供电的负载，包括事故照明，汽轮机或一些重要辅助机械的润滑油泵，发电机的氢冷密封油泵，载波通信的备用电源等。

3. 冲击负载

冲击负载是指断路器合闸时的短时冲击负载及此时直流母线所承受的其他负载（包括经常性负载和事故负载）的总和。

第二节 蓄电池直流系统

一、蓄电池简介

蓄电池按电解液不同可分为酸性蓄电池和碱性蓄电池两种。

1. 酸性蓄电池

酸性蓄电池常采用铅酸蓄电池。铅酸蓄电池端电压较高（2.15V），冲击放电电流较大，适用于断路器跳、合闸的冲击负载。但是酸性蓄电池寿命短，充电时逸出有害的硫酸气体。因此，蓄电池室需设较复杂的防酸和防爆设施。酸性蓄电池一般适用于大型发电厂和变电站。

2. 碱性蓄电池

碱性蓄电池体积小、寿命长、维护方便、无酸气腐蚀，但事故放电电流较小，适用于中、小型发电厂和110kV以下的变电站。碱性蓄电池有铁镍、镉镍等几种。发电厂和变电站常采用镉镍碱性蓄电池。

镉镍蓄电池的正极板为镍的氧化物，负极板为镉。正、负极板之间的隔离物用热塑性塑料注射成栅状板。电池的外壳有铁质外壳和塑料外壳两种。电解液多为氢氧化钾。

镉镍蓄电池按放电电流大小，可分为中倍率放电型和高倍率放电型两种。中倍率放电型镉镍蓄电池与铅酸蓄电池性能相似，其设计选择可按铅酸蓄电池进行。高倍率放电型蓄电池的内阻小，瞬时放电率高达20～30倍率，适用于电磁操动机构的断路器的合、跳闸冲击。

二、蓄电池的容量

蓄电池的容量（Q）是蓄电池蓄电能力的重要参数。蓄电池的容量Q是在指定的放电条件（温度、放电电流、终止电压）下所放出的电量，单位用A·h（安培·小时）表示。

蓄电池的容量一般分为额定容量和实际容量两种。

1. 额定容量

额定容量是指充足电的蓄电池在25℃时，以10h放电率放出的电能，即

$$Q_N = I_N t_N$$

式中：Q_N为蓄电池的额定容量，A·h；I_N为额定放电电流，即10h放电率的放电电流，A；t_N为放电至终止电压的时间，一般取t_N=10h。

2. 实际容量

蓄电池的实际容量与温度、放电电流、电解液的密度及质量、充电程度等因素有关。其实际容量为

$$Q = It$$

式中：Q 为蓄电池的实际容量，即放电电流为 I 时的容量，A・h；I 为非 10h 放电率的放电电流，A；t 为放电至终止电压的时间，h。

蓄电池实际容量与放电电流的大小关系甚大，以大电流放电，到达终止电压的时间就短；以小电流放电，到达终止电压的时间就长。通常用放电率来表示放电至终止电压的快慢。放电率可用放电电流表示，也可用放电到终止电压的时间来表示。

例如：额定容量为 216A・h 的蓄电池，若用电流表示放电率，则为 21.6A 率；若用时间表示，则为 10h 率。如果放电电流大于 21.6A，则放电时间就小于 10h，而放出的容量就要小于额定容量。相反，若放电电流小于 21.6A，则放电时间就大于 10h，此时放出的容量就允许大于额定容量。假设以 2h 放电率放电，达到终止电压所放出的容量只有额定容量的 60%，即 130A・h 左右。这是因为极板的有效物质很快形成了硫酸铅，堵塞了极板的细孔，因而细孔深处的有效物质就失去了与电解液进行化学反应的机会，使蓄电池的内阻很快增大，端电压很快降低到终止电压。

蓄电池不允许用过大的电流放电，但是可以在几秒钟的短时间内承担冲击电流，此电流可以比长期放电电流大得多。因此，它可作为电磁型操动机构的合闸电源。每一种蓄电池都有其允许的最大放电电流值，其允许的放电时间约为 5s。

三、蓄电池的直流系统及其运行方式

1. 蓄电池直流系统

蓄电池直流系统由充电设备、蓄电池组、浮充电设备和相关的开关及测量仪表组成，如图 2-3 所示。

图 2-3 中，硅整流器 U1 为充电设备。它在充电过程中，除了向蓄电池组提供电源外，还可以担负母线上的全部直流负载。在整流器 U1 回路中装有双投开关 QK3，以便使整流器 U1 既可对蓄电池进行充电（触点 2—3、5—6 接通），也可以直接接入母线上，接带直流负载（触点1—2、4—5 接通）。在其出口回路中，装有电压表 PV2 和电流表 PA3，用以监视端电压和充电电流。为了便于蓄电池放电，整流器 U1 采用了能实现逆变的整流装置。

整流器 U2 为浮充电设备。它在浮充电过程中，除了接带母线上的经常性直流负载外，同时以不大的电流（其值约等于 $0.03Q_N/36$A）向蓄电池浮充电，用以补偿蓄电池的自放电损耗，使蓄电池经常处于充满电状态。在整流器 U2 回路中装有双投开关 QK4，以便使整流器 U2 既可接入母线（触点 1—2，4—5 接通），接带母线上经常性直流负载和向蓄电池浮充电；又可以对蓄电池进行充电（其触点 2—3，5—6 接通）。在其出口回路装有电压表 PV3 和电流表 PA4，用以监视端电压和浮充电流。

蓄电池回路中装有两组开关 QK1、QK2，熔断器，两只电流表 PA1、PA2 和一只电压表 PV1。QK1 和 QK2 可以将蓄电池切换至任一组直流母线上运行。熔断器作为短路保护。电流表 PA1 为双向电流表，用以监视充电和放电电流。电流表 PA2 用来测量浮充电电流，正常时被短接，测量时，可利用按钮 SB 使接触器 KM 的动断触点断开后测读。电压表 PV1 用来监视蓄电池端电压。

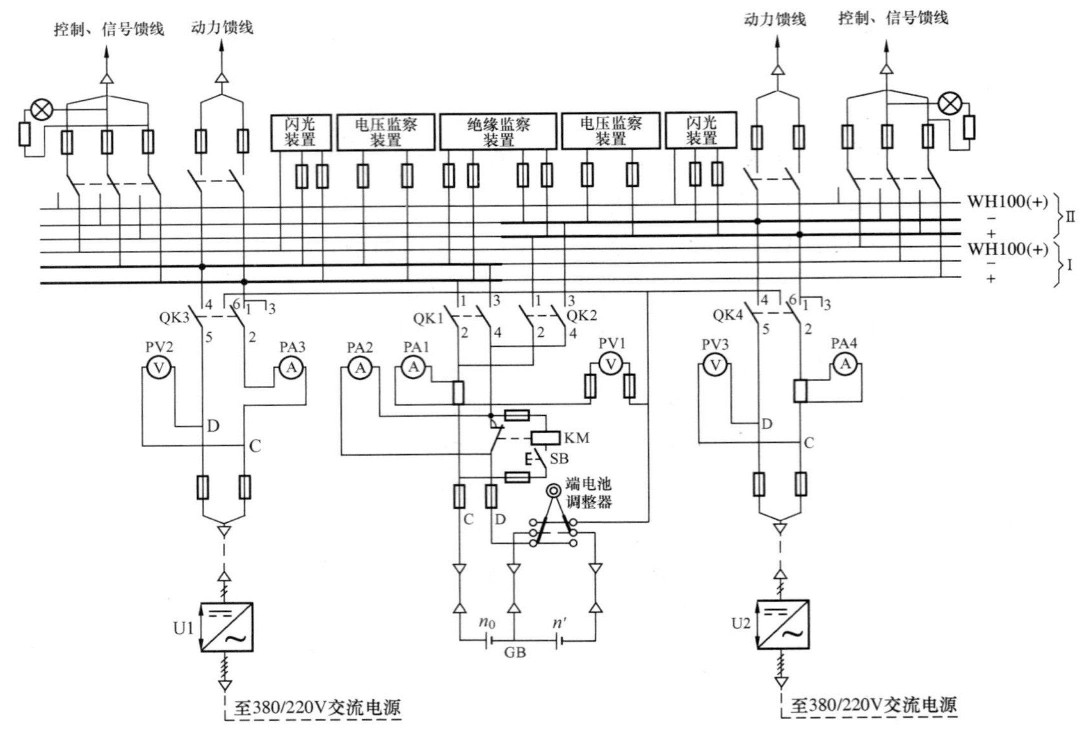

图 2-3 蓄电池直流系统原理接线图

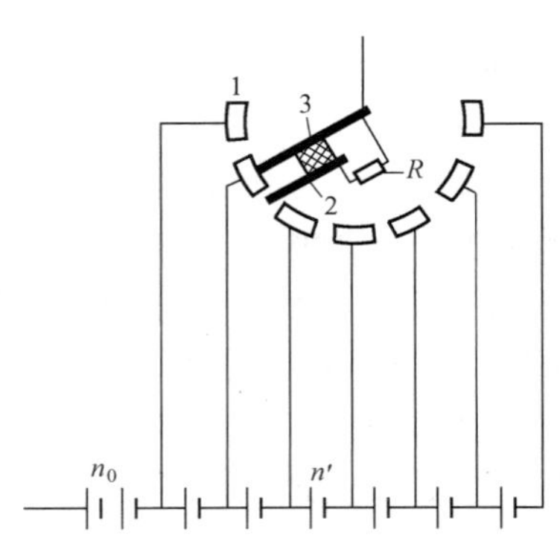

图 2-4 端电池调整器工作原理图

蓄电池组 GB 由不参加调节的基本（固定）蓄电池（n_0）和参加调节的端电池（n'）两部分组成。采用端电池的目的是调节蓄电池的接入数目，以保证母线电压稳定。端电池通过端电池调整器进行调节。端电池调整器的工作原理如图 2-4 所示。

图 2-4 中，有一排相互绝缘的固定金属片 1，它分别连接到端电池的端子上。放电手柄 S1 和充电手柄 S2（在图 2-5 中示出），分别带动两个可动触头 2 和 3，以免在调整过程中，当可动触头由一个金属片移至另一个金属片时，造成回路开路（即在调整过程中，先使触头 2 和 3 跨接在相邻的两个金属片上，并通过电阻 R 连接，然后再断开触头 2，完成一次调节）。端电池调整器可以手动控制，也可以用电动机远方控制，一般采用电动机远方控制。

图 2-3 所示的蓄电池直流系统采用了双母线系统，供电可靠性较高，一般适用于中、小型发电厂。对于大型发电厂，往往采用两组 220V 蓄电池，每组蓄电池分别连接在一组母线上，浮充电设备也采用两套，充电设备可公用一套。

每组母线上各装有一套电压监察装置和闪光装置，而绝缘监察装置的表计部分为两组母线共用；信号部分仍各母线单独使用一套。负载馈线的数目可根据需要决定。

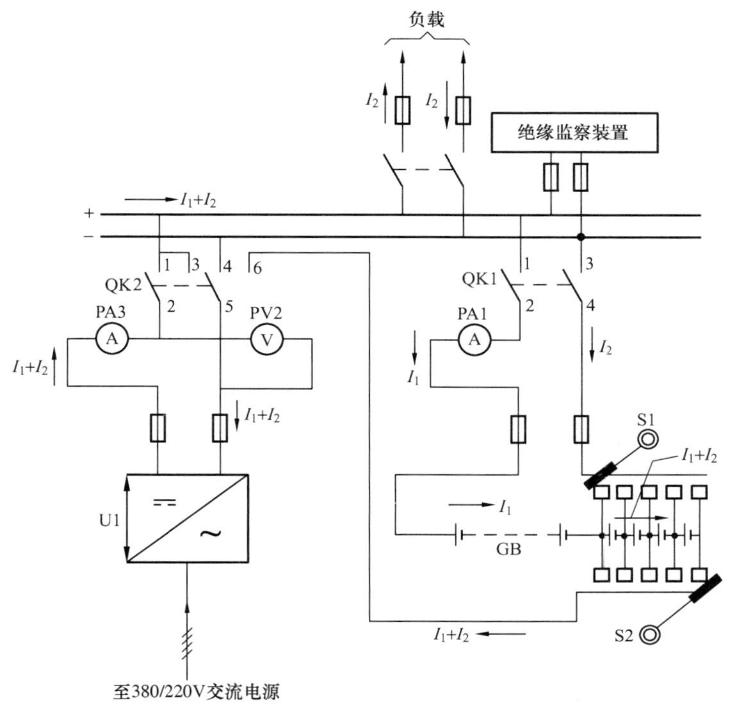

图 2-5　充电—放电方式运行的蓄电池系统

蓄电池的运行方式有充电—放电方式和浮充电方式两种，其中以浮充电方式应用得最为广泛。

2. 蓄电池的运行方式

(1) 充电—放电运行方式。充电—放电运行方式是将已充好电的蓄电池接带全部直流负载，即正常运行时处于放电工作状态，如图 2-5 所示。为了保证操作电源供电的可靠性，当蓄电池放电到一定程度后，应及时进行充电，故称之为充电—放电运行方式。通常，每运行 1～2 昼夜就要充电一次。可见，充电—放电运行方式操作频繁，蓄电池容易老化，极板也容易损坏。所以，这种运行方式很少采用。

放电手柄 S1 的作用是在蓄电池端电压变化时，调整端电池的接入数目，用以维持直流母线工作电压。充电手柄 S2 的作用是在充电时，将已充好电的端电池提前停止充电。

蓄电池放电的最初阶段，放电手柄 S1 处于最左（即端电池和基本电池之间）位置，双投开关 QK2 处于断开（其触点 1—2、2—3、4—5、5—6 均断开）位置，QK1 处于接通（其触点 1—2 和 3—4 接通）位置，则蓄电池接入母线，接带直流负载。

在放电过程中，蓄电池的端电压要降低，为了保持母线电压恒定，要经常将放电手柄 S1 向右移动，以便逐步增加蓄电池接入母线的数目。

当蓄电池放电至终止电压时，放电手柄 S1 移到最右端，将全部蓄电池（包括基本电池和端电池）都接入，以保证母线电压。所以，对于额定电压为 220V 的蓄电池，全部蓄电池的个数 n 有下列两种计算方法，即

对发电厂
$$n=\frac{U_m}{U_1}=\frac{230}{1.75}=130(\text{个})$$

对变电站
$$n=\frac{U_m}{U_1}=\frac{230}{1.95}=118(个)$$

式中：n 为蓄电池总数；U_m 为直流母线电压，对220V直流系统 U_m 为230V，对110V直流系统 U_m 为115V；U_1 为放电末期每个蓄电池的电压，对发电厂 U_1 为1.75～1.8V，对变电站 U_1 为1.95V。

因为交流系统可能在蓄电池任何放电程度下发生故障，为了保证直流系统供电的可靠性，在蓄电池放电到额定电压的75%～80%（未放电至终止电压）时就停止放电，准备充电。

准备充电时，放电手柄S1已处于最右边位置，同时将充电手柄S2也放在最右边位置，让全部蓄电池都能得到充电。

充电开始，首先将双投开关QK2合至充电位置，其触点2—3和5—6接通，QK1仍处于合闸位置，然后启动整流器U1，使其端电压略高于母线电压1～2V，将整流器U1与蓄电池并联运行。稍提高整流器U1端电压的目的是使整流器U1接带母线上的全部负载（I_2），同时还向蓄电池充电（充电电流为 I_1）。

在充电过程中，随着充电的进行，蓄电池端电压逐渐上升，充电电流逐渐减小，为了维持恒定的充电电流，需不断地提高整流器U1的端电压；又为了保持母线的正常工作电压，必须将放电手柄S1向左逐渐移动，用以减少接入母线上的蓄电池数目。放电手柄S1左移后，使流过接入两个手柄之间的端电池的充电电流增大为 I_1+I_2（参照图2-5），而且这部分端电池接入放电时间较迟，放电较少，因此它们先充好电。为了防止端电池过充电，在充电过程中，应将充电手柄S2逐渐向左移动，将充好电的端电池提前停止充电。

充电终止，每个蓄电池的端电压约为2.7V，放电手柄S1已移到最左位置，此时接入母线上的蓄电池就是不参加调节的基本电池，对于额定电压为220V的蓄电池，基本电池的数目为

$$n_0=\frac{U_m}{U_2}=\frac{230}{2.7}=88(个)$$

式中：n_0 为基本电池数，个；U_2 为充电末期每个电池的电压，一般为2.7V。

而端电池数目（n'）的计算方法如下：

对发电厂　　$n'=130-88=42$（个）

对变电站　　$n'=118-88=30$（个）

（2）浮充电运行方式。浮充电运行方式是将充好电的蓄电池GB与浮充电整流器U2并联运行，即整流器U2接带母线上的经常性负载，同时向蓄电池浮充电，使蓄电池经常处于充满电状态，以承担短时的冲击负载。浮充电运行方式既提高了直流系统供电的可靠性，又提高了蓄电池的使用寿命，所以得到了广泛应用。

浮充电运行方式用图2-3所示系统来说明。正常运行（即浮充电状态）时，开关QK1和QK2处于合闸位置，QK4置正常（其触点1—2，4—5接通）位置，使蓄电池经常处于充满电状态。此时整流器U2与蓄电池并联运行，由于蓄电池自身内电阻很小，外特性 $U=f(I_L)$ 比整流器U2的外特性平坦得多，因此在很大冲击电流情况下，母线电压虽有些下降，但绝大部分电流由蓄电池供给。此外，当交流系统发生故障或整流器U2断开的情况下，蓄电池将转入放电状态运行，承担全部直流负载，直到交流电压恢复，用充电设备给蓄电池充好电后，再将浮充整流器U2投入运行，转入正常的浮充电状态。

可见，蓄电池按浮充电方式运行，大大减少了充电次数。除由于交流系统或浮充电整流

器 U2 发生故障，蓄电池转入放电状态运行后，需要进行正常充电外，平时每个月只进行一次充电，每三个月进行一次核对性放电，放出额定容量的 50%～60%，终期电压达到 1.9V 为止；或进行全容量放电，放电至终止电压（1.75～1.8V）为止。放电完了，应进行一次均衡充电（或称过充电），这是为了避免由于浮充电流控制得不准确，造成硫酸铅沉淀在极板上，影响蓄电池的输出容量和降低其使用寿命。

第三节 直流系统监察装置和闪光装置

一、绝缘监察装置

发电厂和变电站直流供电网络分布范围较广，而且工作环境又比较恶劣，所以直流系统的绝缘容易降低。当使用 500～1000V 的绝缘电阻表测量时，直流母线的绝缘电阻在断开其他所有关联支路时不应小于 10MΩ；二次回路每一支路和断路器、隔离开关操动机构的电源回路的绝缘电阻不应小于 1 或 0.5MΩ。直流系统绝缘降低，相当于直流系统的某一点经一定的电阻接地。

直流系统发生一点接地时，没有短路电流流过，熔断器不会熔断，仍能继续运行。但是，这种接地故障必须及早发现并处理，否则可能引起信号回路、控制回路、继电保护及自动装置回路不正确动作。例如在图 2-6 所示的断路器控制回路中，当正极 A 点接地后，又在 B 点发生接地时，断路器跳闸线圈 YT 中就有电流流过，这将引起断路器误跳闸；当负极 E 点接地后，又在 B 点发生接地的情况下，当保护动作（即触点 K 闭合）时，由于跳闸线圈 YT 被两个接地点（E 和 B）短接，则断路器拒绝动作且熔断器熔断。可见，在直流系统中，装设绝缘监察装置是十分必要的。

（一）简单的绝缘监察装置

简单的绝缘监察装置是由电压表（PV1）和选择开关（SA）组成，如图 2-7 所示。根据电压表 PV1 测得的电压值（$U_{(+)}$、$U_{(-)}$、U_m），粗略地估算正、负母线对地的绝缘电阻（$R_{(+)}$、$R_{(-)}$），从而达到绝缘监察的目的。

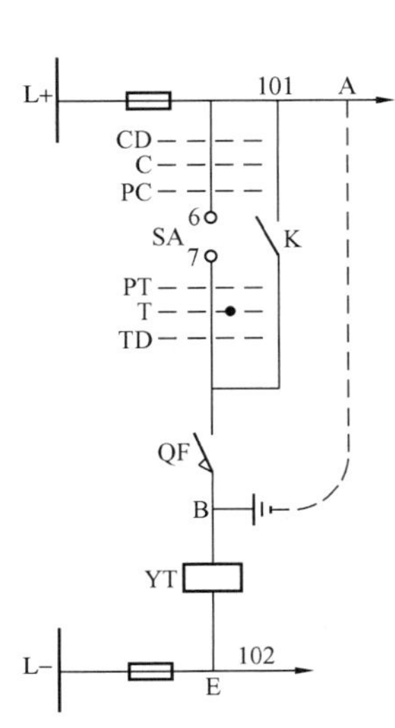

图 2-6 断路器控制回路

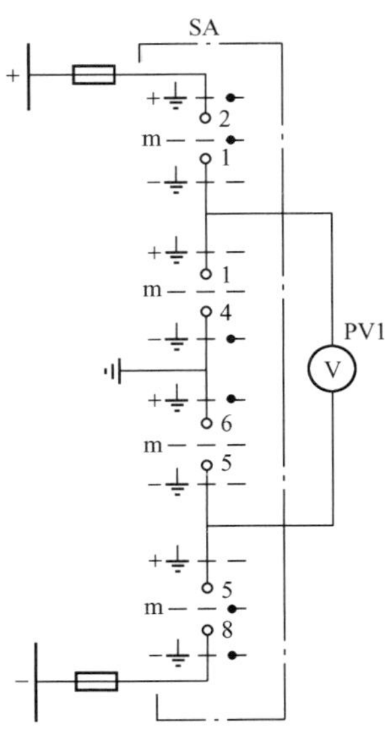

图 2-7 简单的绝缘监察装置

SA: LW2-W-6a、6、1/F6型

在"断开"位置手把(正面)样式和触点盒(背面)接线		1 2 4 3		5 6 8 7		9 10 11 12	
手把和触点盒的型式	F6	6a		6		1	
位置＼触点号	—	1-2	1-4	5-6	5-8	9-11	10-12
m（母线）		●	—	—	●	●	—
－对　地		—	●	—	●	—	—
＋对　地		●	—	●	—	—	—

图 2-8　选择开关图表

图 2-7 中 SA 为 LW2-W-6a、6、1/F6 型选择开关，它有“m（母线）”“－对地”“＋对地”三个位置，如图 2-8 所示。平时置于“m（母线）”位置，其触点 1—2、5—8 接通，使电压表测量正、负极母线电压 U_m。当 SA 切换至“＋对地”位置时，触点 1—2、5—6 接通，可测得正电源母线对地电压 $U_{(+)}$。当 SA 切换至“－对地”位置时，触点 5—8、1—4 接通，可测得负电源母线对地电压 $U_{(-)}$。则正、负电源母线绝缘电阻估算式为

$$\left.\begin{aligned} R_{(+)} &= R_V\left(\frac{U_m - U_{(+)}}{U_{(-)}} - 1\right) \\ R_{(-)} &= R_V\left(\frac{U_m - U_{(-)}}{U_{(+)}} - 1\right) \end{aligned}\right\} \tag{2-1}$$

式中：$R_{(+)}$、$R_{(-)}$ 为正、负母线对地绝缘电阻，Ω；$U_{(+)}$、$U_{(-)}$ 为测得的正、负母线对地电压，V；U_m 为直流母线电压，V；R_V 为母线电压表 PV1 的内阻，Ω。

可见，若测得的 $U_{(+)}$ 等于零，$U_{(-)}$ 也等于零，表明直流系统绝缘良好，因为母线没有接地，母线电压表 PV1 构不成回路；若测得的 $U_{(+)}$ 等于零，$U_{(-)}$ 等于 U_m，表明正母线接地，若测得的结果相反，表明负母线接地；若测得的 $U_{(+)}$ 和 $U_{(-)}$ 在 $0 \sim U_m$ 之间，可根据式（2-1）估算正、负母线对地绝缘电阻 $R_{(+)}$ 和 $R_{(-)}$。

这种绝缘监察装置需要人工操作，主要用于小型变电站，在发电厂和大、中型变电站中作为辅助的绝缘监察装置，即用它粗略估算哪个母线绝缘降低。

（二）电磁型继电器构成的绝缘监察装置

电磁型继电器构成的绝缘监察装置是发电厂和变电站广泛采用的一种绝缘监察装置。它由信号和测量两部分组成，这两部分都是根据直流电桥的工作原理构成。它有两种形式：一种是一组母线配一套，另一种是两组母线共用一套。

工程中实际应用的绝缘监察装置如图 2-9（a）所示。图中，ST 为 LW2-2、2、2、2/F4-8X型转换开关，有“Ⅰ”“Ⅱ”和“断开”三个位置；ST1 为 LW2-2、1、1、2/F4-8X 型转换开关，有测量“Ⅰ”、测量“Ⅱ”和信号“S”三个位置；SA 为 LW2-W-6a、6、1/F6 型选择开关，其触点位置已在图 2-8 中示出。

在图 2-9（a）中，当 ST 置“Ⅱ”位置时，第Ⅰ组母线装有信号部分；第Ⅱ组母线装有信号部分和测量部分，其测量部分为两组母线共用。

第Ⅰ组母线信号部分的工作原理如图 2-9（b）所示。它是由继电器 K1 和电阻 R_1、R_2 组成。R_1 等于 R_2（均为 1kΩ），并与直流系统正、负母线对地绝缘电阻 $R_{(+)}$ 和 $R_{(-)}$ 组成电桥的四个臂。继电器 K1 接于电桥的对角线上，相当于直流电桥中检流计。正常运行时，直流母线正、负两极对地电阻 $R_{(+)}$、$R_{(-)}$ 相等，继电器 K1 线圈中只有微小的不平衡电流流过，继电器 K1 不动作。当某一极母线的绝缘电阻下降至低于允许值时，电桥失去平衡，当继电器 K1 线圈中流过的电流足够大时，K1 动作，其动合触点闭合，点亮光字牌 H1，显示

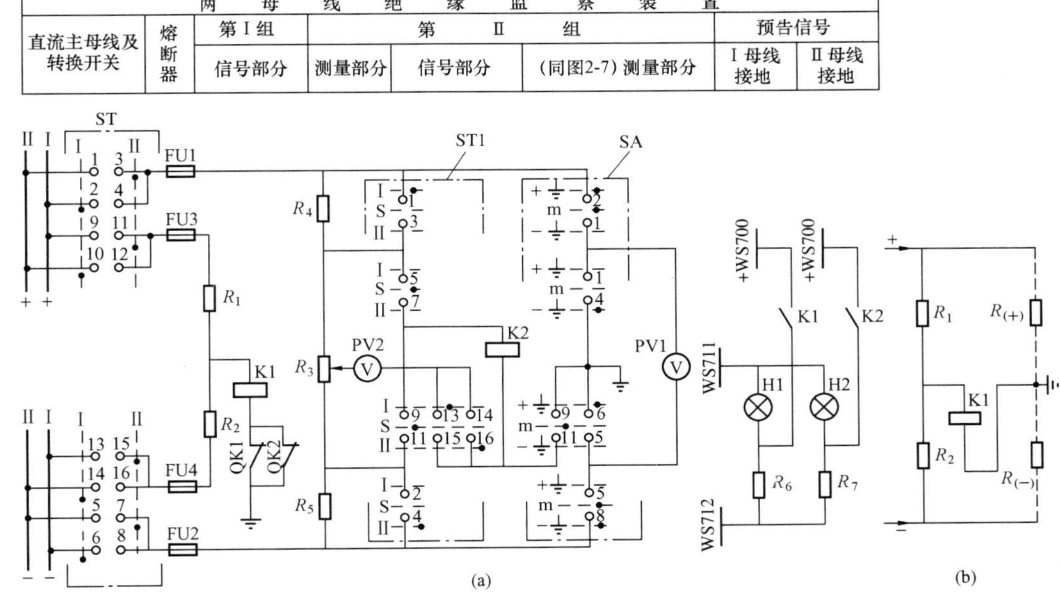

图 2-9 电磁型继电器构成的绝缘监察装置

(a) 双母线绝缘监察装置；(b) 信号部分工作原理

"Ⅰ母线接地"字样，并发出预告音响信号。

继电器 K1 通过蓄电池出口回路的两组开关（QK1 和 QK2）的辅助动断触点并联后接地。当两组母线并列运行时，开关 QK1 和 QK2 全部投入（见图 2-3），其辅助动断触点都断开，使第Ⅰ组母线绝缘监察装置退出工作。因为，此时只需要一套绝缘监察装置即可满足要求，否则将影响绝缘监察装置的灵敏度。

第Ⅱ组母线绝缘监察装置装有信号和测量两部分。信号部分由继电器 K2 和电阻 R_4、R_5 组成，其工作原理与 K1、R_1、R_2 电路相同。测量部分由母线电压表 PV1、绝缘电压表 PV2、转换开关 ST1 及 SA 组成。PV1 用于监测正、负母线之间或正、负母线对地电压；PV2 用于测量直流系统对地或正、负母线对地的绝缘电阻。

如果发出"Ⅱ母线接地"信号时，首先利用 SA 和 PV1 分别测量出正、负母线间电压 U_m、正母线对地电压 $U_{(+)}$、负母线对地电压 $U_{(-)}$，再根据式（2-1）判断Ⅱ母线哪个极绝缘电阻降低；然后将 SA 置"m"位置，使其触点 9—11 接通；再利用 ST1 和 PV2 测量绝缘电阻，其测量方法如下所述。

（1）当判断母线正极绝缘降低时：

1）将 ST1 置"Ⅰ"位置，此时触点 1—3、13—15 接通，接入电压表 PV2 并将 R_4 短接。调节电阻 R_3，使 PV2 指示为零，读取 R_3 的百分数 X 值。

2）再将 ST1 置于"Ⅱ"位置，此时触点 2—4、14—16 接通，接入电压表 PV2 并短接 R_5，PV2 指示的数值为直流系统对地总的绝缘电阻 R，则正、负母线对地绝缘电阻为

$$\left.\begin{aligned} R_{(+)} &= \frac{2R}{2-X} \\ R_{(-)} &= \frac{2R}{X} \end{aligned}\right\} \tag{2-2}$$

（2）当判断母线负极绝缘降低时：

1）将 ST1 置“Ⅱ”位置，接入电压表 PV2 并短接 R_5。调节 R_3，使 PV2 指示为零，读取 R_3 的百分数 X 值。

2）再将 ST1 置“Ⅰ”位置，接入电压表 PV2 并短接 R_4，此时 PV2 指示的数值为 R，则正、负母线对地绝缘电阻为

$$\left.\begin{aligned} R_{(+)} &= \frac{2R}{1-X} \\ R_{(-)} &= \frac{2R}{1+X} \end{aligned}\right\} \tag{2-3}$$

式中：R 为直流系统总的对地绝缘电阻；X 为 R_3 电阻刻度的百分值。

二、电压监察装置

电压监察装置用来监视直流系统母线电压，其典型电路如图 2-10 所示。

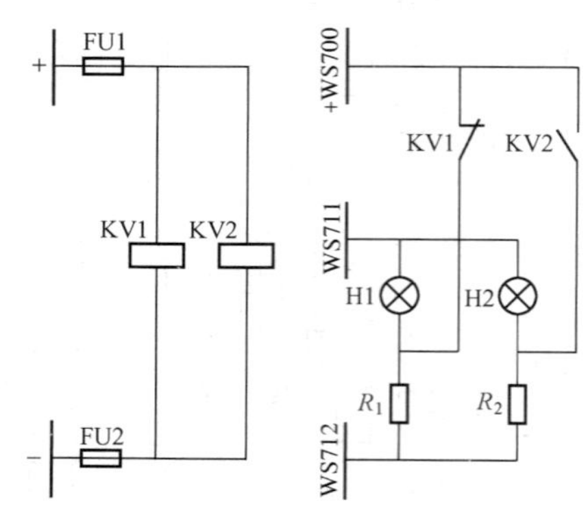

图 2-10　电压监察装置典型电路

图 2-10 中，KV1 为欠电压继电器，KV2 为过电压继电器。当直流母线电压低于或高于允许值时，电压继电器 KV1 或 KV2 动作，点亮光字牌 H1 或 H2，发出预告信号。

由于直流母线电压过低，可能使继电保护装置和断路器操动机构拒绝动作；电压过高，对长期带电的继电器、信号灯等会造成损坏或缩短其使用寿命。所以通常欠电压继电器 KV1 的动作电压整定为直流母线额定电压的 75%，过电压继电器 KV2 的动作电压整定为直流母线额定电压的 1.25%。

三、闪光装置

发电厂和变电站的直流系统通常装有闪光装置，作为断路器位置（或其他需要闪光）信号灯的闪光电源，如图 2-11（a）所示。闪光装置是由闪光继电器 K（DX-3 型）、试验按钮 SB 和白色信号灯 HL1 组成。图 2-11（b）为 DX-3 型继电器内部电路。

图 2-11（a）中，试验按钮 SB 和白色信号灯 HL1 用于检查回路是否完好。

正常运行（即无事故或无跳、合闸操作的情况）时，闪光继电器不工作。白色信号灯 HL1 点亮，表示直流电源和熔断器完好；闪光小母线 WH100（+）不带电。

当按下试验按钮 SB 时，闪光继电器的 K 线圈，通过 SB 的动合触点、HL1 和

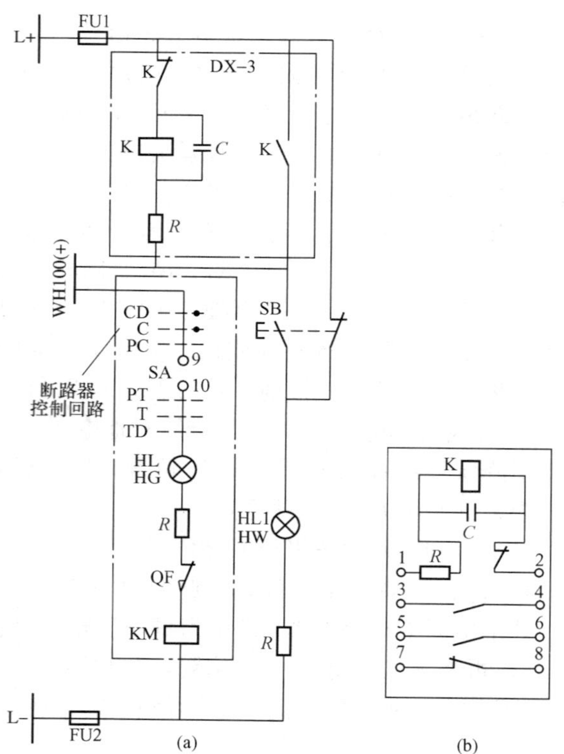

图 2-11　闪光继电器构成的闪光装置

（a）闪光装置电路；（b）DX-3 型继电器内部电路

R 接至负电源。闪光小母线 WH100（＋）获得较低的正电位；白色信号灯 HL1 由于两端电压很低而变暗；并联在 K 线圈两端的电容 C 开始充电。经过一定延时后，当电容 C 两端电压升到继电器 K 的动作电压时，K 动作，其动合触点闭合，使闪光小母线 WH100（＋）直接接至正电源，信号灯 HL1 由于两端电压突然升高而变亮。与此同时继电器 K 的动断触点断开，电容 C 开始对 K 线圈放电，经过一段延时，当电容 C 两端电压降到继电器 K 返回电压时，继电器 K 复归，HL1 又变暗。接着电容 C 又开始充电，重复上述过程，使 HL1 连续闪光，直到松开试验按钮 SB 为止。

可见，闪光小母线平时不带电，只有在闪光继电器工作时，才间断地获得较低和较高的正电位，其间隔时间由 DX-3 型闪光继电器中电容 C 的充、放电时间决定。

当某一断路器 QF 事故跳闸时，通过“不对应”回路，将闪光继电器 K 的线圈回路接通，其工作过程与按下试验按钮 SB 相同，断路器控制回路的绿色信号灯 HL 连续闪光，直到控制开关 SA 置于“跳闸后”位置，使其触点 9—10 断开为止。

第四节　硅整流电容储能直流系统

硅整流电容储能直流系统通过硅整流设备，将交流电源变换为直流电源，作为发电厂和变电站的直流操作电源。为了在交流系统发生短路故障时，仍然能使控制、保护及断路器可靠动作，系统还装有一定数量的储能电容器。

一、硅整流电容储能直流系统的结构和工作原理

硅整流电容储能直流系统通常由两组整流器 U1 和 U2、两组储能电容器 C_{I} 和 C_{II} 及相关的开关、电阻、二极管、熔断器、继电器组成，如图 2-12 所示。

图 2-12 中，左侧母线为合闸母线Ⅰ（＋、－）；右侧母线为控制母线Ⅱ（＋、－），向保护、控制和信号回路供电。在Ⅰ、Ⅱ组母线之间用电阻 R_1 和二极管 VD3 隔开。VD3 起逆止阀的作用，它只允许从Ⅰ母线向Ⅱ母线供电，而不能反向供电，以保证Ⅱ母线供电的可靠性，防止在断路器合闸时，或Ⅰ母线发生短路时，引起Ⅱ母线电压严重降低。电阻 R_1 用来保护 VD3，即当Ⅱ母线发生短路故障时，限制流过 VD3 的电流。

整流器 U1 向Ⅰ母线供电，也兼向Ⅱ母线供电。由于Ⅰ母线的合闸功率较大，所以 U1 采用三相桥式整流回路，并利用隔离变压器 T1 的二次抽头，实现电压调整，以保证Ⅰ母线电压为 220V，同时 T1 也起到了交流、直流的隔离作用。

整流器 U2 仅向Ⅱ母线供电，采用单相桥式整流电路，也采用了隔离变压器 T2，并通过调整 T2 的二次抽头，保证Ⅱ母线上的电压为 220V。在整流器 U2 的输出端串有限流电阻 R，用以保护整流器 U2；装有欠电压继电器 KV，当 U2 输出电压降低到一定程度或消失时，由欠电压继电器 KV 发出预告信号；串有隔离二极管 VD4，用以防止 U2 输出电压消失后，由Ⅰ母线向欠电压继电器 KV 供电。

FU1 和 FU2 为快速熔断器，作为 U1 和 U2 的短路保护，在熔断时间上与馈线上的熔断器相配合。

在正常情况下，Ⅰ、Ⅱ组母线上的直流负载由整流器 U1、U2 供电，并给储能电容器 C_{I} 和 C_{II} 充电，即 C_{I} 和 C_{II} 处于浮充电状态。

在事故情况下，电容器 C_{I} 和 C_{II} 所储存的电能作为继电保护和断路器跳闸回路的直流

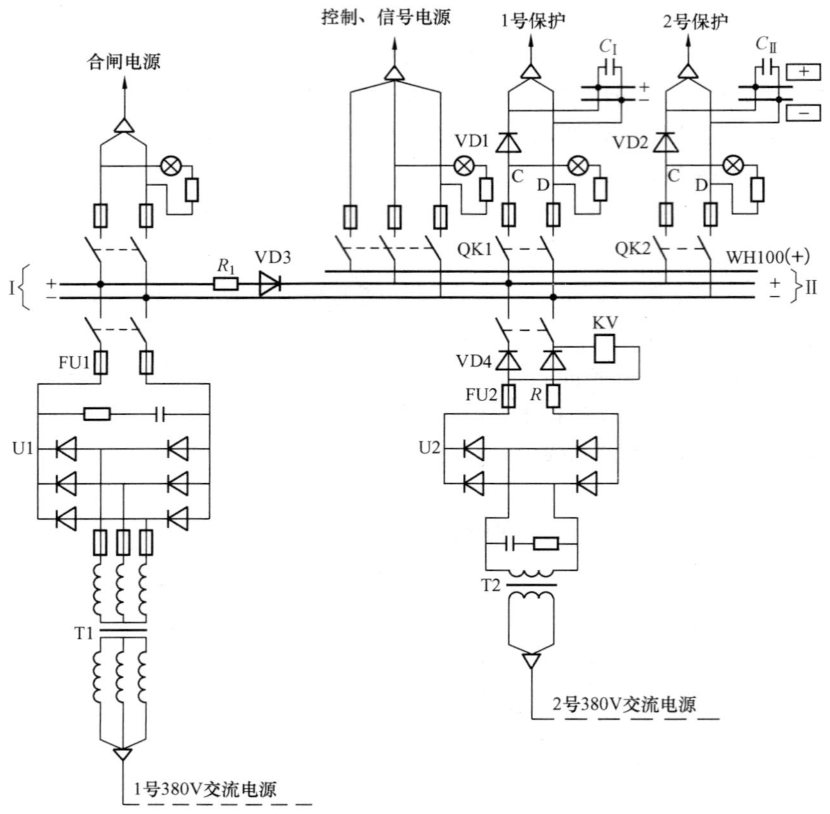

图 2-12 硅整流电容储能直流系统的组成

电源。其中一组（C_{I}）向 6～10kV 馈线保护及其跳闸回路（即 1 号保护）供电；另一组（C_{II}）向主变压器保护、电源进线保护及其跳闸回路（即 2 号保护）供电。这样，当 6～10kV 馈线上发生故障，继电保护虽然动作，但因断路器操动机构失灵而不能跳闸（此时由于跳闸线圈长时间通电，已将电容器 C_{I}储存的能量耗尽）时，使上一级后备（主变压器过电流）保护，仍可利用电容器 C_{II}储存的能量将故障切除。C_{I}、C_{II}充电回路二极管 VD1 和 VD2 起逆止阀作用，用来防止在事故情况下，电容器 C_{I}和 C_{II}向接于Ⅱ母线上的其他回路供电。

电阻 R_1 和二极管 VD1、VD2、VD3、VD4 按下述方法选择。

二极管的额定电流 $I_{\mathrm{N}\cdot\mathrm{V}}$和额定电压 $U_{\mathrm{N}\cdot\mathrm{V}}$为

$$I_{\mathrm{N}\cdot\mathrm{V}} \geqslant 1.2 I_{\mathrm{w}\cdot\mathrm{m}} \tag{2-4}$$

$$U_{\mathrm{N}\cdot\mathrm{V}} \geqslant 1.2 U'_{\mathrm{m}} \tag{2-5}$$

式中：$I_{\mathrm{w}\cdot\mathrm{m}}$ 为通过二极管最大工作电流，A；U'_{m}为可能加于二极管的反向电压峰值，V。

串联电阻 R_1 的阻值为

$$R_1 = \frac{U_{\mathrm{m}}}{2 I_{\mathrm{N}\cdot\mathrm{V}}} \tag{2-6}$$

式中：U_{m} 为直流母线电压，V。

串联电阻 R_1 的容量 P 为

$$P = I_{\mathrm{w}\cdot\mathrm{m}}^2 R_1 \tag{2-7}$$

由式（2-6）可知，二极管的额定电流越小，电阻 R_1 的阻值就越大，对能量的传递就越不利。因此，一般二极管的额定电流不小于 20A。

二、储能电容器检查装置

为了防止储能电容器开路或老化，即电容器容量降低或失效，应定期检查电容器的电压、泄漏电流和容量。储能电容器检查装置电路如图 2-13 所示。

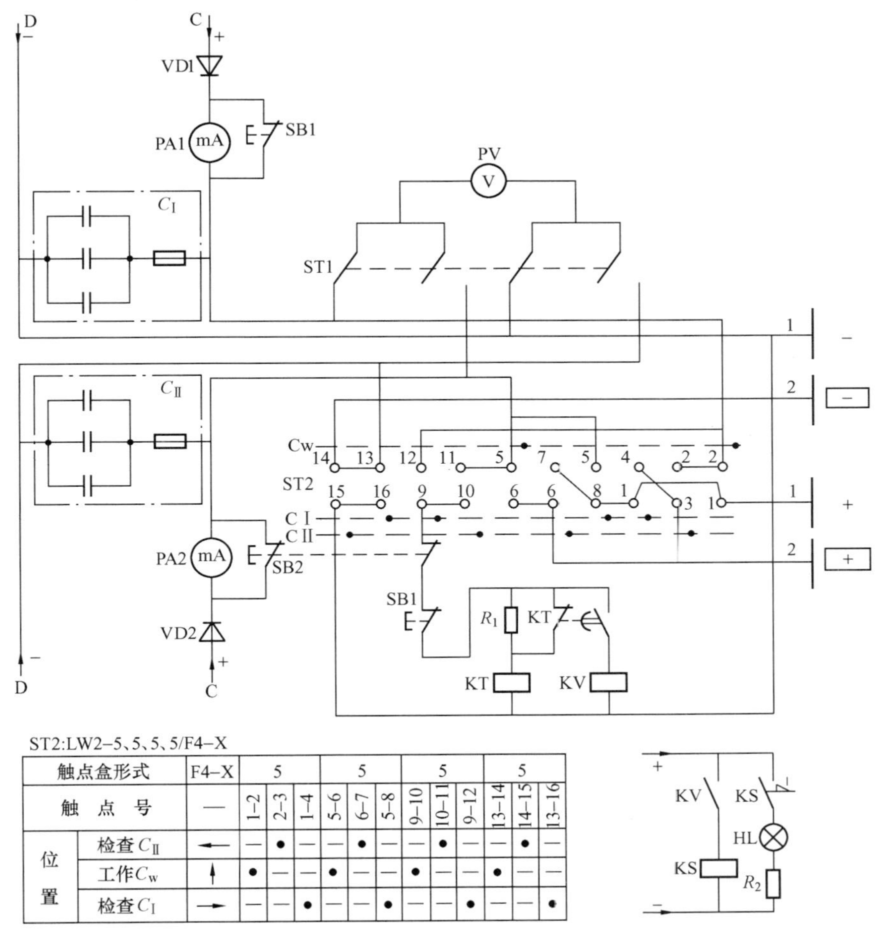

ST2:LW2-5、5、5、5/F4-X

触点盒形式		F4-X	5			5			5			5		
触 点 号		—	1-2	2-3	1-4	5-6	6-7	5-8	9-10	10-11	9-12	13-14	14-15	13-16
位置	检查 C_{II}	←	—	•	—	—	•	—	—	•	—	—	•	—
	工作 C_w	↑	•	—	—	•	—	—	•	—	—	•	—	—
	检查 C_{I}	→	—	—	•	—	—	•	—	—	•	—	—	•

图 2-13 储能电容器检查装置电路图

储能电容器检查装置是由继电器（KT、KV 和 KS）、转换开关（ST1、ST2）、按钮（SB1、SB2）和测量仪表（PA1、PA2、PV）组成。

电压表 PV 和转换开关 ST1 用来监测电容器 C_{I} 和 C_{II} 两端电压，ST1 切换至图示位置时，PV 的读数是 C_{I} 两端的电压。

毫安表 PA1（或 PA2）和试验按钮 SB1（或 SB2），用来检查 C_{I}（或 C_{II}）的泄漏电流。若泄漏电流超过允许值，表明电容器绝缘电阻下降或自放电加快，应及时处理。毫安表 PA1（或 PA2）正常时，被试验按钮 SB1（或 SB2）短接，测量时按下试验按钮，就可测得泄漏电流，同时解除电容器检查回路。

继电器 KT、KV、KS 和转换开关 ST2 用来检查电容器的容量。ST2 选用 LW2-5，5，

5，5/F4-X 型转换开关，它有“工作 C_w”“检查 C_{I}”“检查 C_{II}”三个位置。其工作原理如下。

（1）平时 C_{I} 和 C_{II} 同时工作，转换开关 ST2 置于“C_w”位置，其触点 1—2、5—6 接通，则储能电容器 C_{I} 经触点 1—2 向 1 号控制母线（+、−）供电；储能电容器 C_{II} 经触点 5—6 向 2 号控制母线（$\boxed{+}$、$\boxed{-}$）供电。

（2）检查 C_{I} 时，将转换开关 ST2 置于“C_{I}”位置时，其触点 1—4、5—8、9—12、13—16 接通，此时电容器 C_{II} 继续运行，并承担 1 号和 2 号控制母线上的负载，即经触点 1—4、5—8 和 13—16 向 2 号控制母线（$\boxed{+}$、$\boxed{-}$）和向 1 号控制母线（+、−）供电。而电容器 C_{I} 处于被检查的放电状态，即 C_{I} 经 ST2 的触点 9—12 接至时间继电器 KT 线圈上（C_{I} 通过 KT 线圈进行放电），使 KT 动作，其动断触点断开，电阻 R_1 串入（以减少时间继电器能量消耗）；KT 延时闭合的动合触点经延时 t（考虑裕度，放电时间 t 应比保护装置的动作时间大 0.5～1s）后，接通过电压继电器 KV 线圈。若 C_{I} 经 t 时间放电后，其残压大于过电压继电器 KV 的整定值，KV 就动作，其动合触点闭合，使信号继电器 KS 动作并掉牌，同时点亮信号灯 HL，则表明电容器 C_{I} 的电容量正常。反之，如果时间继电器 KT 或过电压继电器 KV 不能启动，则表明电容器 C_{I} 的电容值下降或有开路现象，应逐一检查和更换损坏的电容器。

（3）检查 C_{II} 时，将转换开关 ST2 置于“C_{II}”位置时，其触点 2—3、6—7、10—11、14—15 接通，此时电容器 C_{I} 承担 1 号和 2 号控制母线上的负载，而电容 C_{II} 则处于被检查的放电状态，动作情况同前。

采用硅整流电容储能直流操作电源时，在控制回路中，原来接控制小母线（即 L+）的信号灯及自动重合闸继电器，改接至信号小母线 +WS700 上，使发生故障时，不消耗电容器所储蓄的能量。

第五节　直流系统一点接地的寻找

当直流母线上的绝缘监察装置发出接地信号后，运行人员首先利用绝缘监察装置判断是哪个极接地，并测量其绝缘电阻的大小；然后寻找接地点的位置，以便及时消除。

首先根据当时的运行方式、操作情况以及气候影响等因素，初步判断接地点的位置；然后遵循先信号和照明回路后控制回路、先室外后室内的原则，采用分路试停的方法寻找有接地点的回路。在切断各专用直流回路时，切断时间一般不得超过 3s。发现某一专用直流回路有接地时，再进一步寻找接地点的位置。寻找时注意事项如下。

（1）停电前应采取必要的措施，以防止直流失电可能引起保护及自动装置的误动作。

（2）禁止使用灯泡寻找接地，必须使用高内阻仪表：220V 的，内阻不小于 20kΩ；110V 的，内阻不小于 10kΩ。

（3）在寻找和处理直流接地过程中，不得造成直流系统短路或另一点接地。

（4）在硅整流电容储能的直流系统中，如需判断储能电容器的控制回路有无接地现象时，可按以下两种情况进行：

第一种情况，储能电容器 C_{I} 和 C_{II} 的负极未连在一起，如图 2-13 所示。此时可用分路试停的方法寻找。

第二种情况，储能电容器 C_{I} 和 C_{II} 负极连在一起，即 1 号控制母线（+、-）和 2 号控制母线（[+]、[-]）具有公共的负极，如图 2-14 所示。此情况下，必须将电源开关 QK1、QK2 全部切断，才能寻找接地点，否则会造成以下的错误判断：

1）在 1 号控制母线负极 B 点接地情况下（见图 2-14），若只断开电源开关 QK1，直流主母线（W）仍可通过电源开关 QK2 与接地点相通，接在主母线上的绝缘监察装置仍反映有负极接地，可能得出 1 号控制母线无接地的错误判断。

2）在 1 号控制母线正极 A 点接地情况下（见图 2-14），当只断开电源开关 QK1 时，2 号控制母线负极对地电压为 C_{I} 两端残余电压，其数值为母线全电压，接在主母线上绝缘监察装置仍反映有正极接地，可能得出 1 号控制母线无接地的错误判断。

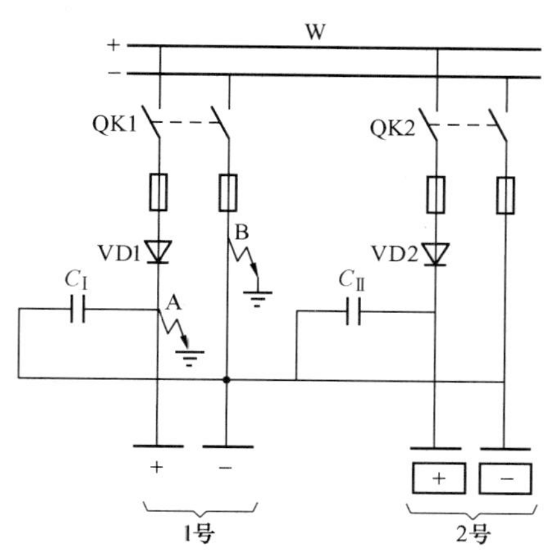

图 2-14　电容储能装置直流接地示意图

通过以上分析可知，只有将 1 号和 2 号的电源开关 QK1 和 QK2 全都断开后，1 号和 2 号控制母线的正、负极与主母线完全断开，接在主母线上的绝缘监察装置才能正确指示。

复习思考题

1. 说明发电厂和变电站操作电源的作用、种类和对它的基本要求。
2. 说明铅酸蓄电池浮充电的目的，端电池调整器的作用和蓄电池数量的选择方法。
3. 画图说明为什么有时直流系统两点接地会造成断路器误跳闸，有时会造成拒绝跳闸说明。
4. 利用图 2-10 说明直流系统发出接地信号后，判断接地极和测量绝缘电阻的操作过程。
5. 直流系统母线电压为什么不能过高或过低？
6. 画图说明闪光电源装置的工作原理。
7. 利用图 2-13 说明硅整流电容储能的直流系统储能电容器的作用和运行中的检查方法。
8. 一个变电站应装设几组保护用的储能电容器？为什么？
9. 查找直流系统一点接地的原则和注意事项有哪些？

第三章　断路器的控制和信号电路

第一节　概　　述

一、断路器的控制类型

发电厂和变电站内，对断路器的控制按控制方式可分为一对一控制和一对 N 的选线控制。一对一控制是利用一个控制开关控制一台断路器，一般适用于重要且操作机会少的设备，如发电机、调相机、变压器等。一对 N 的选线控制是利用一个控制开关，通过选择，控制多台断路器，一般适用于馈线较多，接线和要求基本相同的高压厂用馈线。对断路器的控制按其操作电源的不同，又可分为强电控制和弱电控制。强电控制电压一般为 110V 或 220V，弱电控制电压为 48V 及以下。

对于强电控制，按其控制地点，又可分为远方控制和就地控制。就地控制是控制设备安装在断路器附近，运行人员就地进行手动操作。这种控制方式一般适用于不重要的设备，如 6～10kV 馈线、厂用电动机等。远方控制是在离断路器几十米至几百米的主控制室的主控制屏（台）上，装设能发出跳、合闸命令的控制开关或按钮，对断路器进行操作，一般适用于发电厂和变电站内较重要的设备，如发电机、主变压器、35kV 及以上线路和相应的并联电抗器等。

本章将对强电一对一的远方控制作详细介绍，弱电一对一控制和弱电选线控制将在第八章中介绍。

二、断路器的操动机构

断路器的操动机构是断路器本身附带的合、跳闸传动装置，用来使断路器合闸或维持闭合状态，或使断路器跳闸。在操动机构中均设有合闸机构、维持机构和跳闸机构。由于动力来源的不同，操动机构可分为电磁操动机构（CD）、弹簧操动机构（CT）、液压操动机构（CY）、电动机操动机构（CJ）、气动操动机构（CQ）等。目前应用较广的是弹簧操动机构、液压操动机构和气动操动机构。不同型式的断路器，根据传动方式和机械荷载的不同，可配用不同型式的操动机构。

（1）电磁操动机构是靠电磁力进行合闸的机构。这种机构结构简单，加工方便，运行可靠。由于是利用电磁力直接合闸，合闸电流很大，可达几十安至数百安，所以合闸回路不能直接利用控制开关触点接通，必须采用中间接触器（即合闸接触器）。目前，这种操动机构由于合闸冲击电流很大而很少采用。

（2）弹簧操动机构是靠预先储存在弹簧内的位能来进行合闸的机构。这种机构不需配备附加设备，弹簧储能时耗用功率小（用 1.5kW 的电动机储能），因而合闸电流小，合闸回路可直接用控制开关触点接通。目前弹簧操动机构供各型 SF_6 断路器及真空断路器使用。

（3）液压操动机构是靠压缩气体（氮气）作为能源，以液压油作为传递媒介来进行合闸的机构。此种机构所用的高压油预先储存在储油箱内，用功率较小（1.5kW）的电动机带动油泵运转，将油压入储压筒内，使预压缩的氮气进一步压缩，从而不仅合闸电流小，合闸回路可直接用控制开关触点接通，而且压力高，传动快，动作准确，出力均匀。目前我国110kV及以上的SF_6断路器广泛采用这种机构。

（4）气动操动机构是以压缩空气储能和传递能量的机构。此种机构功率大，速度快，但结构复杂，需配备空气压缩设备。气动操动机构的合闸电流也较小，合闸回路中也可直接用控制开关触点接通。目前，这种操动机构使用于500kV的SF_6断路器。

第二节　三相操作断路器的控制和信号电路

一、断路器控制回路的基本要求

断路器的控制回路应满足下列要求：

（1）断路器操动机构中的合、跳闸线圈是按短时通电设计的，故在合、跳闸完成后应自动解除命令脉冲，切断合、跳闸回路，以防止合、跳闸线圈长时间通电。

（2）合、跳闸电流脉冲一般应直接作用于断路器的合、跳闸线圈，但对电磁操动机构，合闸线圈电流很大（35～250A），须通过合闸接触器接通合闸线圈。

（3）无论断路器是否带有机械闭锁，都应具有防止多次合、跳闸的电气防跳功能。

（4）断路器既可利用控制开关进行手动跳闸与合闸，又可由继电保护和自动装置自动跳闸与合闸。

（5）应能监视控制电源及合、跳闸回路的完好性，应对二次回路短路或过负载进行保护。

（6）应有反映断路器状态的位置信号和显示自动合、跳闸的不同信号。

（7）对于采用气压、液压和弹簧操动机构的断路器，应有压力是否正常、弹簧是否拉紧到位的监视回路和闭锁回路。

（8）对于分相操动的断路器，应有监视三相位置是否一致的措施。

（9）接线应简单可靠，使用电缆芯数应尽量少。

二、控制开关

控制开关又称万能开关，是控制回路中的控制元件，由运行人员直接操作，发出命令脉冲，使断路器合、跳闸。下面介绍LW2型系列自动复位控制开关。

（一）LW2型控制开关的结构

LW2型控制开关的结构如图3-1所示。图中，控制开关正面为一个操作手柄和面板，安装在控制屏前。与手柄固定连接的转轴上有数节触点盒，安装在控制屏后。每个触点盒内有4个定触点和1个动触点。定触点分布在盒的四角，盒外有供接线用的四个引出线端子。动触点根据凸轮和簧片形状以及在转轴上安装的初始位置可组成14种触点盒型式，其代号为1、1a、2、4、5、6、6a、7、8、10、20、30、40、50。其中LW2-Z型和LW2-YZ型控制开关中各型触点盒的触点随手柄转动的位置见表3-1。表中动触点的型式有两种：一种是触点在轴上，随轴一起转动；另一种是触点在轴上有一定的自由行程，这种型式的触点当手柄转动角度在其自由行程以内时，可保持在原来的位置上不动。

表3-1中的1、1a、2、4、5、6、6a、7、8型触点是随轴转动的动触点，10、40、50型触点在轴上有45°的自由行程，20型触点在轴上有90°的自由行程，30型触点在轴上有135°的自由行程。具有自由行程的触点切断能力较小，只适合于信号回路。

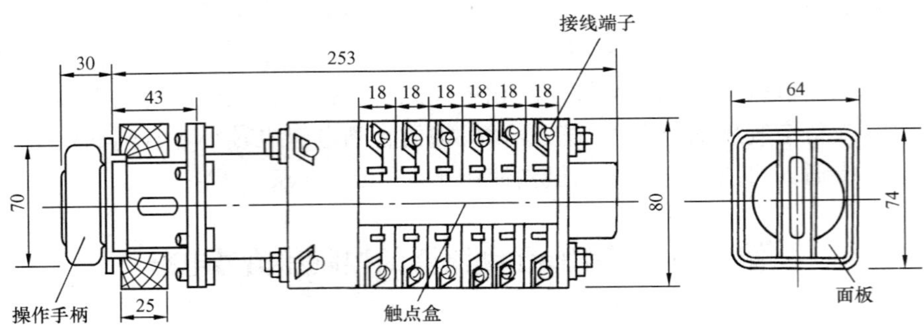

图 3-1　LW2 型控制开关结构图

LW2 系列控制开关挡数一般为 5 挡，最多不应超过 6 挡。超过 6 挡的，其触点可能接触不可靠。当控制开关触点不够用时，可以借用中间继电器来增加触点。

LW2 系列控制开关的额定电压为 250V，当电流不超过 0.1A 时，允许使用 380V，其触点切断能力见表 3-2。

表 3-1　LW2-Z 型和 LW2-YZ 型控制开关中各型触点盒的触点随手柄转动的位置表

手柄位置＼触点盒型式		灯	1 1a	2	4	5	6	6a	7	8	10	20	30	40	50
	←														
	↑														
	↗														
	↑														
	←														
	↙														

＊自动开关前视触点号顺序为　O2　O1　O　O3　O4

表 3-2　LW2 系列控制开关触点的切断容量　　A

负荷性质＼电流性质	交　流		直　流	
	220V	127V	220V	110V
电阻性	40	45	4	10
电感性	15	23	2	7

（二）LW2 型控制开关的特点和用途

根据控制开关手柄有无内附指示灯、有无定位和有无自动复位机构，LW2 型控制开关的特点和用途见表 3 - 3。

表 3 - 3　LW2 型控制开关的特点和用途

型　号	特　　点	用　　途	备　　注
LW2 - Z	带自动复位及定位	用于断路器及接触器的控制回路中	常用于灯光监视回路
LW2 - YZ	带自动复位及定位，有信号灯	用于断路器及接触器的控制回路中	常用于音响监视回路
LW2 - W	带自动复位	用于断路器及接触器的控制回路中	
LW2 - Y	带定位及信号灯	用于直流系统中监视熔断器	
LW2 - H	带定位及可取出手柄	用于同步回路中相互闭锁	
LW2	带定位	用于一般的切换电路中	

（三）控制开关的触点图表

表明控制开关的操作手柄在不同位置时触点盒内各触点通断情况的图表称为触点图表。表 3 - 4 是 LW2 - Z - 1a、4、6a、40、20、20/F8 型控制开关的触点图表。表中，F8 表示面板与手柄的型式。

表 3 - 4　LW2 - Z - 1a、4、6a、40、20、20/F8 型控制开关触点图表

在“跳闸后”位置的手柄（正面）的样式和触点盒（背面）的接线图 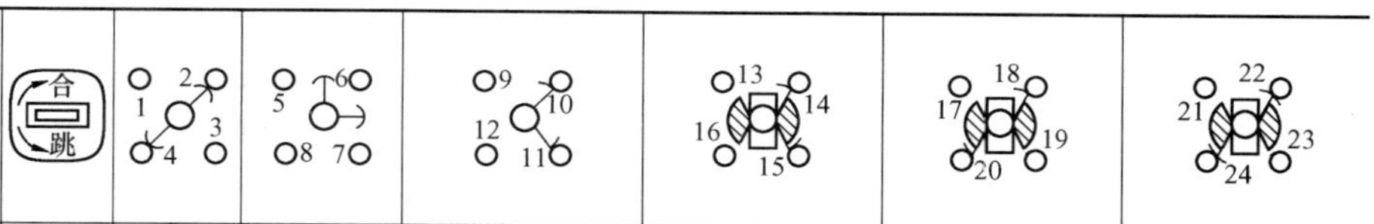																
手柄和触点盒型式	F8	1a		4		6a			40			20			20	
触点号 / 位置	—	1—3	2—4	5—8	6—7	9—10	9—12	11—10	14—13	14—15	16—13	19—17	17—18	18—20	21—23	21—22	22—24
跳闸后		—	•	—	—	—	—	•	—	•	—	—	—	•	—	—	•
预备合闸		•	—	—	—	•	—	—	•	—	—	—	•	—	—	•	—
合闸		—	—	•	—	—	•	—	—	—	•	•	—	—	•	—	—
合闸后		•	—	—	—	•	—	—	—	—	•	•	—	—	•	—	—
预备跳闸		—	•	—	—	—	—	•	•	—	—	—	•	—	—	•	—
跳闸		—	—	—	•	—	—	•	—	•	—	—	—	•	—	—	•

注　F 为方形面板；O 为圆形面板；1～9 九个数字表示手柄型式。

表 3 - 4 表明，此种控制开关有两个固定位置（垂直和水平）和两个操作位置（由垂直位置再顺时针转 45°和由水平位置再逆时针转 45°）。由于具有自由行程，所以控制开关的触点位置共有六种状态，即“预备合闸”“合闸”“合闸后”“预备跳闸”“跳闸”“跳闸后”。操作方法为：当断路器为断开状态，操作手柄置于“跳闸后”的水平位置，需进行合闸操作

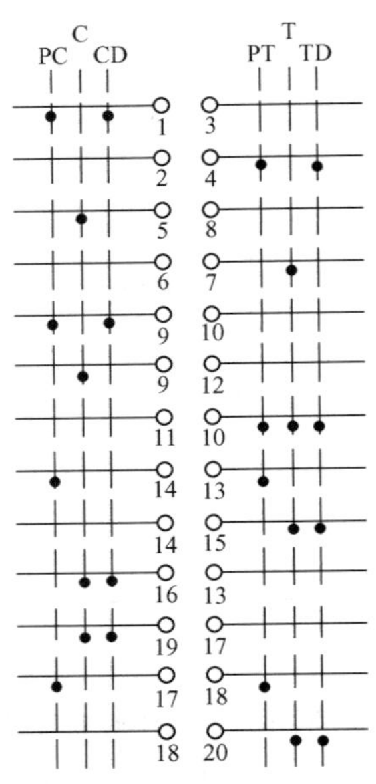

图 3-2 LW2-Z-1a、4、6a、40、20/F8 型触点通断的图形符号

时，首先将手柄顺时针旋转 90°至“预备合闸”位置，再旋转 45°至“合闸”位置，此时 4 型触点盒中的触点 5—8 接通，发合闸脉冲。断路器合闸后，松开手柄，操作手柄在复位弹簧作用下，自动返回至“合闸后”的垂直位置。进行跳闸操作时，是将操作手柄从“合闸后”的垂直位置逆时针旋转 90°至“预备跳闸”位置，再继续旋转 45°至“跳闸”位置，此时 4 型触点盒中的触点 6—7 接通，发跳闸脉冲。断路器跳闸后，松开手柄使其自动复归至“跳闸后”的水平位置。这样，合、跳闸操作分两步进行，可以防止误操作。

LW2-YZ-1a、4、6a、40、20、20/F1 型控制开关与 LW2-Z 型控制开关在操作程序上完全相同，但 LW2-YZ 型控制开关手柄上带有指示灯，其触点图表见表 3-5。

在断路器的控制信号电路中，表示触点通断情况的图形符号如图 3-2 所示。图中六条垂直虚线表示控制开关手柄的六个不同的操作位置，即 PC（预备合闸）、C（合闸）、CD（合闸后）、PT（预备跳闸）、T（跳闸）、TD（跳闸后），水平线即端子引线，水平线下方位于垂直虚线上的粗黑点表示该对触点在此位置是闭合的。

表 3-5　　LW2-YZ-1a、4、6a、40、20、20/F1 型控制开关触点图表

在“跳闸”后位置的手柄（正面）的样式和触点盒（背面）接线图	合 跳	1 2 3 4		5 6 7 8		9 10 11 12		13 14 15 16			17 18 19 20			21 22 23 24			25 26 27 28		
手柄和触点盒型式	F1	灯		1a		4		6a			40			20			20		
位置 \ 触点号	—	1—3	2—4	5—7	6—8	9—12	10—11	13—14	13—16	15—14	18—17	18—19	20—17	23—21	21—22	22—24	25—27	25—26	26—28
跳闸后		•	—	—	•	—	—	—	—	•	—	•	—	—	—	•	—	—	•
预备合闸		—	•	•	—	—	—	•	—	—	•	—	—	—	•	—	—	•	—
合闸		—	•	—	—	•	—	—	•	—	—	—	•	•	—	—	•	—	—
合闸后		—	•	•	—	—	—	•	—	—	—	—	•	•	—	—	•	—	—
预备跳闸		•	—	—	•	—	—	—	—	•	•	—	—	—	•	—	—	•	—
跳闸		•	—	—	—	—	•	—	—	•	—	•	—	—	—	•	—	—	•

三、断路器的控制和信号电路

（一）断路器控制和信号电路的构成

1. 基本跳、合闸电路

断路器最基本的跳、合闸电路如图 3-3 所示。手动合闸操作时，将控制开关 SA 置于“合闸”位置，其触点 5—8 接通，经断路器辅助动断触点[1] QF 接通合闸接触器的线圈 KM，KM 动作，其动合触点闭合，接通合闸线圈 YC，断路器即合闸。合闸完成后，断路器辅助动断触点 QF 断开，切断合闸回路。手动跳闸时，触点 6—7 闭合，经断路器辅助动合触点[2] QF 接通跳闸线圈 YT，断路器即跳闸。跳闸后，动合触点 QF 断开，切除跳闸回路。

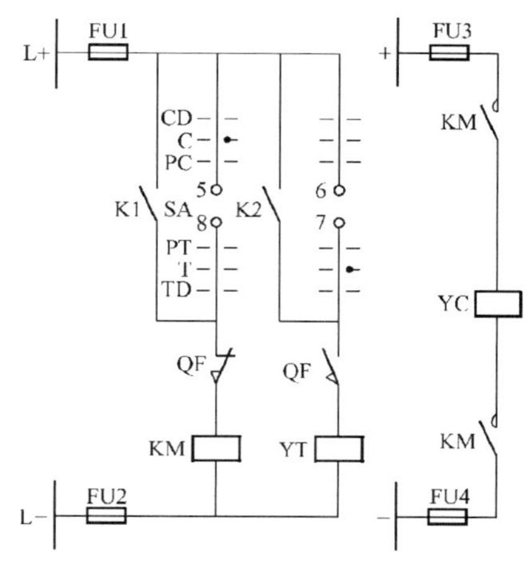

图 3-3　断路器的基本跳、合闸电路

自动合、跳闸操作，则通过自动装置触点 K1 和保护出口继电器触点 K2 短接控制开关 SA 触点实现。

断路器辅助触点 QF 除具有自动解除合、跳闸命令脉冲的作用外，还可切断电路中的电弧。由于合闸接触器和跳闸线圈都是电感性负载，若由控制开关 SA 的触点切断合、跳闸操作电源，则容易产生电弧，烧毁其触点。所以，在电路中串入断路器辅助动合触点和动断触点，由它们切断电弧，以避免烧坏 SA 的触点。

2. 位置信号电路

断路器的位置信号一般用信号灯表示，其形式分单灯制和双灯制两种。单灯制用于音响监视的断路器控制信号电路中；双灯制用于灯光监视的断路器控制信号电路中。

采用双灯制的断路器位置信号电路如图 3-4（a）所示。图中，红灯 HR 发平光，表示断路器处于合闸位置，控制开关置于“合闸”或“合闸后”位置。它是由控制开关 SA 的触点 16—13 和断路器辅助动合触点 QF 接通电源发平光的。绿灯 HG 发平光，则表示断路器处于跳闸状态，控制开关置于“跳闸”或“跳闸后”位置。它是由控制开关 SA 的触点 11—10 和断路器辅助动断触点 QF 接通电源而发平光的。

采用单灯制的断路器位置信号电路如图 3-4（b）所示。图中，断路器的位置信号由装于断路器控制开关手柄内的指示灯指示。KCT 和 KCC 分别为跳闸和合闸位置继电器触点。断路器处于跳闸状态，控制开关置于“跳闸后”位置，跳闸位置继电器 KCT 线圈带电（详见控制电路图 3-11），其动合触点闭合，则信号灯经控制开关触点 1—3、15—14 及跳闸位置继电器触点 KCT 接通电源发出平光；断路器处于合闸状态，控制开关置于“合闸后”位置，合闸位置继电器 KCC 线圈带电，其动合触点闭合，则信号灯经控制开关 SA 的触点 2—4、20—17 及合闸继电器触点 KCC 接通电源而发平光。

3. 自动合、跳闸的灯光显示

自动装置动作使断路器合闸或继电保护动作使断路器跳闸时，为了引起运行人员注意，

---

❶ 动断触点即指断路器未带电时处于闭合状态的触点。

❷ 动合触点即指断路器未带电时处于断开状态的触点。

普遍采用指示灯闪光的办法。其电路采用“不对应”原理设计，如图 3-4 所示。所谓不对应是指控制开关 SA 的位置与断路器位置不一致。例如断路器原来是合闸位置，控制开关置于“合闸后”位置，两者是对应的，当发生事故，断路器自动跳闸时，控制开关仍在“合闸后”位置，两者是不对应的。以图 3-4（a）为例，图中绿灯 HG 经断路器辅助动断触点 QF 和 SA 的触点 9—10 接至闪光小母线 WH100（+）上，绿灯闪光，提醒运行人员断路器已跳闸，当运行人员将控制开关置于“跳闸后”的对应位置时，绿灯发平光。同理，自动合闸时，红灯 HR 闪光。

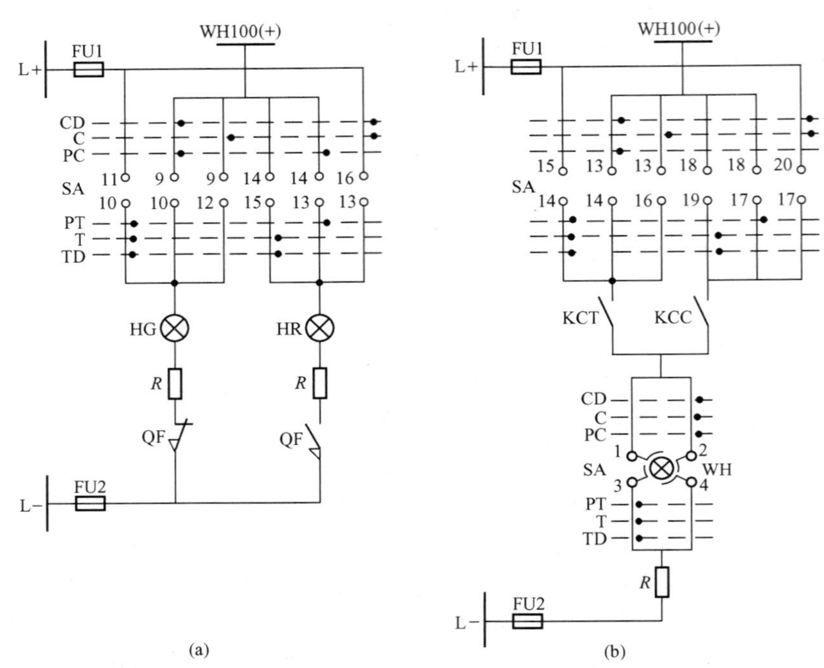

图 3-4　断路器的位置信号电路

（a）双灯制位置信号电路；（b）单灯制位置信号电路

当然，控制开关 SA 在“预备合闸”或“预备跳闸”位置时，红灯或绿灯也要闪光，这种闪光可让运行人员进一步核对操作是否无误。操作完毕，闪光即可停止，表明操作过程结束。

4. 事故跳闸音响信号电路

断路器由继电保护动作而跳闸时，还要求发出事故跳闸音响信号。它的实现也是利用“不对应”原理设计的。其常见的启动电路如图 3-5 所示。

图 3-5 中，WS708 为事故音响小母线，只要将负电源与此小母线相连，即可发出音响信号。图 3-5（a）是利用断路器自动跳闸后，其辅助动断触点 QF 闭合启动事故音响信号；图 3-5（b）是利用断路器自动跳闸后，跳闸位置继电器触点 KCT 闭合启动事故音响信号；图 3-5（c）是分相操动断路器的事故音响信号启动电路，任一相断路器自动跳闸均能发信号。在手动合闸操作过程中，当控制开关置于“预备合闸”和“合闸”位置瞬时，为防止断路器位置与控制开关位置不对应而引起误发事故信号，图 3-5 中均采用控制开关 SA 的触点 1—3 和 19—17、5—7 和 23—21 相串联的方法，来满足只有在“合闸后”位置才启动事故

音响信号的要求。

5. 断路器的“防跳”闭锁电路

当断路器合闸后，在控制开关SA触点5—8或自动装置触点K1被卡死的情况下，如遇到永久性故障，继电保护动作使断路器跳闸，则会出现多次跳—合闸现象，这种现象称为“跳跃”。如果断路器发生多次跳跃，会使其毁坏，造成事故扩大。所谓“防跳”就是采取措施，防止这种跳跃的发生。

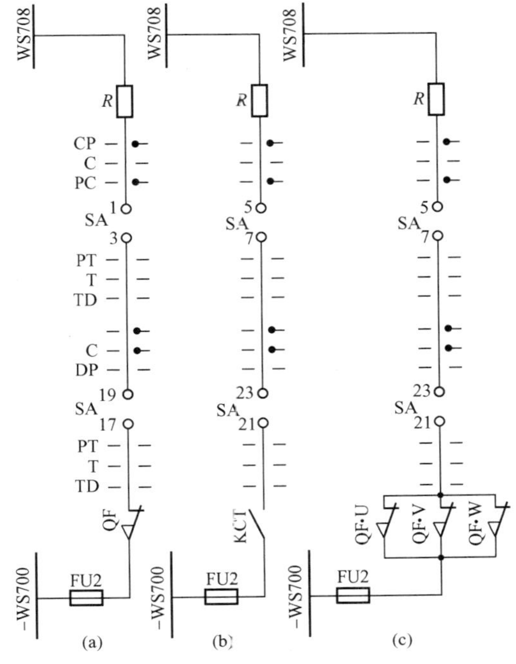

图 3-5　事故跳闸音响信号启动电路

(a) 利用断路器辅助触点启动；(b) 利用跳闸位置继电器启动；(c) 利用三相断路器辅助触点并联启动

“防跳”措施有机械防跳和电气防跳两种。机械防跳即指操动机构本身有防跳功能，电气防跳是指不管断路器操动机构本身是否带有机械闭锁，均在断路器控制回路中加设电气防跳电路。常见的电气防跳电路有利用防跳继电器防跳和利用跳闸线圈的辅助触点防跳两种类型。

利用防跳继电器构成的电气防跳电路如图 3-6 所示。图中，防跳继电器KCF有两个线圈：一个是电流启动线圈，串联于跳闸回路中；另一个是电压自保持线圈，经自身的动合触点并联于合闸接触器KM线圈回路上，其动断触点则串入合闸接触器线圈回路中。当利用控制开关SA的触点5—8或自动装置触点K1进行合闸时，如合闸在短路故障上，继电保护动作，其触点K2闭合，使断路器跳闸。跳闸电流流过防跳继电器KCF的电流线圈，使其启动，并保持到跳闸过程结束，其动合触点KCF闭合；如果此时合闸脉冲未解除，即控制开关SA的触点5—8仍接通或自动装置触点K1被卡住，则防跳继电器KCF的电压线圈得电自保持，动断触点KCF断开，切断合闸回路，使断路器不能再合闸。只有在合闸脉冲解除，防跳继电器KCF电压线圈失电后，整个电路才恢复正常。

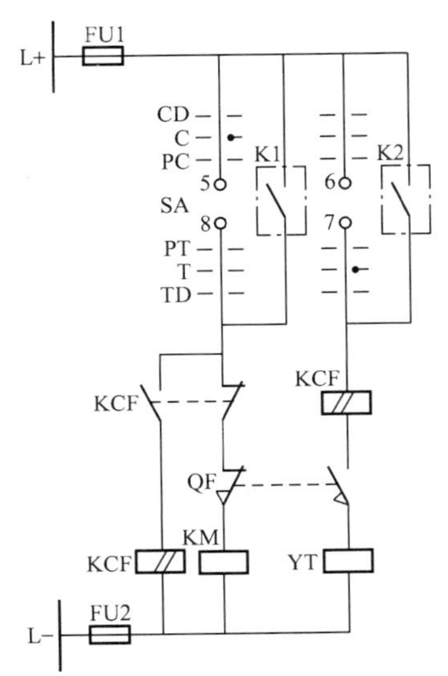

图 3-6　利用防跳继电器构成的电气防跳电路

利用跳闸线圈辅助触点构成的电气防跳电路如图 3-7 (a) 所示。图 3-7 (b) 为跳闸线圈的闭锁辅助触点示意图。当跳闸线圈不带电时，其辅助动合触点3断开，辅助动断触点4闭合；跳闸线圈带电时，铁芯被吸起，两触点改变状态。

图 3-7 (a) 中，如果断路器刚刚合闸就自动跳闸，在跳闸线圈带电的过程中，其动断触点打开，切断合闸回路，其动合触点闭合，使原有的合闸脉冲通至跳闸回路。这样，即使控制开关触点或自动装置触点被卡住，断路器

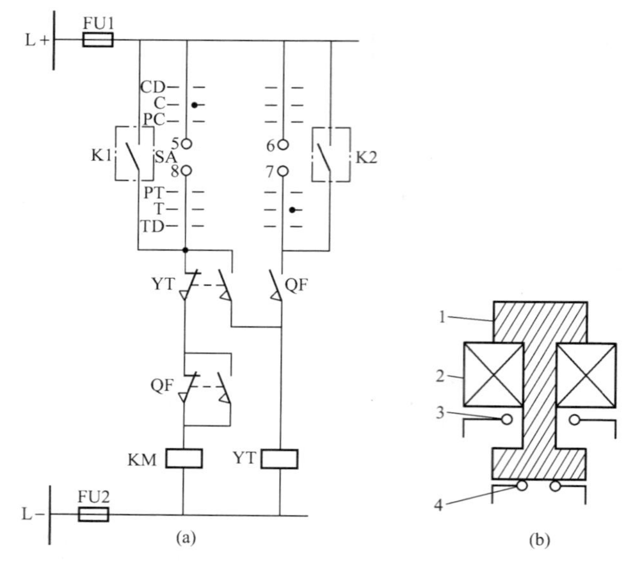

图 3-7　由跳闸线圈辅助触点构成的防跳电路
(a) 防跳电路；(b) 跳闸线圈的闭锁辅助触点示意图
1—铁芯；2—线圈；3—YT 的辅助动合触点；
4—YT 的辅助动断触点

也不能再合闸。但这又使得跳闸线圈会长时间带电，这是这种接线的缺点。

图 3-7 (a) 中，考虑断路器的辅助动断触点 QF 有时会过早断开，不能保证完成合闸所需的时间，因此常用一滑动触点 QF（在合闸过程中暂时闭合）与其并联，用以保证断路器可靠合闸。

(二) 灯光监视的断路器控制和信号电路

1. 电磁操动机构的断路器控制和信号电路

电磁操动机构的断路器控制和信号电路如图 3-8 所示。图中，L+、L－为控制小母线和合闸小母线，WH100（+）为闪光小母线，WS708 为事故音响小母线，－WS700 为信号小母线（负电源），SA 为 LW2-1a、4、6a、4a、20、20/F8 型控制开关，HG、HR 为绿、红色信号灯，FU1～FU4 为熔断器，R_1～R_4 为附加电阻器，KCF 为防跳继电器，KM 为合闸接触器，YC、YT 为合、跳闸线圈。该电路动作过程如下：

(1) 断路器的手动控制。手动合闸前，断路器处于跳闸位置，控制开关置于“跳闸后”位置。由正电源经 SA 的触点 11—10、绿灯 HG、附加电阻 R_1、断路器辅助动断触点 QF、合闸接触器 KM 线圈至负电源，形成通路，绿灯发平光。此时，合闸接触器 KM 线圈两端虽有一定的电压，但由于绿灯及附加电阻的分压作用，不足以使合闸接触器动作。在此，绿灯不但是断路器的位置信号，同时对合闸回路起了监视作用。如果回路故障，绿灯 HG 将熄灭。

在合闸回路完好的情况下，将控制开关 SA 置于“预备合闸”位置，绿灯 HG 经 SA 的触点 9—10 接至闪光小母线 WH100（+）上，HG 闪光。此时可提醒运行人员核对操作对象是否有误。核对无误后，将 SA 置于“合闸”位置，其触点 5—8 接通，合闸接触器 KM 线圈通电启动，其动合触点闭合，接通合闸线圈回路，使合闸线圈 YC 带电，由操动机构使断路器合闸。SA 的触点 5—8 接通的同时，绿灯熄灭。

合闸完成后，断路器辅助动断触点 QF 断开合闸回路，控制开关 SA 自动复归至“合闸后”位置，由正电源经 SA 的触点 16—13、红灯 HR、附加电阻 R_2、断路器辅助动合触点 QF、跳闸线圈 YT 至负电源，形成通路，红灯立即发平光。同理，红灯发平光表明跳闸回路完好，而且由于红灯及附加电阻的分压作用，跳闸线圈不足以动作。

手动跳闸操作时，先将控制开关 SA 置于“预备跳闸”位置，红灯 HR 经 SA 的触点 13—14接至闪光小母线 WH100（+）上，HR 闪光，表明操作对象无误，再将 SA 置于“跳闸”位置，SA 的触点 6—7 接通，跳闸线圈 YT 通电，经操动机构使断路器跳闸。跳闸后，断路器辅助动合触点切断跳闸回路，红灯熄灭，控制开关 SA 自动复归至“跳闸后”位

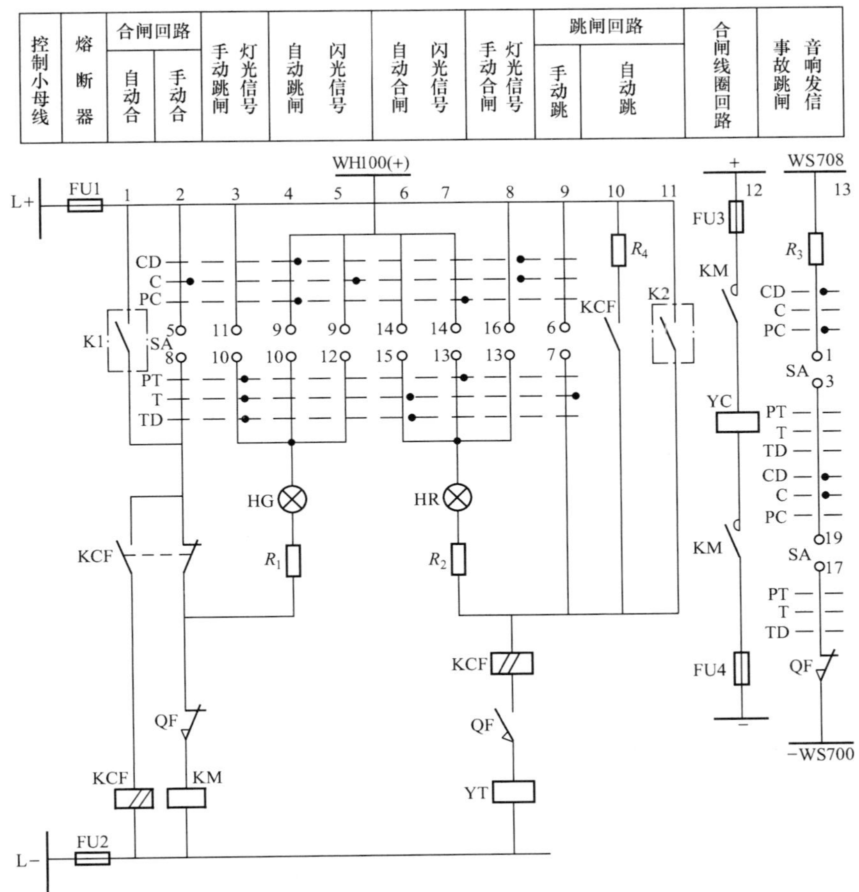

图 3-8 电磁操动机构的断路器控制和信号电路

置，绿灯发平光。

（2）断路器的自动控制。当自动装置动作，触点 K1 闭合后，SA 的触点 5—8 被短接，合闸接触器 KM 动作，断路器合闸。此时，控制开关 SA 仍为“跳闸后”位置。由闪光电源 WH100（+）经 SA 的触点 14—15、红灯 HR、附加电阻 R_2、断路器辅助动合触点 QF、跳闸线圈 YT 至负电源，形成通路，红灯闪光。所以，当控制开关手柄置于“跳闸后”的水平位置，若红灯闪光，则表明断路器已自动合闸。

当一次回路发生故障，继电保护动作，保护出口继电器触点 K2 闭合后，SA 的触点 6—7 被短接，跳闸线圈 YT 通电，使断路器跳闸。此时，控制开关为“合闸后”位置。由 WH100（+）经 SA 的触点 9—10、绿灯 HG、附加电阻 R_1、断路器辅助动断触点 QF、合闸接触器线圈 KM 至负电源，形成通路，绿灯闪光。与此同时，SA 的触点 1—3、19—17 闭合，接通事故跳闸音响信号回路，发事故音响信号。所以，当控制开关置于“合闸后”的垂直位置，若绿灯闪光，并伴有事故音响信号，则表明断路器已自动跳闸。

（3）断路器的“防跳”。电气防跳电路前已叙述，现讨论防跳继电器 KCF 的动合触点经电阻器 R_4 与保护出口继电器触点 K2 并联的作用。断路器由继电保护动作跳闸时，其触点 K2 可能较辅助动合触点 QF 先断开，从而烧毁触点 K2。动合触点 KCF 与之并联，在保护跳闸的同时防跳继电器 KCF 动作并通过另一对动合触点自保持。这样，即使保护出口继电器触点 K2 在辅助动合触点 QF 断开之前就复归，也不会由触点 K2 来切断跳闸回路电流，从而保护了 K2 触点。R_4 是一个阻值只有 1～4Ω 的电阻器，对跳闸回路无多大影响。当继电保护装置出口回路串有信号继电器线圈时，电阻器 R_4 的阻值应大于信号继电器的内阻，以保证信号继电器可靠动作。当继电保护装置出口回路无串接信号继电器时，此电阻可以取消。

2. 弹簧操动机构的断路器控制和信号电路

弹簧操动机构的断路器控制和信号电路如图 3 - 9 所示。图中，M 为储能电动机，其他设备符号含义与图 3 - 8 相同。电路的工作原理与电磁操动机构的断路器相比，除有相同之处以外，还有以下特点：

（1）当断路器无自动重合闸装置时，在其合闸回路中串有操动机构的辅助动合触点 Q1。只有在弹簧拉紧、Q1 闭合后，才允许合闸。

（2）当弹簧未拉紧时，操动机构的两对辅助动断触点 Q1 闭合，启动储能电动机 M，使合闸弹簧拉紧。弹簧拉紧后，两对动断触点 Q1 断开，合闸回路中的辅助动合触点 Q1 闭合，电动机 M 停止转动。此时，进行手动合闸操作，合闸线圈 YC 带电，使断路器利用弹簧存储的能量进行合闸，合闸弹簧在释放能量后，又自动储能，为下次动作做准备。

（3）当断路器装有自动重合闸装置时，由于合闸弹簧正常运行处于储能状态，所以能可靠地完成一次重合闸的动作。如果重合不成功又跳闸，将不能进行第二次重合，但为了保证可靠“防跳”，电路中仍有防跳设施。

（4）当弹簧未拉紧时，操动机构的辅助动断触点 Q1 闭合，发“弹簧未拉紧”的预告信号。

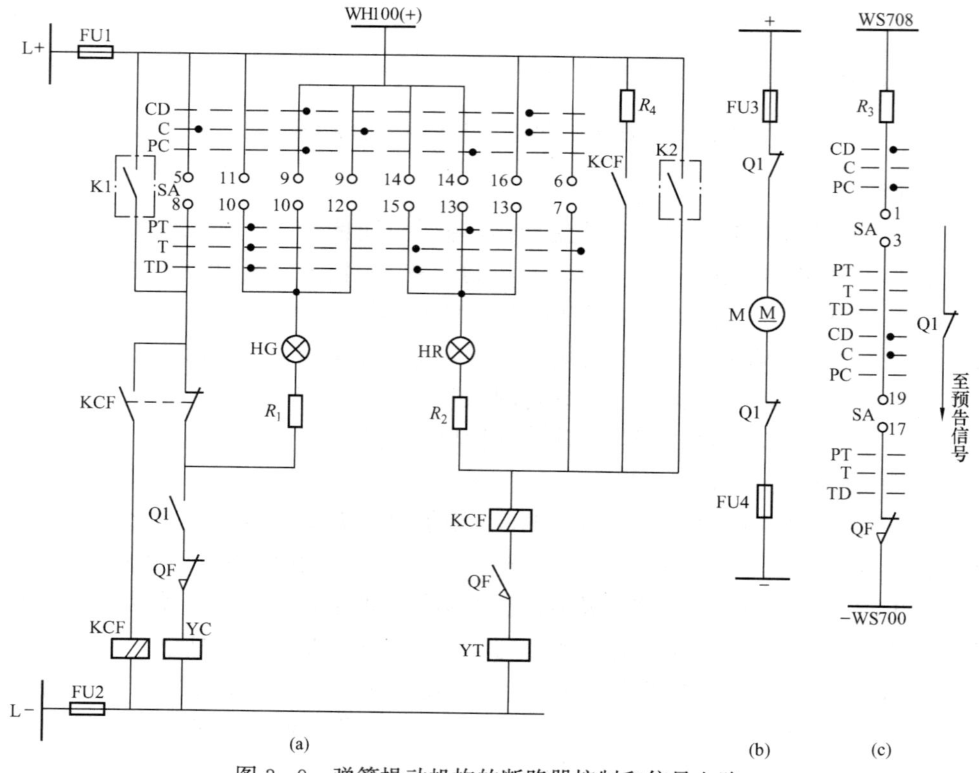

图 3 - 9　弹簧操动机构的断路器控制和信号电路

（a）控制电路；（b）电动机启动电路；（c）信号电路

3. 液压操动机构的断路器控制和信号电路

液压操动机构的断路器控制和信号电路如图 3-10 所示。

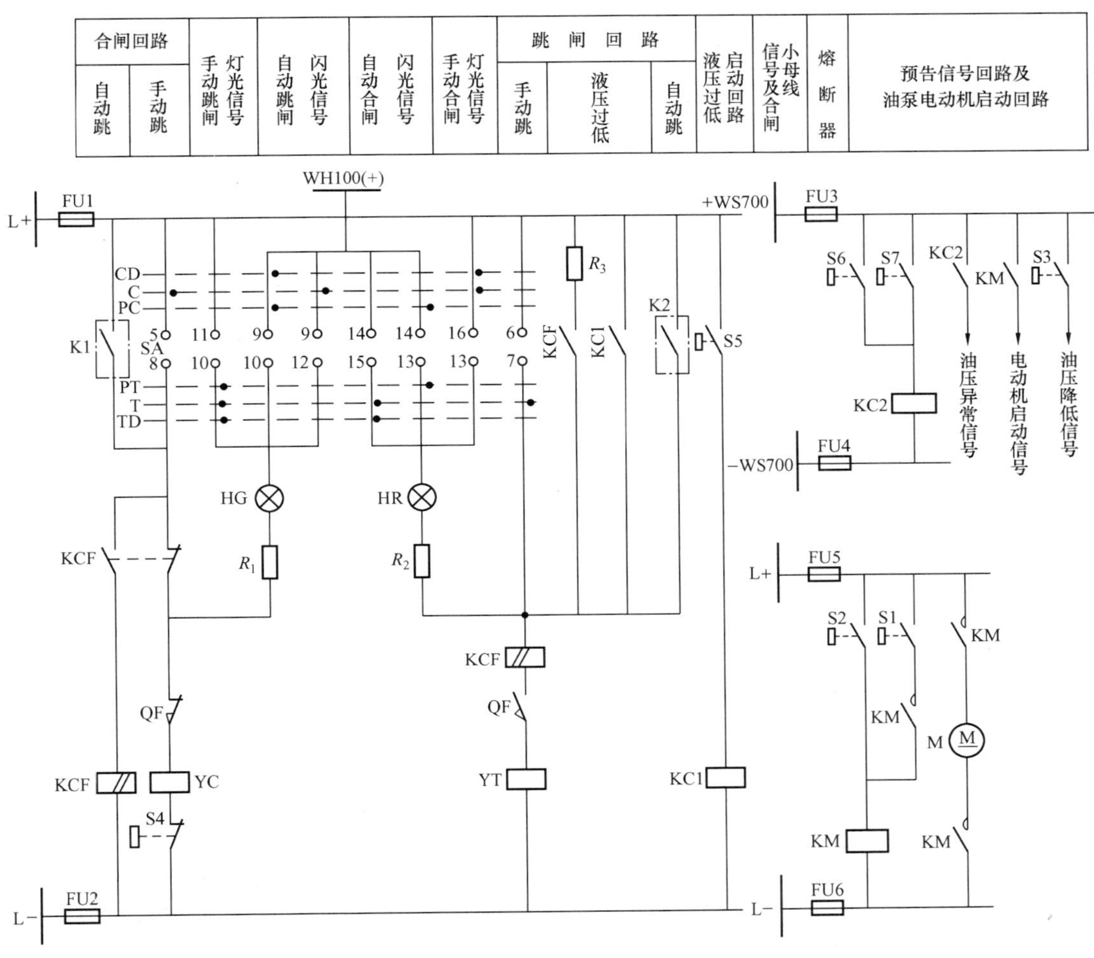

图 3-10　液压操动机构的断路器控制和信号电路

图 3-10 中，+WS700、−WS700 为信号小母线。S1～S5 为液压操动机构所带微动开关的触点，微动开关的闭合和断开，与操动机构中储压器活塞杆的行程调整和液压有关；S6、S7 为压力表电触点。以上各触点的动作条件见表 3-6。KM 为直流接触器，M 为直流电动机，KC1、KC2 为中间继电器，其他设备与图 3-8 相同。

表 3-6　　微动开关触点及压力表电触点的动作条件　　MPa

触点符号	S1	S2	S3	S4	S5	S6	S7
动作条件	<17.5 闭合	<15.8 闭合	<14.4 闭合	<13.2 断开	<12.6 闭合	<10 闭合	>20 闭合

此控制电路与电磁操作的控制电路相比，主要差别是液压操作的控制电路增设了液压监察功能。其特点如下：

（1）为保证断路器可靠工作，油的正常压力应在15.8～17.5MPa的允许范围之内。运行中，由于漏油或其他原因造成油压小于15.8MPa时，微动开关触点S1、S2闭合。S2闭合使直流接触器KM线圈带电，其两对动合触点KM闭合，一对启动油泵电动机M，使油压升高，同时发电动机启动信号；另一对通过闭合的微动开关触点S1形成KM的自保持回路。当油压上升至15.8MPa以上时，微动开关触点S2断开，但KM并不返回，一直等到油压上升至17.5MPa，微动开关触点S1断开，KM线圈失电，油泵电动机M停止运转。这样就维持了液压在要求的范围之内。

（2）液压出现异常情况时，能自动发信号。当油压降低到14.4MPa时，微动开关触点S3闭合，发油压降低信号。当油压降低到13.2MPa时，微动开关触点S4断开，切断合闸回路。当油压降低到10MPa以下或上升到20MPa以上时，压力表电触点S6或S7闭合，启动中间继电器KC2，其触点闭合，发油压异常信号。

（3）油压严重下降，不能满足故障状态下断路器跳闸要求时，应能自动跳闸。当油压降低到12.6MPa时，微动开关触点S5闭合，启动中间继电器KC1，其动合触点闭合，使断路器自动跳闸且不允许再合闸。

（三）音响监视的断路器控制和信号电路

音响监视的断路器控制和信号电路如图3-11所示。

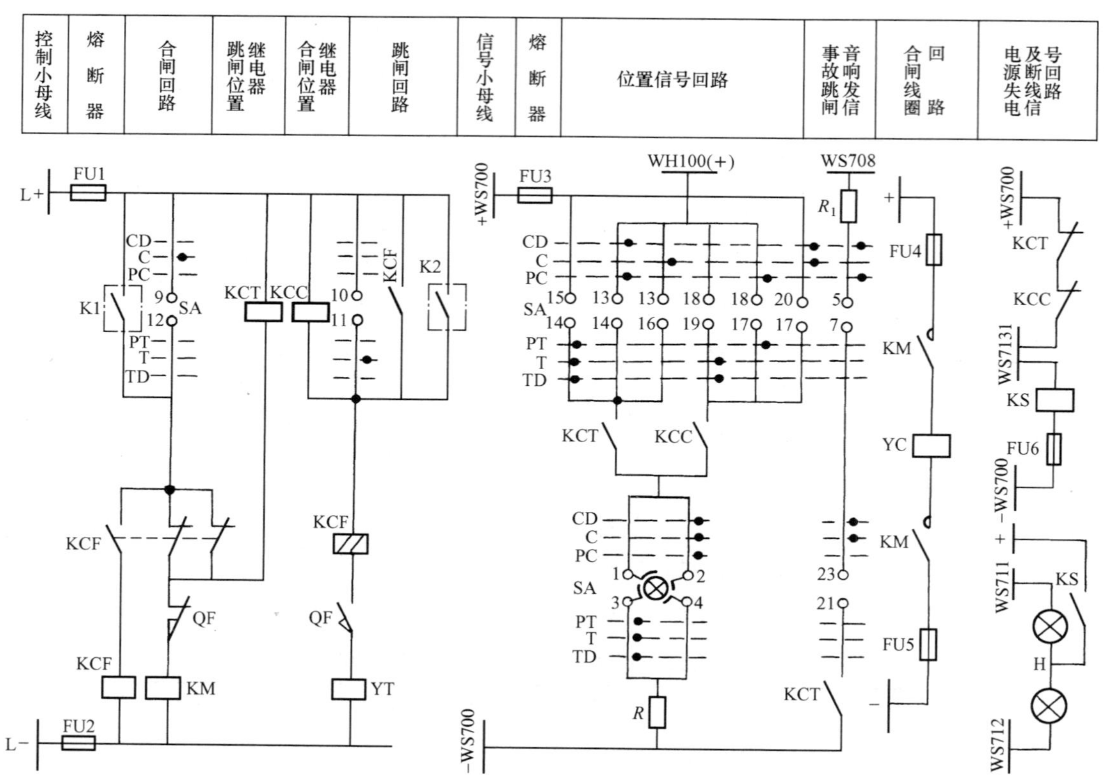

图3-11 音响监视的断路器控制和信号电路

图3-11中，WS711、WS712为预告信号小母线；WS7131为控制回路断线预告小母线；SA为LW2-YZ-1a、4、6a、40、20、20/F1型控制开关；KCT、KCC为跳闸位置继

电器和合闸位置继电器；KS 为信号继电器；H 为光字牌；其他设备与图 3-8 相同。该电路动作过程如下：

（1）断路器的手动控制。断路器手动合闸前，跳闸位置继电器 KCT 线圈带电，其动合触点 KCT 闭合，由＋WS700 经 SA 的触点 15—14、KCT 触点、SA 的触点 1—3 及 SA 内附信号灯、附加电阻器 R 至－WS700，形成通路，信号灯发平光。

手动合闸操作时，将控制开关 SA 置于“预备合闸”位置，信号灯经 SA 的触点 13—14、2—4，KCT 的触点接至闪光小母线 WH100（＋）上，信号灯闪光。接着将 SA 置于“合闸”位置，其触点 9—12 接通，合闸接触器 KM 线圈带电启动，其动合触点闭合，合闸线圈 YC 带电，使断路器合闸。

断路器合闸后，控制开关 SA 自动复归至“合闸后”位置。此时，由于断路器合闸，合闸位置继电器 KCC 线圈带电，其动合触点闭合，由＋WS700 经 SA 的触点 20—17、KCC 的动合触点、SA 的触点 2—4 及内附信号灯、附加电阻器 R 至－WS700，形成通路，信号灯发平光。

手动跳闸操作时，先将控制开关 SA 置于“预备跳闸”位置，信号灯经 SA 的触点 18—17、1—3，KCC 的动合触点接至闪光小母线 WH100（＋）上，信号灯闪光。再将 SA 置于“跳闸”位置，其触点 10—11 接通，跳闸线圈 YT 带电，使断路器跳闸。断路器跳闸后，控制开关自动复归至“跳闸后”位置，信号灯发平光。

（2）断路器的自动控制。当自动装置动作，触点 K1 闭合后，SA 的触点 9—12 被短接，断路器合闸。由 WH100（＋）经 SA 的触点 18—19、KCC 的动合触点、SA 的触点 1—3 及内附信号灯、附加电阻 R 至－WS700，形成通路，信号灯闪光；当继电保护动作，保护出口继电器触点 K2 闭合后，SA 的触点 10—11 被短接，跳闸线圈 YT 带电，使断路器跳闸。由 WH100（＋）经 SA 的触点 13—14、KCT 的动合触点、SA 的触点 2—4 及内附信号灯、附加电阻 R 至－WS700，形成通路，信号灯闪光，同时 SA 的触点 5—7、23—21 和 KCT 动合触点均闭合，接通事故跳闸音响信号回路，发事故音响信号。

（3）控制电路及其电源的监视。当控制电路的电源消失（如熔断器 FU1、FU2 熔断或接触不良）时，跳闸和合闸位置继电器 KCT 及 KCC 同时失电，其 KCT、KCC 动合触点断开，信号灯熄灭；其 KCT、KCC 动断触点闭合，启动信号继电器 KS，KS 的动合触点闭合，接通光字牌 H 并发出电源失电及断线音响信号（详见第五章）。此时，通过指示灯熄灭即可找出故障的控制回路。

当断路断、控制开关均在合闸（或跳闸）位置，跳闸（或合闸）回路断线时，都会出现信号灯熄灭、光字牌点亮并发音响信号。

如果控制电源正常，信号电源消失，则不发音响信号，只是信号灯熄灭。

（4）音响监视方式与灯光监视方式相比，具有以下优点：

1）由于跳闸和合闸位置继电器的存在，使控制回路和信号回路分开，这样可以防止当回路或熔断器断开时，由于寄生回路而使保护装置误动作。

2）利用音响监视控制回路的完好性，便于及时发现断线故障。

3）信号灯减半，对大型发电厂和变电站不但可以避免控制屏太拥挤，而且可以防止误操作。

4）减少了电缆芯数（由四芯减少到三芯）。

但是，音响监视采用单灯制，增加了两个继电器（即 KCT 和 KCC）；位置指示灯采用单灯不如双灯直观。

第三节　液压分相操作断路器的控制和信号电路

为了实现单相重合闸或综合重合闸，目前220kV及以上的断路器多采用分相操动机构。采用CY3型液压式分相操动机构的LW6-220Ⅰ型SF_6断路器的控制和信号电路如图3-12所示。

图3-12中，WD721、WD722、WD723为同步合闸小母线；WS7131为控制回路断线预告小母线；WS709、WS710为预告信号小母线；SS为同步开关；SA为LW2-Z型控制开关；HG、HR、H分别为绿灯、红灯、光字牌；KC1、KC2为三相合闸继电器和三相跳闸继电器，它主要是为了实现三相同时手动合闸或跳闸而增设的；KCF1、KCF2、KCF3为U、V、W三相的防跳继电器；KCC1、KCC2、KCC3为U、V、W三相的合闸位置继电器；KCT1、KCT2、KCT3为U、V、W三相的跳闸位置继电器；YC1、YC2、YC3及YT1、YT2、YT3为U、V、W三相的合、跳闸线圈；KM1、KM2、KM3为U、V、W三相的直流接触器；KC31、KC32、KC33为U、V、W三相的压力中间继电器；KVP1、KVP2为压力监察继电器；K为综合重合闸装置中的重合出口中间继电器触点；K1、K2、K3为综合重合闸装置中的分相跳闸继电器触点；K4为综合重合闸装置中的三相跳闸继电器触点；XB为连接片；S1U～S5U、S1V～S5V、S1W～S5W为U、V、W三相的微动开关触点；S6U、S6V、S6W、S7U、S7V、S7W为U、V、W三相的压力表电触点。微动开关触点及压力表电触点的动作条件见表3-7。

表3-7　CY3型液压分相操动机构微动开关触点及压力表电触点的动作条件　MPa

触点符号	S1	S2	S3	S4	S5	S6	S7
动作条件	＜23.5 闭合	＜23 闭合	＜20.1 断开	＜19.1 断开	＜21.6 断开	＜12.7 闭合	＞28.4 闭合

该电路动作过程如下：

（1）断路器的手动控制。需要在同步条件下才能合闸的断路器，其合闸回路都经同步开关SS的触点加以控制。当该断路器的同步开关SS在“工作”（即图3-12中的“W”）位置时，其触点1—3、5—7闭合，断路器才有可能合闸。

当同步断路器满足同步条件进行合闸操作时，将控制开关SA置于“合闸”位置，其触点5—8接通，三相合闸继电器KC1的电压线圈经压力监察继电器KVP1的两对动合触点接通电源，KC1得电动作，接在U、V、W三相合闸回路的动合触点KC1均闭合，且每相经KC1的电流线圈（自保持作用）、防跳继电器的动断触点、断路器的辅助动断触点及合闸线圈形成通路，使断路器三相同时合闸。三相合闸后，断路器三相辅助动断触点QFU、QFV、QFW断开，切断三相合闸回路；三相辅助动合触点QFU、QFV、QFW闭合，使三相的合闸位置继电器KCC1、KCC2、KCC3的线圈经压力监察继电器KVP2的动合触点接电源而带电；控制开关自动复归至“合闸后”位置，由正电源经SA的触点16—13、红灯HR及附加电阻R、合闸位置继电器的三相动合触点KCC1、KCC2、KCC3至负电源，形成通路，红灯发平光。

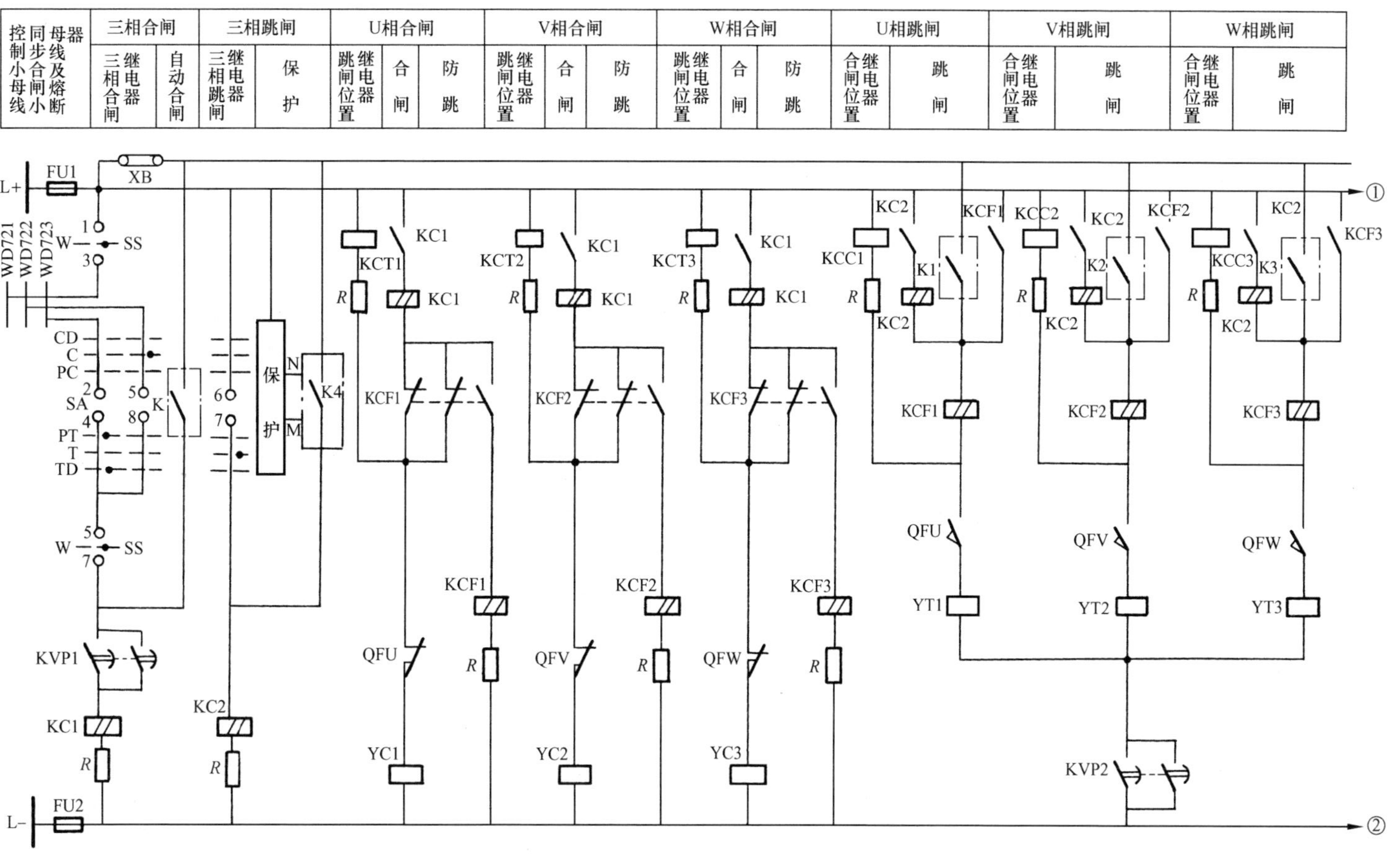

图 3-12　采用CY3型液压式分相操作机构的断路器控制和信号回路（一）

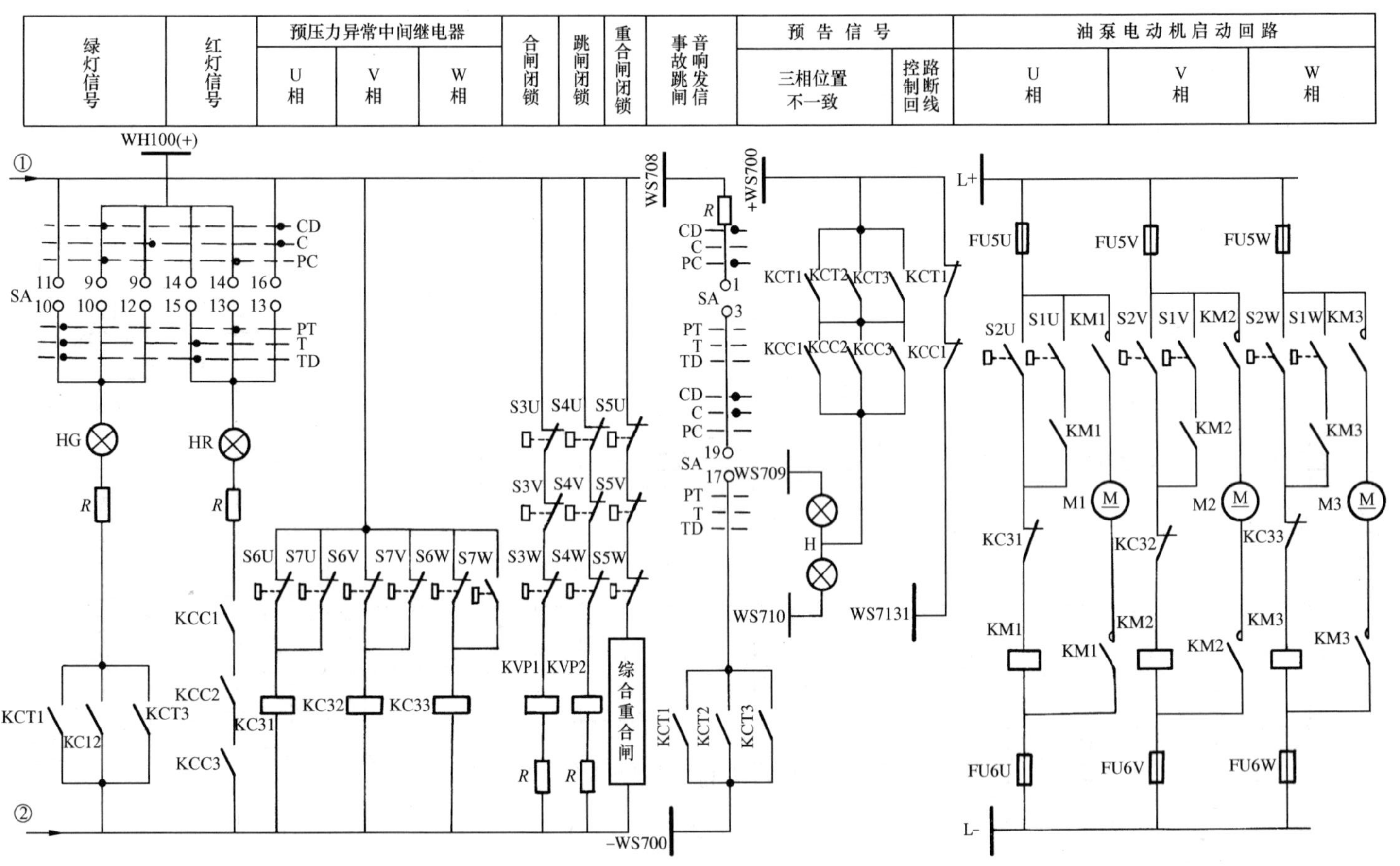

图 3-12　采用 CY3 型液压式分相操作机构的断路器控制和信号回路（二）

由于液压操动机构的断路器在液压低时，既不允许合闸，也不允许跳闸，所以在三相合闸和跳闸回路中串入压力监察继电器的动合触点 KVP1 和 KVP2（使用两对触点并联，以增加可靠性）。

进行断路器跳闸操作时，将控制开关 SA 置于“跳闸”位置，其触点 6—7 接通，三相跳闸继电器 KC2 的电压线圈带电，接在 U、V、W 三相跳闸回路的动合触点 KC2 均闭合，且每相经 KC2 的电流线圈、防跳继电器的电流线圈、断路器的辅助动合触点、跳闸线圈及压力监察继电器的 KVP2 动合触点形成通路，使断路器三相同时跳闸。三相跳闸后，断路器的三相辅助动合触点 QFU、QFV、QFW 断开，切断三相跳闸回路；三相辅助动断触点 QFU、QFV、QFW 闭合，使三相的跳闸位置继电器 KCT1、KCT2、KCT3 线圈带电；控制开关自动复归至“跳闸后”位置，由正电源经 SA 的触点 11—10、绿灯 HG 及附加电阻 R、跳闸位置继电器的动合触点 KCT1 或 KCT2 或 KCT3 至负电源，形成通路，绿灯发平光。

（2）断路器的自动控制。综合重合闸装置要求正常操作采用三相式，单相接地故障则单相跳闸和单相重合；两相接地及相间短路故障则三相跳闸和三相重合。

当发生单相接地故障时，综合重合闸装置中故障相的分相跳闸继电器动作，其触点 K1 或 K2 或 K3 闭合，相应故障相跳闸线圈 YT1、YT2、YT3 通电，故障相跳闸。故障相跳闸后，启动重合闸出口中间继电器 K，其动合触点闭合，使三相合闸继电器 KC1 启动，发出三相合闸脉冲。但在分相合闸回路中，只有故障相的断路器辅助动断触点 QFU 或 QFV 或 QFW 闭合，因而只有故障相 U 或 V 或 W 自动重合。若故障为瞬时性故障，则重合闸成功。若重合于永久性故障，则接于综合重合闸 M 或 N 端子上的保护动作，使综合重合闸中的三相跳闸继电器动作，其动合触点 K4 闭合，启动三相跳闸继电器 KC2，实现断路器三相跳闸。

当发生两相接地、两相短路及三相短路故障时，综合重合闸装置中的三相跳闸继电器动作，其动合触点 K4 闭合，启动三相跳闸继电器 KC2，实现三相同时跳闸。同理，三相跳闸后，启动重合闸出口中间继电器 K 及三相合闸继电器 KC1，实现三相同时重合。

任一相断路器事故跳闸时，该相的跳闸位置继电器都动作，相应的动合触点 KCT1 或 KCT2 或 KCT3 闭合，且与 SA 的触点 1—3、19—17 串联，发出事故音响信号。当断路器出现三相位置不一致时，如 U 相跳闸，V、W 两相合闸，则动合触点 KCT1、KCC2、KCC3 闭合，接通预告信号回路（详见第五章），一方面光字牌 H 亮，一方面发音响信号。当控制回路断线时，动断触点 KCT1、KCC1 闭合，发控制回路断线信号。

（3）断路器的液压监视及控制。断路器的正常油压为 23～23.5MPa。

当油压低于 23MPa 时，微动开关触点 S2U、S2V、S2W 闭合，启动直流接触器 KM1、KM2、KM3，三相油泵电动机启动。当油压升高至 23.5MPa 时，微动开关触点 S1U、S1V、S1W 断开，切断接触器的自保持回路，三相油泵电动机停止运转。

当油压低于 21.6MPa 时，微动开关触点 S5U、S5V、S5W 断开，对综合重合闸实行闭锁。

当油压低于 19.1MPa 时，微动开关触点 S4U、S4V、S4W 断开，压力监察继电器 KVP2 线圈失电，其两对动合触点断开，切断跳闸回路；当油压低于 20.1MPa 时，微动开关触点 S3U、S3V、S3W 断开，压力监察继电器 KVP1 线圈失电，其两对动合触点断开，切断合闸回路。

当油压升高至 28.4MPa 以上或降低至 12.7MPa 以下时，高压力表电触点 S7 或低压力表电触点 S6 闭合，启动压力中间继电器 KC31、KC32、KC33，其动断触点断开，切断油泵电动机启动回路，电动机退出运行并发油压异常信号（图 3-12 中未画）。

第四节　新型的断路器控制和信号电路

一、发电厂断路器控制和信号电路

目前，我国 110kV 及以上系统广泛采用 SF_6 断路器，35kV 及以下广泛采用真空断路器。对大容量机组发电厂的断路器控制，已不再采用常规 LW2 型控制开关，监控电路已微机化，断路器的控制操作分别在分散控制系统 DCS 和网格控制系统 NCS 的 CRT 操作画面上进行（相关内容详见第八章）。图 3-13 为某 2×300MW 火力发电厂发电机—变压器组（发变组）的 220kV 出口 SF_6 断路器的控制和信号电路。

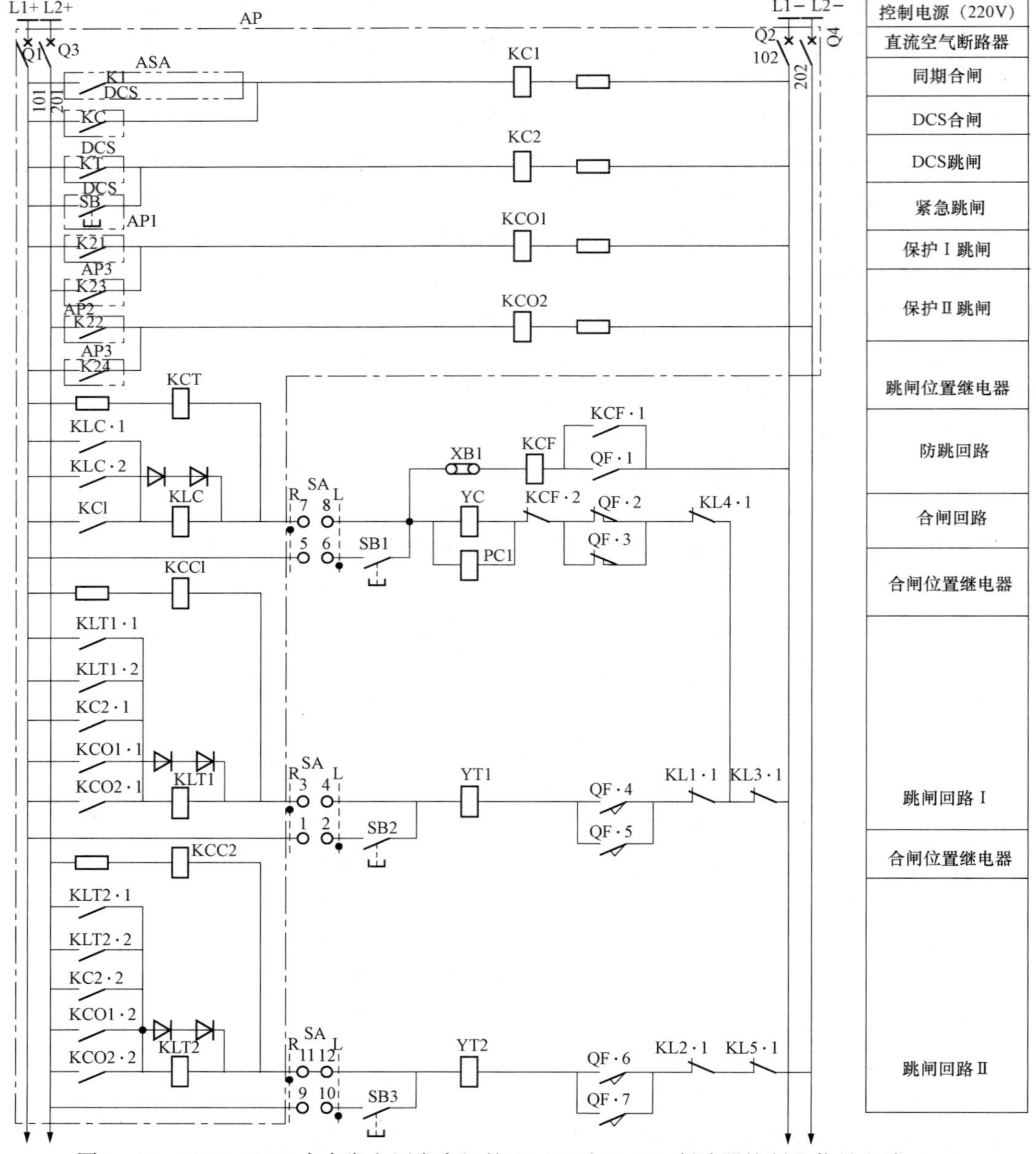

图 3-13　2×300MW 火力发电厂发变组的 220kV 出口 SF_6 断路器控制和信号电路（一）

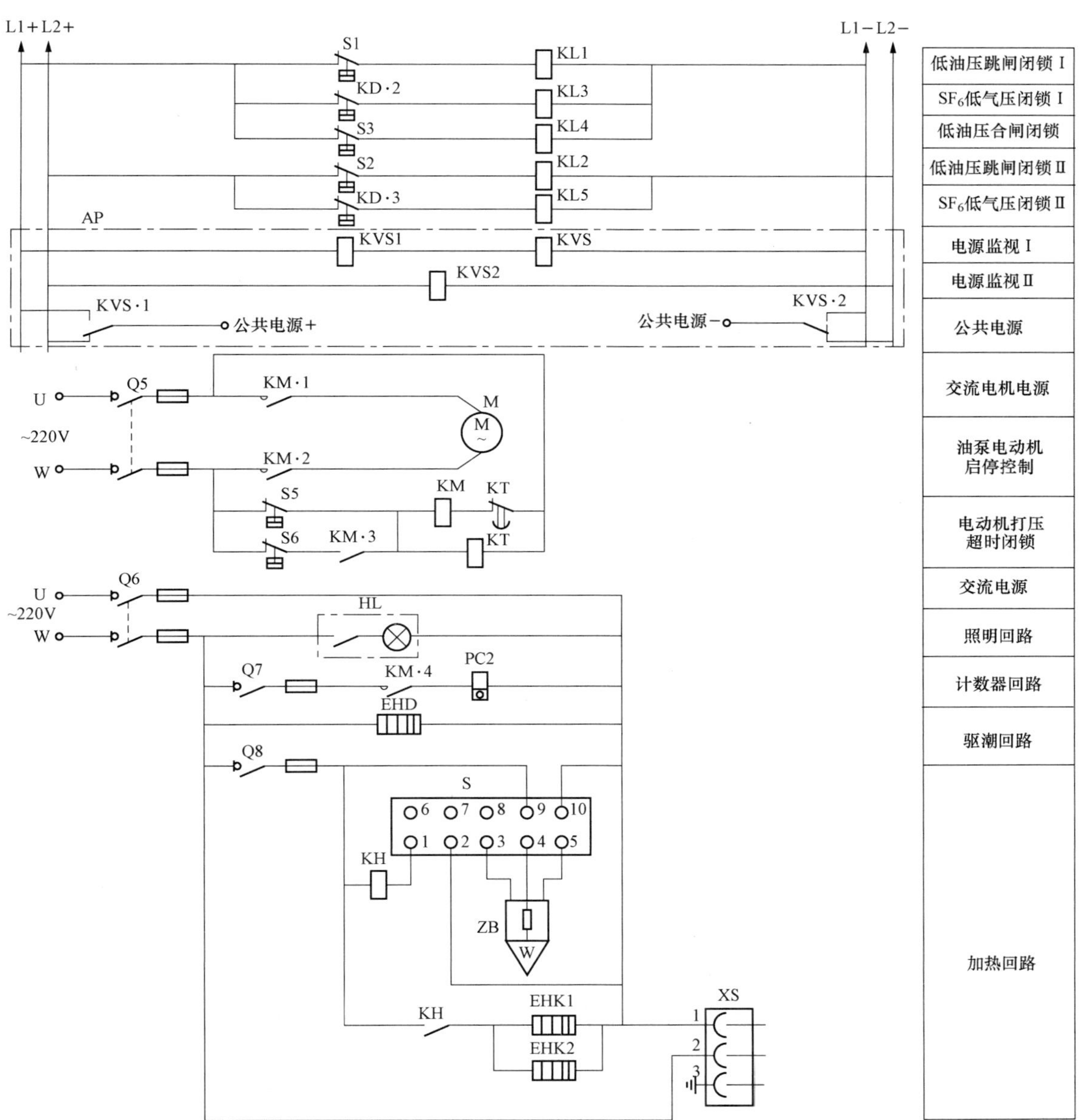

图 3-13　2×300MW 火力发电厂发变组的 220kV 出口 SF_6 断路器控制和信号电路（二）

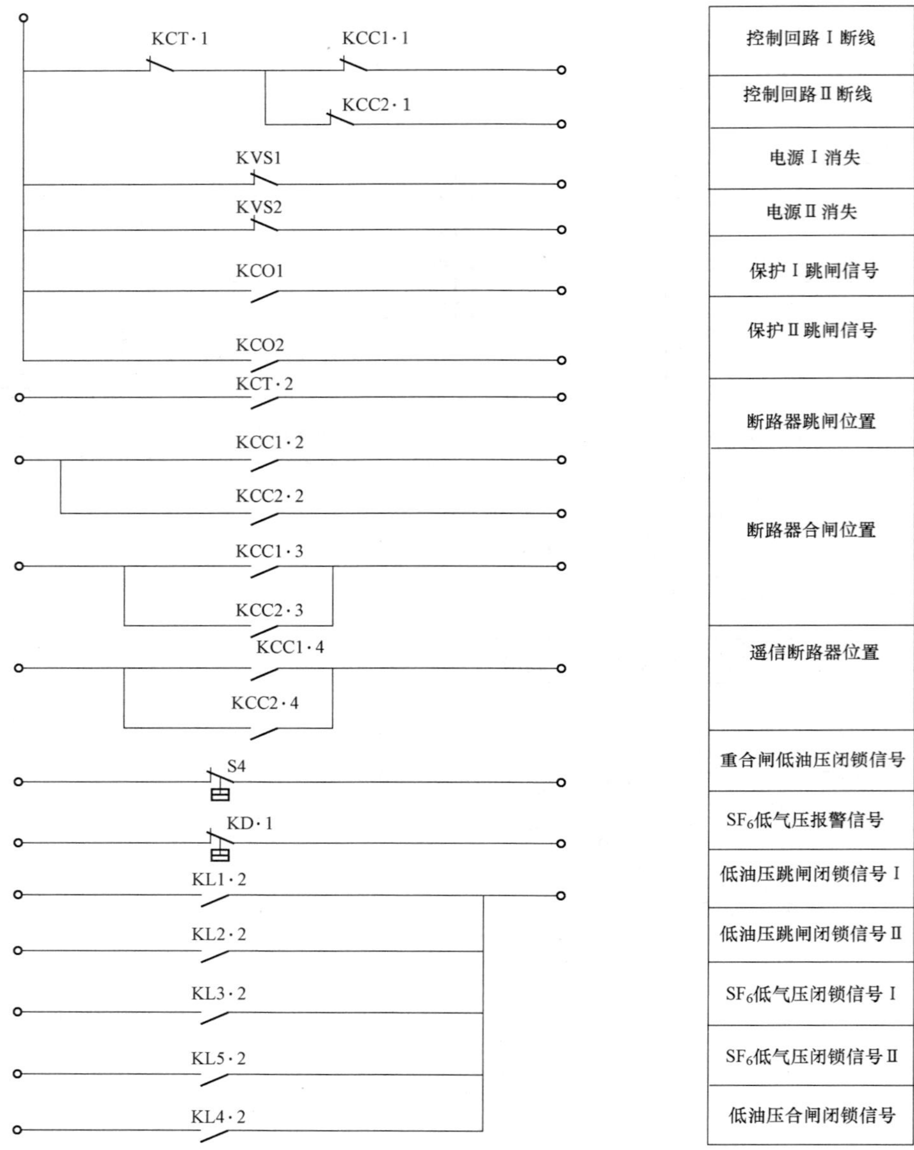

图 3-13　2×300MW 火力发电厂发变组的 220kV 出口 SF_6 断路器控制和信号电路（三）

图 3-13 中，点划线框内为发变组保护总出口操作箱 AP 内设备以及保护 A 柜 AP1、保护 B 柜 AP2、保护 C 柜 AP3、分散控制系统 DCS、自动准同步装置 ASA 的出口触点，其余设备为断路器机构箱和控制箱内设备。图中设备配备见表 3-8，其中液压操动机构的微动开关及 SF_6 气体的密度继电器动作值见表 3-9。

表 3-8　　设备配备表

设备文字符号		设备名称
AP（保护总出口操作箱）	Q1～Q4	直流空气断路器
	KC1	手动合闸重动继电器
	KC2	手动跳闸重动继电器
	KCO1、KCO2	出口继电器
	KCC1、KCC2	合闸位置继电器
	KCT	跳闸位置继电器
	KLC	合闸保持继电器
	KLT1、KLT2	跳闸保持继电器
	KVS1、KVS2、KVS	电源监察继电器
AP1（保护 A 柜）	K21	保护出口继电器
AP2（保护 B 柜）	K22	保护出口继电器
AP3（保护 C 柜）	K23、K24	保护出口继电器
DCS（分散控制系统）	KC	DCS 合闸继电器
	KT	DCS 跳闸继电器
	SB	紧急跳闸按钮
ASA（自动准同步装置）	K1	出口继电器
QF（断路器控制箱）	Q5～Q8	负荷开关
	SA	选择开关
	SB1	合闸按钮
	SB2	跳闸按钮
	KCF	防跳继电器
	KM	交流接触器
	KT	时间继电器
	KL1～KL5	闭锁继电器
	KD	密度继电器
	KH	高容量继电器
	PC1、PC2	计数器
	XB1	连接片
	X	插座
	HL	照明灯
QF（断路器机构箱）	S1～S6	微动开关触点
	S	温度控制器
	QF·1～QF·7	断路器辅助触点
	YC	合闸线圈
	YT1、YT2	跳闸线圈
	M	油泵电动机
	ZB	温度传感器
	EHD	驱潮加热器
	EHK1、EHK2	保温加热器

表 3-9　　　微动开关及密度继电器动作值　　　MPa

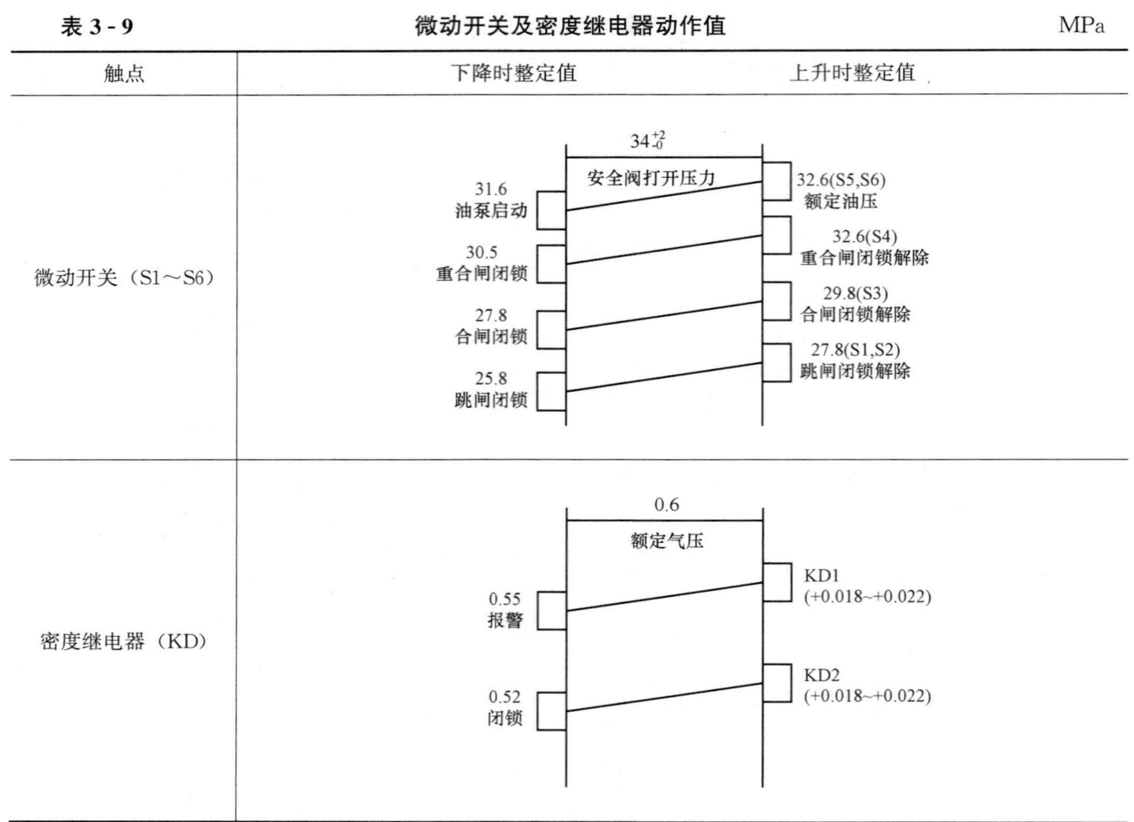

触点	下降时整定值	上升时整定值
微动开关（S1～S6）		
密度继电器（KD）		

下面介绍该电路的工作原理。

1. 合闸控制

合闸控制有如下三种形式：

(1) 手动就地控制合闸。将选择开关 SA 置于就地（L）位置，其触点 5—6 接通。按下合闸按钮 SB1，由正电源 L1＋经直流空气断路器 Q1、SA 触点 5—6、SB1、合闸线圈 YC（计数器 PC1）、防跳继电器触点 KCF•2、断路器辅助动断触点 QF•2（QF•3）、闭锁继电器触点 KL4•1 和 KL3•1、直流空气断路器 Q2 至负电源 L1－，形成通路，合闸线圈 YC 带电启动，实现断路器手动就地合闸。计数器 PC1 用于断路器合闸次数的计数。

(2) 手动远方控制（DCS 控制）合闸。将选择开关 SA 置于远方（R）位置，其触点 7—8 接通。DCS 控制发合闸命令，DCS 合闸继电器 KC 动合触点闭合，启动手动合闸重动继电器 KC1，其动合触点闭合，接通合闸线圈回路，合闸线圈 YC 带电启动，实现断路器远方控制合闸。与此同时，启动合闸保持继电器 KLC，其两对动合触点 KLC•1、KLC•2 闭合形成自保持回路。

(3) 自动控制（ASA 控制）合闸。将选择开关 SA 置于远方（R）位置，其触点 7—8 接通。当满足同步条件时，自动准同步装置 ASA 动作，其出口继电器 K1 动合触点闭合，启动手动合闸重动继电器 KC1，使合闸线圈 YC 带电启动，实现断路器自动控制合闸。此时仍有合闸保持继电器 KLC 形成自保持回路。

断路器合闸后，断路器的辅助动断触点 QF•2、QF•3 断开，辅助动合触点 QF•4、QF•5、QF•6、QF•7 闭合。由 L1＋经 Q1、合闸位置继电器 KCC1 线圈、SA 触点 3—4、跳闸线圈 YT1、QF•4（QF•5）、闭锁继电器触点 KL1•1 和 KL3•1、Q2 至负电源 L1－以及由 L2＋经 Q3、合闸位置继电器 KCC2 线圈、SA 触点 11—12、跳闸线圈 YT2、QF•6（QF•7）、闭锁继电器触点 KL2•1 和 KL5•1、Q4 至负电源 L2－分别形成通路，合闸位置继电器 KCC1 和 KCC2 带电启动，其动合触点 KCC1•2、KCC1•3、KCC2•2、KCC2•3、KCC1•4、KCC2•4 闭合，发出断路器合闸位置信号（包括遥信）。

2. 跳闸控制

跳闸控制有如下三种形式：

（1）手动就地控制跳闸。将选择开关 SA 置于就地（L）位置，其触点 1—2 和 9—10 接通。按下跳闸按钮 SB2 和 SB3，由正电源 L1＋经直流空气断路器 Q1、SA 触点 1—2、SB2、跳闸线圈 YT1、断路器辅助动断触点 QF•4（QF•5）、闭锁继电器触点 KL1•1 和 KL3•1、直流空气断路器 Q2 至负电源 L1－以及由正电源 L2＋经直流空气断路器 Q3、SA 触点 9—10、SB3、跳闸线圈 YT2、断路器辅助动断触点 QF•6（QF•7）、闭锁继电器触点 KL2•1 和 KL5•1、直流空气断路器 Q4 至负电源 L2－，分别形成通路，跳闸线圈 YT1 和 YT2 带电启动，实现断路器手动就地跳闸。

（2）手动远方控制（DCS 控制）跳闸。将选择开关 SA 置于远方（R）位置，其触点 3—4 和 11—12 接通。DCS 控制发跳闸命令，DCS 跳闸继电器 KT 动合触点闭合，启动手动跳闸重动继电器 KC2，其动合触点 KC2•1 和 KC2•2 闭合，接通跳闸线圈回路，跳闸线圈 YT1 和 YT2 分别带电启动，实现断路器远方控制双重跳闸。当发生紧急情况需立即停机时，按下紧急停机按钮 SB，也可启动 KC2 实现双重跳闸。与此同时，启动跳闸保持继电器 KLT1 和 KLT2，其各自的两对动合触点 KLT1•1、KLT1•2 和 KLT2•1、KLT2•2 闭合形成双跳闸自保持回路。

（3）自动控制跳闸。将选择开关 SA 置于远方（R）位置，其触点 3—4 和 11—12 接通。当一次系统故障时，继电保护动作，其双套保护 AP1 和 AP2 的出口继电器 K21 和 K22 或保护 AP3 的出口继电器 K23 及 K24 启动，其动合触点闭合，启动出口继电器 KCO1 和 KCO2，分别使跳闸线圈 YT1 和 YT2 带电启动，实现断路器自动控制双重跳闸。此时仍有跳闸保持继电器 KLT1 和 KLT2 形成自保持回路。此外，保护动作还启动重合闸功能，实现自动重合闸（图 3-13 中未画）。

断路器跳闸后，断路器的辅助动合触点 QF•4、QF•5、QF•6、QF•7 断开，辅助动断触点 QF•2、QF•3 闭合。由 L1＋经 Q1、跳闸位置继电器 KCT 线圈、SA 触点 7—8、合闸线圈 YC、防跳继电器触点 KCF•2、QF•2（QF•3）、闭锁继电器触点 KL4•1 和 KL3•1、Q2 至负电源 L1－形成通路，跳闸位置继电器 KCT 带电启动，其动合触点 KCT•2 闭合，发出断路器跳闸位置信号。

3. 电气防跳

图 3-13 采用的是防跳继电器电压启动并自保持的防跳原理。当断路器进行合闸操作并合闸于故障，又很快被保护跳开，且此过程中合闸脉冲一直未消失（如 KC1 一直励磁）时，则防跳继电器 KCF 线圈在断路器合闸状态中经其辅助动合触点 QF•1 启动并经动合触点 KCF•1 自保持，动断触点 KCF•1 断开切断合闸回路，防止了再次合闸，即实现了断路器的

电气防跳。

4. 液压及气压监察

根据表 3-9 所示液压操动机构的微动开关触点 S1～S6 及 SF_6 气体的密度继电器 KD 的动作条件，正常油压为 31.6～32.6MPa，当由于漏油或其他原因造成油压低于 31.6MPa 时，微动开关 S5、S6 闭合，启动交流接触器 KM 并经其动合触点 KM•3 形成自保持回路，动合触点 KM•1、KM•2 闭合启动油泵电动机 M 打压。KM 启动的同时时间继电器 KT 也启动。一旦打压超时（大于 3min），KT 动断触点延时断开，KM 失电，实现电动机打压超时闭锁。当油压高于 31.6MPa 时，S5 断开。当油压升至 32.6MPa 时，S6 断开，KM 线圈失电，电动机停转，打压停止。当油压低于 30.5MPa 时，微动开关 S4 闭合，闭锁重合闸并发闭锁信号。当油压低于 27.8MPa 时，微动开关 S3 闭合，启动闭锁继电器 KL4，其动断触点 KL4•1 断开，切断合闸回路，实现合闸闭锁。与此同时，动合触点 KL4•2 闭合，发合闸闭锁信号。当油压升至 29.8MPa 时，S3 断开，合闸闭锁解除。当油压低于 25.8MPa 时，微动开关 S1、S2 闭合，启动闭锁继电器 KL1 和 KL2，其动断触点 KL1•1 和 KL2•2 断开，分别切断跳闸回路Ⅰ和Ⅱ，实现跳闸双重闭锁。与此同时，动合触点 KL1•2 和 KL2•2 闭合，发跳闸闭锁信号。当油压升至 27.8MPa 时，S1 和 S2 断开，跳闸闭锁解除。

断路器 SF_6 气体压力低于 0.55MPa 时，密度继电器 KD 动断触点 KD•1 闭合，发低气压报警信号。当气体压力低于 0.52MPa 时，密度继电器 KD 动断触点 KD•2 和 KD•3 闭合，分别启动闭锁继电器 KL3 和 KL5，其动断触点 KL3•1 断开，闭锁合闸回路和跳闸回路Ⅰ，动断触点 KL5•1 断开，闭锁跳闸回路Ⅱ。与此同时，动合触点 KL3•2 和 KL5•2 闭合，发低气压闭锁信号。

5. 电源的监视和切换

当电源 L1＋、L1－或电源 L2＋、L2－消失，电源监察继电器 KVS1 或 KVS2 失电，其动断触点闭合，发电源消失信号。公共电源正常时由电源 L1＋、L1－供电，当该电源消失，KVS 失电，其动断触点 KVS•1 和 KVS•2 闭合，公共电源由电源 L2＋、L2－供电。

6. 断路器液压操动机构箱的照明、驱潮加热

投入交流电源开关 Q6，驱潮加热器 EHD 开始工作。当打开照明灯 HL 的门控开关后，机构箱照明灯点亮（门关即灯灭）。当投入交流开关 Q7 且 KM•4 闭合，计数器 PC2 启动，用于油泵电动机启动次数的计数。当投入交流开关 Q8，温度控制器 S 接通电源。当液压操动机构箱温度低于要求值时 S 工作并启动高容量继电器 KH 和温度传感器 ZB，KH 的动合触点闭合启动保温加热器 EHK1 和 EHK2，液压机构箱升温。温度达到要求值后，S 停止工作，EHK1 和 EHK2 退出运行。

7. 控制电路特点综述

（1）控制电路双重化设计。为了准确可靠地切除故障，断路器能否可靠动作至关重要。断路器的可靠工作与灭弧装置、操动机构和控制电路有关。前两个因素取决于断路器制造水平，后一个因素则取决于控制电路的设计。为了提高控制电路的可靠性，断路器的跳闸线圈和控制电源（L1＋、L1－与 L2＋、L2－）及控制电缆均配有独立的两套，实现了跳闸双重化的要求。

（2）DCS 控制合闸和 ASA 合闸。大容量机组发电厂采用 DCS 控制，一般每台机组专设一套自动准同步装置 ASA，ASA 通过接口接入网络总线中。此时，断路器的合闸有两个

途径。

1）由 DCS 机组程序启动来实现。DCS 发出机组启动指令，发电机的调速系统 DEH 对汽轮机进行调速，使之接近同步转速。DCS 发指令自动将灭磁开关合闸并投入自动励磁调节装置 AVR，AVR 自动调节励磁电流，使发电机端电压接近额定值。DCS 发指令投入自动准同步装置 ASA，ASA 对待并机组和运行系统的在线参数（同步并列条件）进行判断后发脉冲至 DEH 和 AVR，自动调节机组的转速和电压并按断路器的实际合闸时间整定越前时间，一旦满足同步条件，DCS 发合闸脉冲，断路器合闸。

2）由 ASA 合闸来实现。当机组运行前 DCS 未调整好或 DCS 机组程序启动故障时，通过 DEH 和 AVR 自动调节或运行人员手动调节发电机转速和电压使之接近同步条件，运行人员投入 ASA，ASA 按上述 1）中途径将断路器合闸。

（3）跳、合闸保持继电器的采用。由于跳、合闸回路接有跳、合闸线圈，属于感性负载，触点在断开时会承受线圈产生的很高的反向浪涌电压，往往会造成弧点拉弧，导致触点烧毁。因此，控制电路中的自动装置和继电保护元件的出口触点经中间继电器重动，并且加设跳、合闸保持继电器构成保持回路。采用保持回路后，中间继电器触点在导通跳、合闸回路的同时启动保持回路，由保持回路来保证即使装置和保护触点断开，跳合闸回路仍旧导通，因此，切断跳合闸回路由具有一定灭弧能力的断路器辅助触点在断路器主触头动作后完成，从而既保证了断路器的可靠分合，又避免了保护触点直接拉弧。

（4）位置继电器与控制电路断线。位置继电器除了提供断路器位置指示外，另一个重要的作用是监视控制电路完好，其原理前已叙及，在此不再讨论。

（5）信号报警。在发电厂及变电站中，为了监视电气设备及系统的运行状态，需设置信号回路。信号回路包括事故信号、预告信号及位置信号回路。传统的信号回路由专门的信号装置（以冲击继电器为核心元件，详见第五章）构成。以 DCS 为核心的发电厂以及以综合自动化为核心的变电站的信号回路均由计算机控制系统代替，即上述信号分别经控制电路、继电保护、自动装置启动后送入测控装置、遥信装置、故障录波装置，最后在集控中心的监控主机或综合自动化的后台机予以声光信号显示。图 3-13（三）给出发电厂断路器位置信号和各种报警信号接入测控装置、遥信装置的开出回路。

二、变电站断路器控制和信号电路

某 110kV 变电站二次系统采用综合自动化系统（相关内容见第八章），系统配置有保护测控二合一装置 AP1、重动装置 AP2、信号装置 AP3 等。主变压器高压侧断路器采用 LW2-110 型 SF_6 断路器，配有弹簧操动机构，实现三相操作。该断路器的控制和电路如图 3-14 所示。

该电路的工作原理如下。

1. 合闸控制

合闸控制具有三种形式：

（1）手动就地控制。将切换开关 SA1 置于“1”位置（2—1 投合），按下手动合闸按钮 SA2，手动合闸继电器 KC1 启动，其动合触点闭合，启动重动装置 AP2 的合闸重动继电器 K3。

（2）手动远方控制。将切换开关 SA1 置于“3”位置（2—3 投合），遥控小母线 L1＋带正电，保护测控装置 AP1 发出手动合闸脉冲，中间继电器 K11 动合触点闭合，手动合闸继

正电，保护测控装置 AP1 发出手动合闸脉冲，中间继电器 K11 动合触点闭合，手动合闸继电器 KC1 启动，其动合触点闭合，启动合闸重动继电器 K3。

（3）自动合闸。SA1 在“3”位（2—3 投合）时，保护测控装置 AP1 的重合闸动作，其出口继电器 K1 动合触点闭合，启动合闸重动继电器 K3。

上述三种形式均经防跳继电器 KCF 动断触点 KCF•2、合闸接触器 KM 动断触点 KM•1、闭锁继电器 KL1、KL2 动断触点 KL1•1、KL2•1、断路器辅助动断触点 QF•1 启动合闸重动继电器 K3，其动合触点闭合，接通 QF 的合闸线圈 YC，断路器合闸。

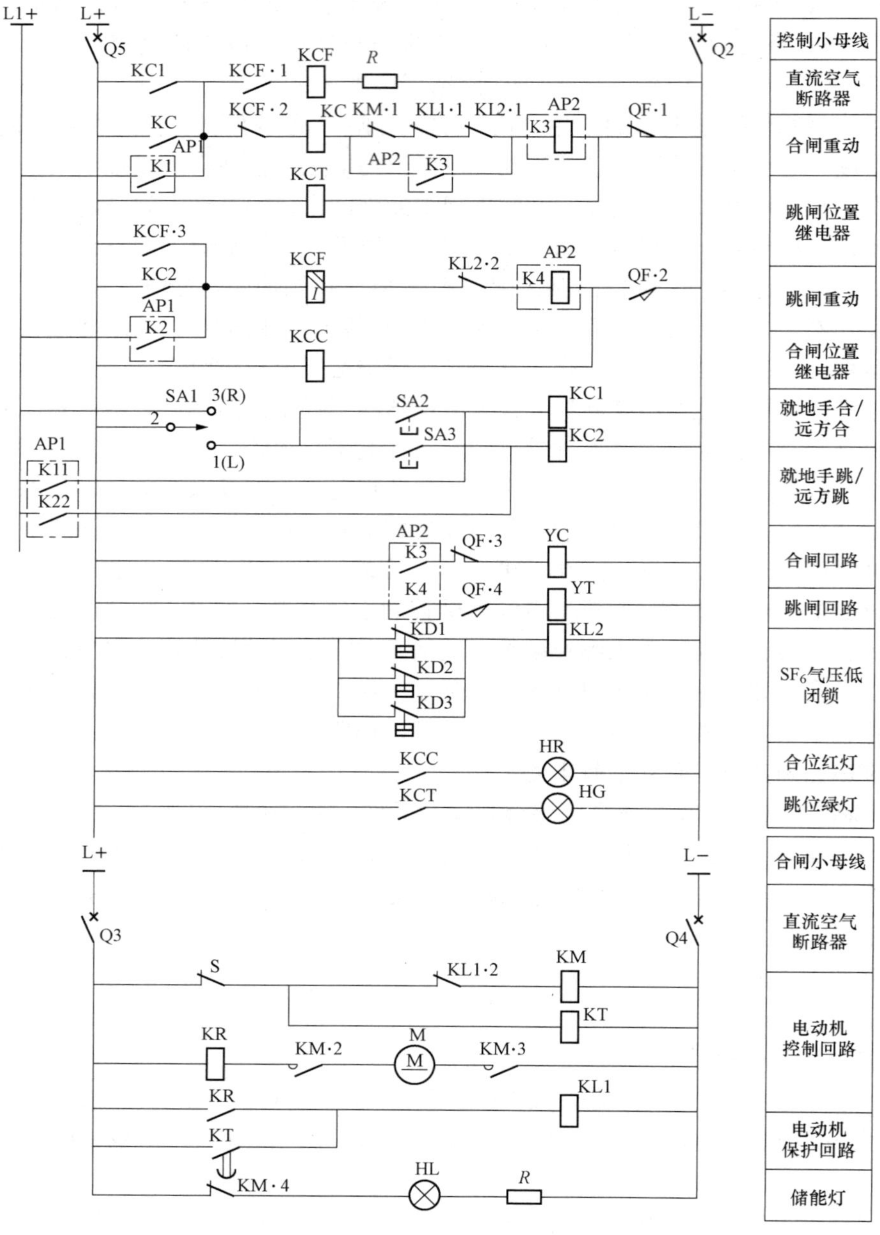

图 3 - 14 某变电站 110kV 断路器控制和信号电路（一）

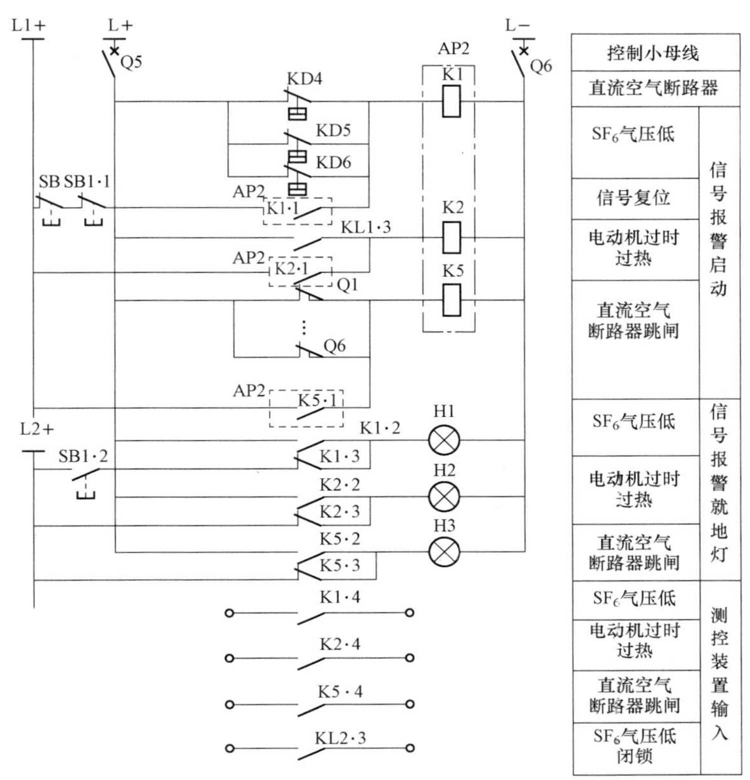

图 3-14　某变电站 110kV 断路器控制和信号电路（二）

当防跳继电器动作、合闸弹簧未储能、储能电动机运转过时过电流、SF_6 断路器气压过低，合闸回路均闭锁。

在合闸回路中，只要合闸脉冲一经发出，合闸保持继电器 KC 通过动合触点 KC 自保持、直到合闸完毕，从而保证断路器合闸到位。

2. 跳闸控制

跳闸控制有三种形式。

（1）手动就地控制。将切换开关 SA1 置于“1”位，按下手动跳闸按钮 SA3，手动跳闸继电器 KC2 启动，其动合触点闭合，启动重动装置 AP2 的跳闸重动继电器 K4。

（2）手动远方控制。将切换开关 SA1 置于“3”位，遥控小母线 L1＋带正电，保护测控装置 AP1 发出手动跳闸脉冲，中间继电器 K22 动合触点闭合，启动手动跳闸继电器 KC2，其动合触点闭合启动跳闸重动继电器 K4。

（3）保护跳闸。SA1 在“3”位，当一次系统故障时，相应继电保护（包括后备保护）动作，启动 AP1 中出口继电器 K2，其动合触点闭合，启动 AP2 中跳闸重动继电器 K4。

上述三种方式均启动跳闸重动继电器 K4，其动合触点闭合，接通 QF 的跳闸线圈 YT，断路器跳闸。

3. 压力监视

压力监视回路用以监视 SF_6 气体的压力。当断路器 QF 中的 SF_6 气体由于泄漏造成压力降至第一报警值（0.52MPa）时，U、V、W 三相的密度继电器 KD4、KD5、KD6 动作（闭合），启动信号报警回路。当 SF_6 气体压力降至第二报警值（0.50MPa）时，U、V、W 三相密度继电器 KD1、KD2、KD3 动作（闭合），启动 SF_6 气体低压闭锁继电器 KL2，其动断触点 KL2•1、KL2•2 断开，切断合闸重动继电器 K3 的充电回路以及跳闸重动继电器 K4 的充电回路，实现断路器的合、跳闸闭锁。此时，相应的 SF_6 低压力闭锁信号送入测控装置。

在此需要特别说明的是，一旦断路器合闸脉冲发出后，合闸电流则经 K3 的自保持回路流通，与 KM、KL1 及 KL2 的动作情况无关。如果此时 SF_6 气体压力降低使 KL2 动作，则经 KL2 动断触点 KL2•2 直接闭锁跳闸回路。

4. 储能电动机的控制与保护

当弹簧未储能完毕，弹簧位置开关 S 闭合，启动合闸接触器 KM，其动断触点 KM•1 断开，切断合闸回路，动合触点 KM•2、KM•3 闭合，储能电动机 M 运转，使合闸弹簧拉紧到位，弹簧储能。储能完毕，弹簧位置开关 S 断开，KM•1 闭合，解除合闸回路的闭锁；KM2 和 KM•3 断开，电动机停转；KM•4 闭合，储能灯 HL 点亮，表明弹簧处于储好能状态。

储能电动机在运转过程中，遇到机械故障使电动机过载，热继电器 KR 动作，动合触点闭合；遇到机械故障使弹簧无法拉紧到位，电动机长时间运行，时间继电器动合触点延时闭合。两种情况均启动闭锁继电器 KL1。KL1•1 断开切断合闸回路，实现合闸闭锁 KL1•2 断开切断合闸接触器线圈回路，电动机停转。

5. 信号报警

当断路器 QF 中的 SF_6 气体由于泄漏造成压力降至第一报警值（0.52MPa）时，U、V、W 三相的密度继电器 KD4、KD5、KD6 动作，KD4、KD5、KD6 动断触点闭合，启动重动继电器 K1，其触点 K1•1 形成自保持回路；K1•2 点亮就地显示信号灯 H1；K1•4 送至测控装置信号采集开入回路。

当 SF_6 气体压力降至第二报警值（0.50MPa）时，U、V、W 三相密度继电器 KD1、KD2、KD3 动作，启动 SF_6 气体低压闭锁继电器 KL2，在闭锁合、跳闸回路的同时，KL2•3 闭合送至测控装置信号采集开入回路。

当断路器储能电动机储能过程中过时过电流时，闭锁继电器 KL1•3 闭合，启动重动继电器 K2，其触点 K2•1 形成自保持回路；K2•2 点亮就地显示信号灯 H2；K2•4 送至测控装置信号采集开入回路。

当直流电源空气断路器 Q1、Q2、Q3、Q4、Q5、Q6 跳闸后，这些开关的辅助动断触点闭合，启动重动继电器 K5，其触点 K5•1 形成自保持回路；K5•2 点亮就地显示信号灯 H3；K5•4 送至测控装置信号采集开入回路。

当报警信号回路及元件恢复正常后，按下就地复归按钮 SB1，其动合触点 SB1•2 闭合，使没有动作的信号灯点亮，检查其灯泡及回路，动断触点 SB1•1 断开，切断所有信号重动继电器的自保持回路，使继电器复归。当信号报警需要远方复归时，按下远方复归按钮 SB 即可实现。

复习思考题

1. 对断路器控制电路有哪些基本要求？以灯光监视电路为例，分析电磁操动机构的断路器控制和信号电路是如何满足这些要求的。

2. 试分析在什么情况下断路器控制和信号电路发生闪光信号。它是如何发出的？

3. 试用图 3-9 说明采用弹簧操动机构的断路器的合闸过程。

4. 对采用液压操动机构的断路器控制和信号电路有什么特殊要求？试用图 3-10 说明如何使油压维持在正常允许的范围之内。

5. 根据图 3-11 回答下列问题：

(1) 简述手动及自动合、跳闸过程。

(2) 接于控制小母线负电源（一）的熔断器熔断，会出现什么信号？简述其动作过程。

(3) 断路器、控制开关均在合闸位置时，跳闸回路断线会出现什么信号？为什么？

6. 液压式分相操作断路器控制和信号电路为什么将压力监察继电器 KVP2 触点串入断路器分相跳闸回路，而不直接与手动跳闸继电器 KC2 相串接？又为什么使用两对带延时的 KVP2 并联触点？

7. 发电厂新型断路器控制和信号电路中如何实现 DCS 控制合闸？

8. 一次系统图如图 3-15 所示。QF2 断路器的控制和信号电路如图 3-8 所示。现欲在原电路基础上增加如下两项功能，试设计电路图，并作简要说明：

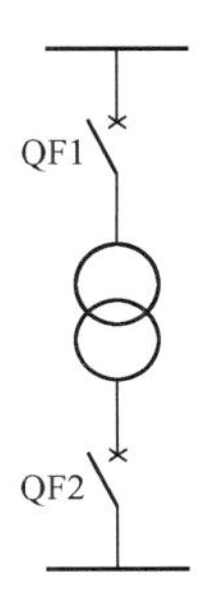

图 3-15　电气一次系统图

(1) 在 QF1、QF2 皆为合闸状态，QF1 跳闸时，联动跳开 QF2。

(2) 在图 3-8 中，信号灯 HG、HR 是安装在控制屏上的，现要在配电装置处（即断路器处）也设信号灯 HR1（红灯）、HG1（绿灯）。

第四章　隔离开关的控制和闭锁电路

第一节　隔离开关的控制电路

隔离开关的控制分就地控制和远方控制两种。110kV 及以下的隔离开关一般采用就地控制；220kV 及以上的隔离开关既可以采用就地控制，也可以采用远方控制。

隔离开关控制电路构成原则如下：

(1) 由于隔离开关没有灭弧机构，不允许用来切断和接通负载电流，因此控制电路必须受相应断路器的闭锁，以保证断路器在合闸状态下，不能操作隔离开关。

(2) 为防止带接地合闸，控制电路必须受接地隔离开关的闭锁，以保证接地隔离开关在合闸状态下，不能操作隔离开关。

(3) 操作脉冲应是短时的，完成操作后，应能自动解除。

(4) 隔离开关应有所处状态的位置信号。

一、隔离开关的控制电路的分类

隔离开关的操动机构一般有气动、电动和电动液压操作三种形式，相应的控制电路也有三种类型。

1. 气动操作控制电路

对于 GW4-110、GW4-220 型和 GW7-330 型的户外高压隔离开关，常采用 CQ2 型气动操动机构，其控制电路如图 4-1 所示。图中，SB1、SB2 为合、跳闸按钮，YC、YT 为合、跳闸线圈，QF 为相应断路器辅助动断触点，QSE 为接地开关的辅助动断触点，QS 为隔离开关的辅助触点，S1、S2 为隔离开关合、跳闸终端开关，P 为隔离开关 QS 的位置指示器。

隔离开关合闸操作时，在具备合闸条件下，即相应的断路器 QF 在跳闸位置（其辅助动断触点闭合），接地开关 QSE 在断开位置（其辅助动断触点闭合），隔离开关 QS 在跳闸终端位置（其辅助动断触点 QS 和跳闸终端开关 S2 闭合）时，按下合闸按钮 SB1，合闸线圈 YC 带电，隔离开关进行合闸，并通过 YC 的动合触点自保持，使隔离开关合闸到位。隔离开关合闸后，跳闸终端开关 S2 断开（同时 S1 合上为跳闸作好准备），合闸线圈失电返回，自动解除合闸脉冲；隔离开关辅助动合触点闭合，使位置指示器 P 处于垂直的合闸位置。

隔离开关跳闸操作与合闸操作过程类似，不再赘述。

2. 电动操作控制电路

对于 GW4-220D/1000 型户外高压隔离开关，常采用 CJ5 型电动操动机构。其控制电路如图 4-2 所示。图中，KM1、KM2 为合、跳闸接触器，KR 为热继电器，SB 为紧急解除按钮，其他符号含义与图 4-1 相同。

隔离开关合闸操作时，在具备合闸条件下，即相应的断路器 QF 在跳闸位置（其辅助动断触点闭合），接地开关 QSE 在断开位置（其辅助动断触点闭合），隔离开关 QS 在跳闸终端位置（其跳闸终端开关 S2 闭合）并无跳闸操作（即 KM2 的动断触点闭合）时，按下合闸按钮 SB1，启动合闸接触器 KM1，使三相交流电动机 M 正方向转动，进行合闸，并通过

KM1 的动合触点自保持，使隔离开关合闸到位。隔离开关合闸后，跳闸终端开关 S2 断开，合闸接触器 KM1 失电返回，电动机 M 停止转动。这就保证了隔离开关合闸到位后，自动解除合闸脉冲。

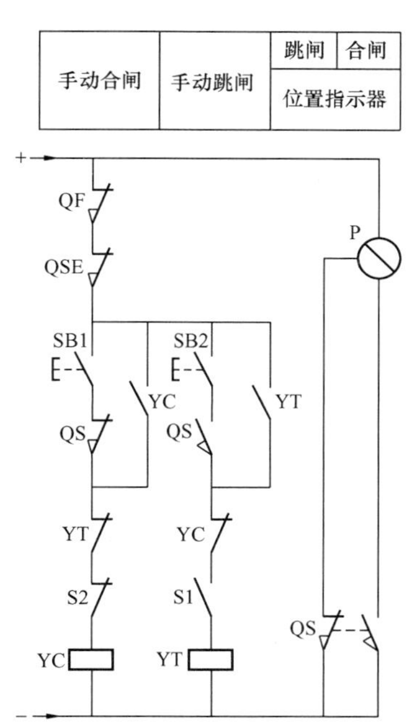

图 4-1　气动操作隔离开关控制电路

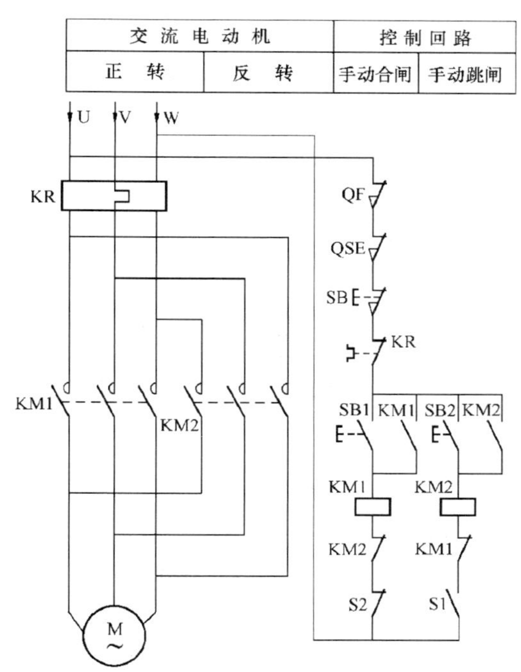

图 4-2　电动操作隔离开关的控制电路

注：电动机反转是指任意两相绕组的线端在与电源连接处互相调换时，就改变转动方向。

隔离开关跳闸操作与合闸操作过程类似，不再赘述。

在合、跳闸操作过程中，由于某种原因，需要立即停止合、跳闸操作时，可按下紧急解除按钮 SB，使合、跳闸接触器失电，电动机立即停止转动。

电动机 M 启动后，若电动机回路故障，则热继电器 KR 动作，其动断触点断开控制回路，停止操作。此外，利用 KM1、KM2 的动断触点相互闭锁跳、合闸回路，以避免操作程序混乱。

3. 电动液压操作控制电路

对于 GW6-200G、GW7-200 型和 GW7-330 型户外高压隔离开关，可采用 CYG-1 型电动液压操动机构。其控制电路如图 4-3 所示。

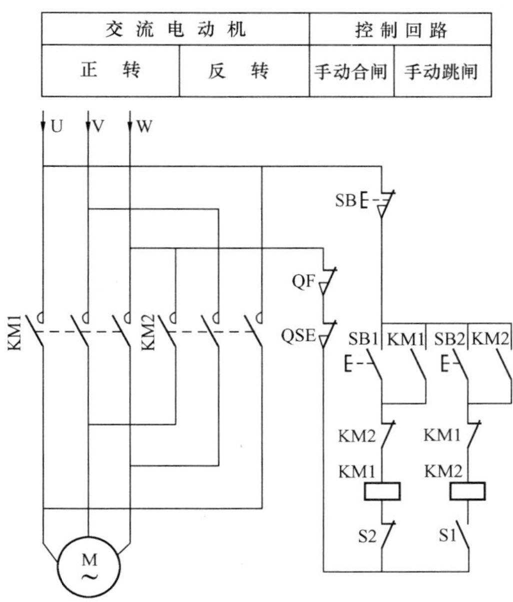

图 4-3　电动液压操作隔离开关的控制电路

隔离开关合、跳闸操作与电动操作类似。

二、隔离开关的位置指示电路

为了便于运行人员随时了解隔离开关的位置，并监视其断、合是否良好，对于经常操作的隔离开关，一般都在其控制屏上装设电动式位置指示器。对于不经常操作的隔离开关，根据情况，可装设手动的模拟指示牌，即操作隔离开关后，用手拨动指示牌，使其与隔离开关的实际位置相一致。

电动式位置指示器常采用 MK - 9T 型位置指示器（图 4 - 4）。它由两个电磁铁线圈和一个可转动的条形衔铁组成，如图 4 - 4（b）所示。

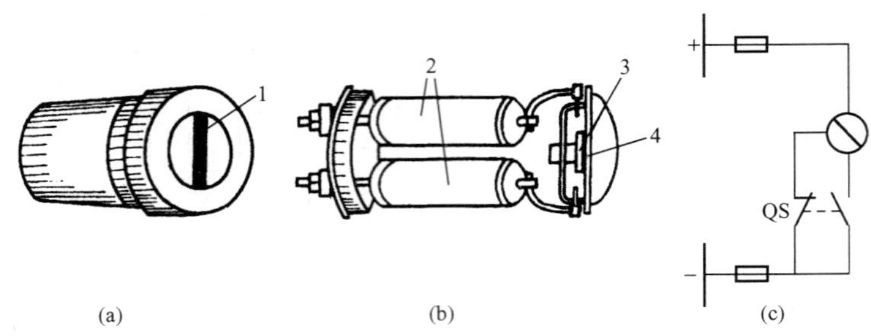

图 4 - 4　MK - 9T 型位置指示器

（a）外形图；（b）内部结构图；（c）二次电路

1、4—黑色标线；2—电磁铁线圈；3—衔铁

条形衔铁安放在线圈磁场中，黑色指示标线与条形衔铁固定连接。当线圈磁场方向改变时，条形衔铁将改变自己的位置，黑色指示标线也跟随改变位置。线圈磁场方向的改变是利用隔离开关辅助触点实现的，如图 4 - 4（c）所示。

当隔离开关 QS 处于合闸位置时，其辅助动合触点闭合，则电流通过电磁铁线圈，黑色指示标线停留在垂直位置；当隔离开关处于跳闸位置时，其辅助动断触点闭合，则电流通过另一个电磁线圈，黑色指示标线停留在水平位置；当两个电磁铁线圈内均无电流通过，黑色指示标线（在弹簧压力作用下）停留在 45°角位置。

第二节　隔离开关的电气闭锁电路

为了避免带负载拉、合隔离开关，除了在隔离开关控制电路中串入相应断路器的辅助动断触点外，还需要装设专门的闭锁装置。

闭锁装置分机械闭锁和电气闭锁两种型式。6～10kV 配电装置，一般采用机械闭锁装置。35kV 及以上电压等级的配电装置，主要采用电气闭锁装置。这里只介绍电气闭锁装置及其电路。

一、电气闭锁装置的结构和工作原理

电气闭锁装置通常采用电磁锁实现操作闭锁。电磁锁的结构如图 4 - 5（a）所示，主要由电锁Ⅰ和电钥匙Ⅱ组成。电锁Ⅰ由锁芯 1、弹簧 2 和插座 3 组成。电钥匙Ⅱ由插头 4、线圈 5、电磁铁 6、解除按钮 7 和钥匙环 8 组成。在每个隔离开关的操动机构上装有一把电锁，全厂（站）备有二或三把电钥匙作为公用。只有在相应断路器处于跳闸位置时，才能用电钥匙打开电锁，对隔离开关进行合、跳闸操作。

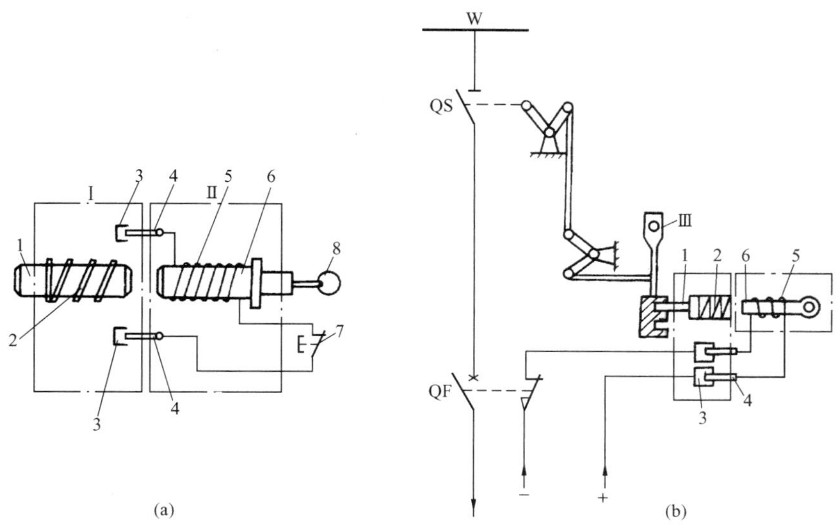

图 4-5　电磁锁

(a) 电磁锁结构图；(b) 电磁锁工作原理

Ⅰ—电锁；Ⅱ—电钥匙；Ⅲ—操作手柄；1—锁芯；2—弹簧；

3—插座；4—插头；5—线圈；6—电磁铁；7—解除按钮；8—钥匙环

电磁锁的工作原理如图 4-5（b）所示，在无跳、合闸操作时，用电锁锁住操动机构的转动部分，即锁芯 1 在弹簧 2 压力作用下，锁入操动机构的小孔内，使操作手柄Ⅲ不能转动。当需要断开隔离开关 QS 时，必须先跳开断路器 QF，使其辅助动断触点闭合，给插座 3 加上直流操作电源，然后将电钥匙的插头 4 插入插座 3 内，线圈 5 中就有电流流过，使电磁铁 6 被磁化吸出锁芯 1，锁就打开了，此时利用操作手柄Ⅲ，即可拉断隔离开关。隔离开关拉断后，取下电钥匙插头 4，使线圈 5 断电，释放锁芯 1，锁芯 1 在弹簧 2 压力作用下，又锁入操动机构小孔内，锁住操作手柄。需要合上隔离开关的操作过程与上类似。

可见，断路器必须处于跳闸位置才能把电磁锁打开，操作隔离开关。这就可靠地避免了带负载拉、合隔离开关的误操作发生。

二、电气闭锁电路的种类

隔离开关的电气闭锁电路与主电路接线方式有关，常见的闭锁电路有六种。电气闭锁电路由相应断路器 QF 合闸电源供电。

1. 单母线隔离开关闭锁电路

单母线隔离开关主电路如图 4-6（a）所示，闭锁电路如图 4-6（b）所示。

图 4-6（b）中，YA1、YA2 分别为隔离开关 QS1、QS2 电磁锁开关（钥匙操作）。

断开线路时，首先应断开断路器 QF，使其辅助动断触点闭合，则负电源“—”接至电磁锁开关 YA1 和 YA2

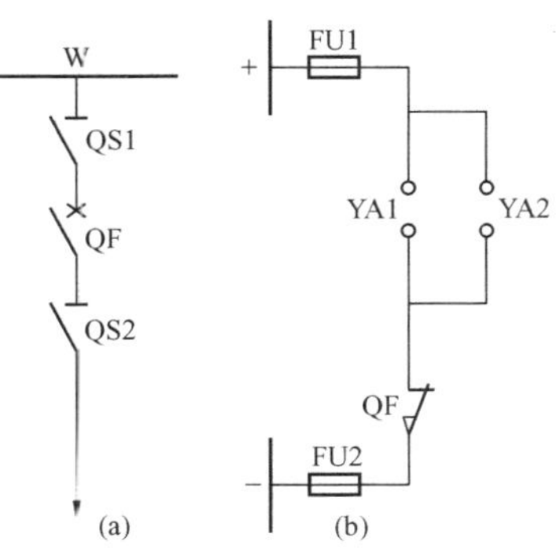

图 4-6　单母线隔离开关闭锁电路

(a) 主电路；(b) 闭锁电路

的下端。用电钥匙使电磁锁开关 YA2 闭合，即打开了隔离开关 QS2 的电磁锁，拉断隔离开关 QS2 后，取下电钥匙，使 QS2 锁在断开位置；再用电钥匙打开隔离开关 QS1 的电磁锁开关 YA1，拉断 QS1 后，取下电钥匙，使 QS1 锁在断开位置。

对于单母线馈线隔离开关，若采用气动、电动、电动液压操作的隔离开关，也可不必装设电磁锁，因为在图 4-1～图 4-3 的控制电路中，已经考虑了相应的闭锁回路。

2. 双母线隔离开关闭锁电路

双母线系统，除了断开和投入馈线操作外，还需要在馈线不停电的情况下，进行切换母线的操作，简称为倒闸操作。双母线隔离开关，主电路如图 4-7（a）所示，闭锁电路如图 4-7（b）所示。

图 4-7（b）中 WD880 为隔离开关操作闭锁小母线。只有在母联断路器 QF 和隔离开关 QS1 和 QS2 均在合闸位置时，隔离开关操作闭锁小母线 WD880 经支路 6 才与负电源“—”接通，即双母线并列运行时，WD880 才取得负电源。

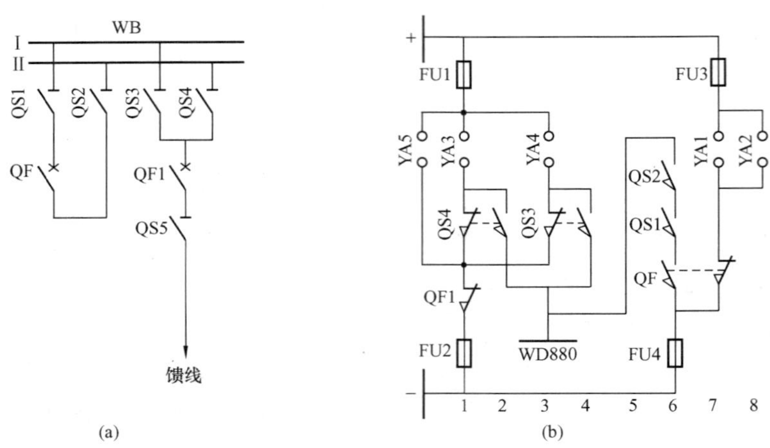

图 4-7 双母线隔离开关闭锁电路

（a）主电路；（b）闭锁电路

图 4-7（a）中各隔离开关的闭锁条件由图 4-7（b）可知：

（1）当母联断路器 QF 在跳闸位置时，可以操作隔离开关 QS1 和 QS2，见支路 7 和 8。

（2）当馈线断路器 QF1 在跳闸位置时，可以操作隔离开关 QS5；当 QF1 在跳闸位置和隔离开关 QS4（或 QS3）断开时，可以操作 QS3（或 QS4），见支路 1（或支路 3）。

（3）当双母线并联运行（即 QF、QS1、QS2 均在合闸位置），隔离开关操作闭锁小母线 WD880 取得负电源时，如果隔离开关 QS4（或 QS3）已投入，则可以操作隔离开关 QS3（或 QS4），见支路 2（或支路 4）。

例如，若馈线原来在Ⅰ母线运行，即馈线断路器 QF1 和隔离开关 QS3 及 QS5 均在合闸位置。当需要把馈线从Ⅰ母线切换到Ⅱ母线而进行倒闸操作时，其操作程序为：

（1）在母联断路器 QF 处于跳闸位置时，用电钥匙依次打开隔离开关 QS1 和 QS2 的电磁锁开关 YA1 和 YA2，合上 QS1 和 QS2，然后合上 QF，使隔离开关操作闭锁小母线 WD880 取得负电源。

（2）由于隔离开关 QS3 处于合闸位置，因此可以用电钥匙打开隔离开关 QS4 的电磁锁开关 YA4，合上 QS4。

(3) 用电钥匙打开隔离开关 QS3 的电磁锁开关 YA3，拉断 QS3。

(4) 跳开母联断路器 QF，用电钥匙依次打开隔离开关 QS1 和 QS2 的电磁锁，拉断 QS1 和 QS2。

3. 双母线带旁路母线隔离开关闭锁电路

双母线带旁路母线隔离开关闭锁电路如图 4－8 所示。

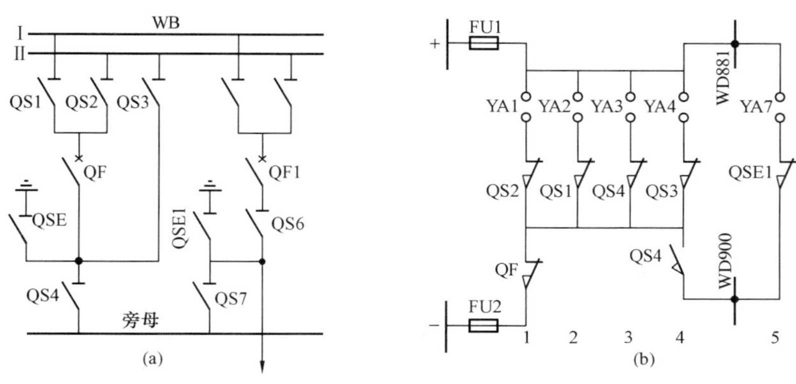

图 4－8　双母线带旁路母线隔离开关闭锁电路

(a) 主电路；(b) 闭锁电路

图 4－8 中，QF 为旁路兼母联断路器，若只作为旁路断路器，则去掉隔离开关 QS3 及其电磁锁开关 YA3 即可。

WD881 和 WD900 为旁路隔离开关闭锁小母线。WD881 可直接经熔断器 FU1 取得正电源“＋”，而 WD900 只有在断路器 QF 在跳闸位置，而且隔离开关 QS4 在合闸位置时，才能取得负电源“－”，从而避免了当用旁路（兼母联）断路器 QF 替代馈线断路器 QF1 向外供电时，因忘合 QS4 而中断供电。

图 4－8 (a) 中，各隔离开关的闭锁条件由图 4－8 (b) 可知：

(1) 当旁路（兼母联）断路器 QF 在跳闸位置，而隔离开关 QS2（或 QS1）在断开位置时，可以操作 QS1（或 QS2），见支路 1（或支路 2）。

(2) 在接地开关 QSE 与隔离开关 QS3 和 QS4 装有机械闭锁装置的情况下，当旁路（兼母联）断路器 QF 在跳闸位置，而隔离开关 QS4（或 QS3）在断开位置时，可以操作 QS3（或 QS4），见支路 3（或支路 4）。

(3) 当旁路（兼母联）断路器 QF 在跳闸位置，而旁路母线上的隔离开关 QS4 在合闸位置，接地开关 QSE1 在断开位置时，才能经支路 5 操作馈线旁路隔离开关 QS7，从而避免了由于接地开关 QSE1 在合闸位置，而误操作 QS7。

4. 单母线分段隔离开关闭锁电路

单母线分段隔离开关闭锁电路如图 4－9 所示。

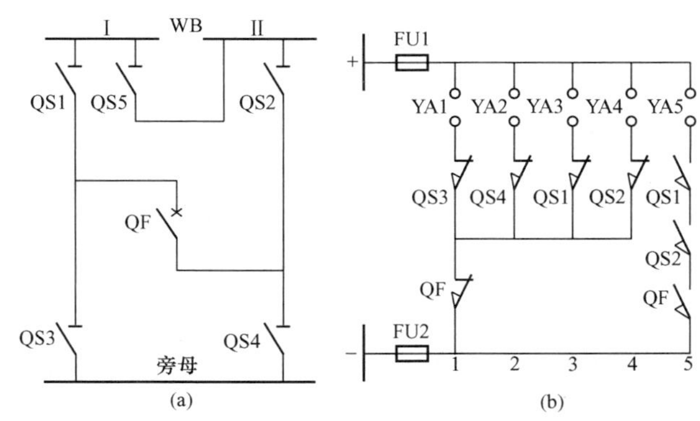

图 4－9　单母线分段隔离开关闭锁电路

(a) 主电路；(b) 闭锁电路

图 4-9（a）中，QF 为分段兼旁路断路器。各隔离开关的闭锁条件由图 4-9（b）可知：

（1）当断路器 QF 在跳闸位置，隔离开关 QS3（或 QS4）在断开位置时，才能操作 QS1（或 QS2），见支路 1（或支路 2）。

（2）当断路器 QF 在跳闸位置，隔离开关 QS1（或 QS2）在断开位置时，才能操作 QS3（或 QS4），见支路 3（或支路 4）。

（3）当断路器 QF 和隔离开关 QS1 及 QS2 均在合闸位置时，才能操作 QS5，见支路 5。

5. $1\frac{1}{2}$断路器接线隔离开关闭锁电路

$1\frac{1}{2}$断路器接线隔离开关闭锁电路如图 4-10 所示。

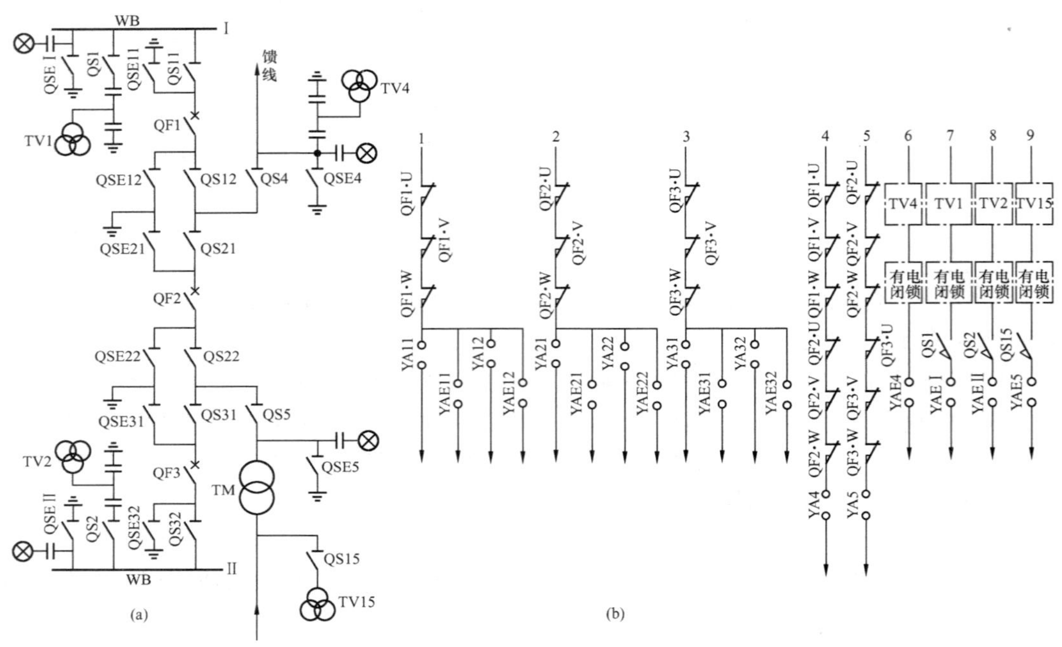

图 4-10 $1\frac{1}{2}$断路器接线隔离开关闭锁电路

（a）主电路；（b）闭锁电路

图 4-10（a）中，为了简化接线，在隔离开关与接地开关之间装设了机械闭锁装置。各隔离开关的闭锁条件由图 4-10（b）可知：

（1）断路器 QF1（或 QF2 或 QF3）两侧的隔离开关及接地开关 QS11、QS12、QSE11、QSE12（或 QS21、QS22、QSE21、QSE22 或 QS31、QS32、QSE31、QSE32），必须在 QF1（或 QF2 或 QF3）处于跳闸位置时，才能操作，见支路 1（或支路 2、3）。

（2）馈线（或变压器）侧的隔离开关 QS4（或 QS5），必须在其两分支的断路器 QF1 和 QF2（或 QF2 和 QF3）均在跳闸位置时，才能操作，见支路 4（或支路 5）。

（3）馈线线路侧的接地开关 QSE4，必须在该点无电压时，才能操作，见支路 6。

（4）母线上的接地开关 QSEⅠ（或 QSEⅡ），必须在Ⅰ（或Ⅱ）母线上无电压时，才能操作，见支路 7（或支路 8）。

（5）变压器侧的接地开关 QSE5，必须在该点无电压时，才能操作，见支路 9。

6. 发电机变压器组隔离开关闭锁电路

发电机变压器组隔离开关闭锁电路如图 4-11 所示。图 4-11（b）中，SD 为灭磁开关的辅助触点。图 4-11（a）中各隔离开关闭锁条件由图 4-11（b）可知：

（1）当断路器 QF 在跳闸位置，而且隔离开关 QS2（或 QS1）在断开位置时，才能操作 QS1（或 QS2），见支路 1（或支路 3）。

（2）当断路器 QF、厂用分支断路器 QF1 和灭磁开关 SD 均在跳闸位置时，才能操作隔离开关 QS3，见支路 5。

（3）当双母线并联运行，隔离开关操作闭锁小母线 WD880 取得负电源“－”，并且在隔离开关 QS2（或 QS1）合闸时，才能操作隔离开关 QS1（或 QS2），见支路 2（或支路 4）。

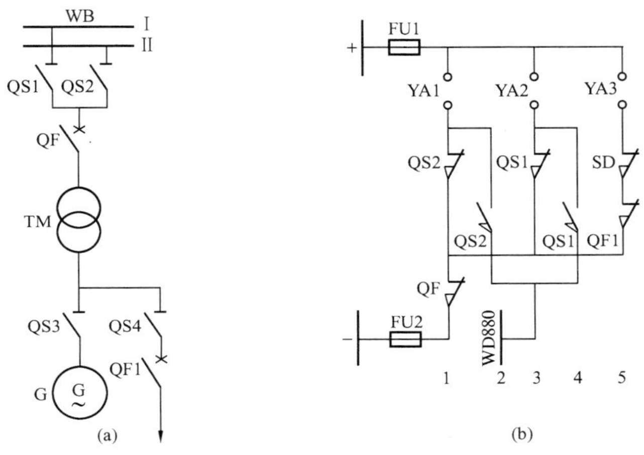

图 4-11　发电机变压器组隔离开关闭锁电路

（a）主电路；（b）闭锁电路

复习思考题

1. 利用图 4-1 说明 QF、QSE、QS 动断触点的作用，并说明合、跳闸的操作过程。

2. 利用图 4-7 说明双母线隔离开关的闭锁条件。利用图 4-10 说明 $1\frac{1}{2}$ 断路器接线隔离开关闭锁条件。

第五章　中央信号及其他信号系统

第一节　概　　述

在发电厂和变电站中，运行人员为了及时发现与分析故障，迅速消除和处理事故，统一调度和协调生产，除了依靠测量仪表来监视设备运行情况外，还必须借助灯光和音响信号装置来反映设备正常和非正常的运行状况。

一、信号回路的类型

信号回路按其电源可分为强电信号回路和弱电信号回路。本章只介绍强电信号电路。

信号回路按其用途可分为事故信号、预告信号和位置信号三种。

(1) 事故信号。当一次系统故障，继电保护动作，一方面启动断路器跳闸，另一方面启动蜂鸣器发出较强的音响，以引起运行人员注意，同时断路器位置指示灯发出闪光，指明事故对象及性质。

(2) 预告信号。当设备出现不正常运行状况时，继电保护动作启动警铃发出音响，同时标有故障性质的光字牌也点亮。它可以帮助运行人员发现设备隐患，以便及时处理。常见的预告信号有发电机、变压器的过负荷；汽轮发电机转子回路一点接地；变压器轻瓦斯保护动作；变压器油温过高；强行励磁保护动作；电压互感器二次回路断线；交、直流回路绝缘损坏；控制回路断线及其他要求采取措施的不正常情况，如液压操动机构压力异常等。

(3) 位置信号。位置信号包括断路器位置信号和隔离开关位置信号。前者用灯光表示其合、跳闸位置；后者用专门的位置指示器或灯光表示其位置状态。

在上述信号中，事故信号和预告信号通常统称为中央信号。

二、信号回路的基本要求

发电厂和变电站的信号回路应满足以下要求：

(1) 设备故障断路器事故跳闸时，能及时发出音响信号（蜂鸣器声），并使相应的位置指示灯闪光，亮“掉牌未复归”光字牌。

(2) 设备出现不正常状态时，能及时发出区别于事故音响的另一种音响（警铃声），并使显示故障性质的光字牌点亮。

(3) 中央信号应能保证断路器的位置指示正确。对音响监视的断路器控制信号电路，应能实现亮屏（运行时断路器位置指示灯亮）或暗屏（运行时断路器位置指示灯暗）运行。

(4) 对事故信号、预告信号及其光字牌，应能进行是否完好的试验。

(5) 音响信号应能重复动作，并能手动及自动复归，而故障性质的显示灯仍保留。

(6) 大型发电厂及变电站发生事故时，应能通过事故信号的分析迅速确定事故的性质。

需要指出的是，由于目前发电厂 DCS 及变电站综合自动化系统特别是智能变电站的采用，正常情况下，中央信号装置的绝大部分功能已被自动监控系统所代替。在这种情况下，常规信号系统作为监控系统的备用应适当简化接线（例如减少预告信号，只保留对变电站起安全作用的主要预告信号等）甚至全部取消。

第二节　传统的中央事故信号系统

具有中央复归能重复动作的事故信号电路的主要元件是冲击继电器，它可接受各种事故脉冲，并转换成音响信号。冲击继电器有各种不同的型号，但其共同点是都具有接收信号的元件（如脉冲变流器或电阻器）以及相应的执行元件。图 5-1 为事故音响信号启动电路。

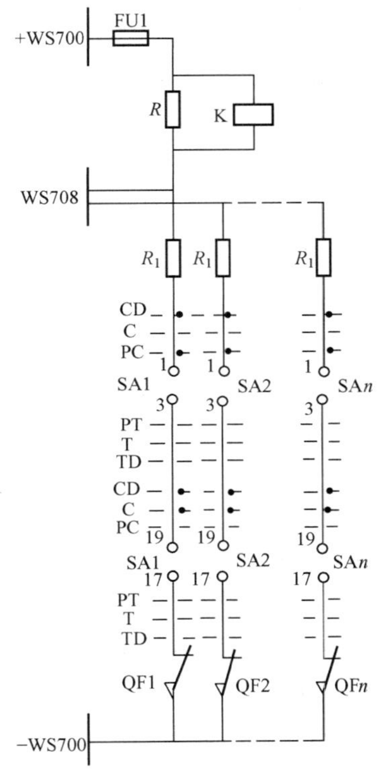

图 5-1　事故音响信号的启动电路

图 5-1 中，＋WS700、－WS700 为信号小母线；R 为电阻器；K 为执行元件的继电器。当发生事故跳闸时，接于事故音响小母线 WS708 和－WS700 之间的任一不对应启动回路接通（如控制开关 SA1 的触点 1—3、19—17 与断路器辅助动断触点 QF1 形成的通路），在电阻器 R 上将流过一个持续的直流电流（阶跃脉冲），而在电阻器 R 上电流从初始值达到稳定值的瞬变过程中产生一个脉冲电流，此电流使执行元件继电器 K 动作。K 动作后，再启动后续回路。当电阻器 R 上电流减小或消失，继电器 K 可能返回，也可能不返回，依继电器 K 的类型而定。不论继电器返回与否，音响信号将靠本身的自保持回路继续发送，直至中央事故信号回路发出音响解除命令为止（见后述）。当前次发出的音响信号被解除，而相应启动回路尚未复归，第二台断路器 QF2 又自动跳闸，第二条不对应回路（SA2 的触点 1—3、19—17 和断路器辅助动断触点 QF2 形成的通路）接通，在小母线 WS708 与－WS700 之间又并联一支启动回路，从而使电阻器 R 上的电流发生变化（每一并联支路中均串有电阻器 R_1），使继电器 K 再次启动。可见，电阻器不仅接收了事故脉冲并将其变成执行元件动作的脉冲，而且把启动回路与音响信号回路分开，以保证音响信号一经启动，即与启动它的不对应回路无关，从而达到了音响信号重复动作的目的。

下面介绍的冲击继电器有利用极化继电器作执行元件的 JC 系列冲击继电器及利用半导体器件构成的 BC 系列冲击继电器。

一、JC-2 型冲击继电器构成的中央事故信号电路

（一）JC-2 型冲击继电器的内部电路及工作原理

JC-2 型冲击继电器的内部电路如图 5-2 所示。

图 5-2 中，KP 为极化继电器。此继电器具有双位置特性，其结构原理如图 5-3 所示。线圈 1（L1）为工作线圈，线圈 2（L2）为返回线圈，若线圈 1 按图示极性通入电流，根据右手螺旋定则，电磁铁 3 及与其连接的可动衔铁 4 的上端呈 N 极，下端呈 S 极，电磁铁产生的磁通与永久磁铁产生的磁通互相作用，产生力矩，使极化继电器动作，触点 6 闭合（图中位置）。如果线圈 1 中流过相反方向的电流或在线圈 2 中按图示极性通入电流时，可动衔铁的极性改变，触点 6 复归。

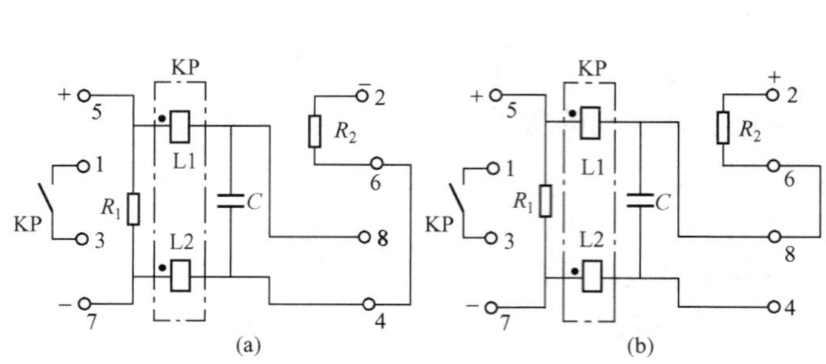

图 5-2　JC-2 型冲击继电器的内部电路
（a）负电源复归；（b）正电源复归

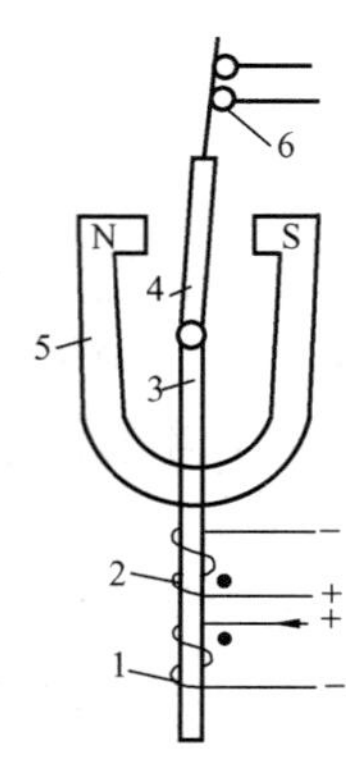

图 5-3　极化继电器的结构原理图
1、2—线圈；3—电磁铁；4—可动衔铁；5—永久磁铁；6—触点

JC-2 型冲击继电器是利用电容充放电启动极化继电器的原理构成的。启动回路动作时，产生的脉冲电流自端子 5 流入，在电阻器 R_1 上产生一个电压增量，该电压增量即通过继电器的两个线圈，给电容器 C 充电，其充电电流使极化继电器动作。当充电电流消失后，极化继电器仍保持在动作位置。其返回有以下两种情况：当冲击继电器接于电源正端（如图 5-4 所示），并将端子 4 和端子 6 短接，将负电源电压加到端子 2 来复归，如图 5-2（a）所示，其复归电流从端子 5 经 R_1、L2、R_2 到端子 2；当冲击继电器接于电源负端（如图 5-8 所示），并将端子 6、端子 8 短接，将正电源电压加到端子 2 来复归，其复归电流从端子 2 经 R_2、L1、R_1 到端子 7，如图 5-2（b）所示。

此外，冲击继电器还可实现冲击自动复归。即当流过 R_1 的冲击电流突然减小或消失时，在电阻器 R_1 上的电压有一减量，该电压减量使电容器经极化继电器线圈放电，其放电电流使极化继电器返回。

（二）由 JC-2 型冲击继电器构成的中央事故信号电路图及工作原理

由 JC-2 型冲击继电器构成的中央事故信号电路如图 5-4 所示。

图 5-4 中，WS808 为事故音响信号小母线；WS7271、WS7272 为配电装置事故信号小母线Ⅰ段和Ⅱ段；SB 为音响解除按钮；SB1、SB3 为试验按钮；K1、K2 为冲击继电器；KC1、KC2 为中间继电器；KT1 为时间继电器；KCA1、KCA2 为事故信号继电器。其动作过程如下：

（1）事故信号的启动。当断路器事故跳闸时，信号电源－WS700 接至事故音响信号小母线 WS708 上（如图 5-1 所示），给出脉冲电流信号，使冲击继电器 K1 启动。其端子 1 和端子 3 接通，启动中间继电器 KC1，KC1 的第一对动合触点闭合，启动蜂鸣器 HB，发出音响信号。

（2）发遥信。WS808 是专为发遥信装置设置的事故音响信号小母线。当断路器事故跳闸后需要向中央调度所发遥信时，将信号电源－WS700 接至事故音响信号小母线 WS808 上，给出脉冲电流信号，冲击继电器 K2 启动，随之启动中间继电器 KC2，KC2 的三对动合触点除启动时间继电器 KT1 和蜂鸣器 HB 之外，还启动遥信装置，发遥信至中央调度所。

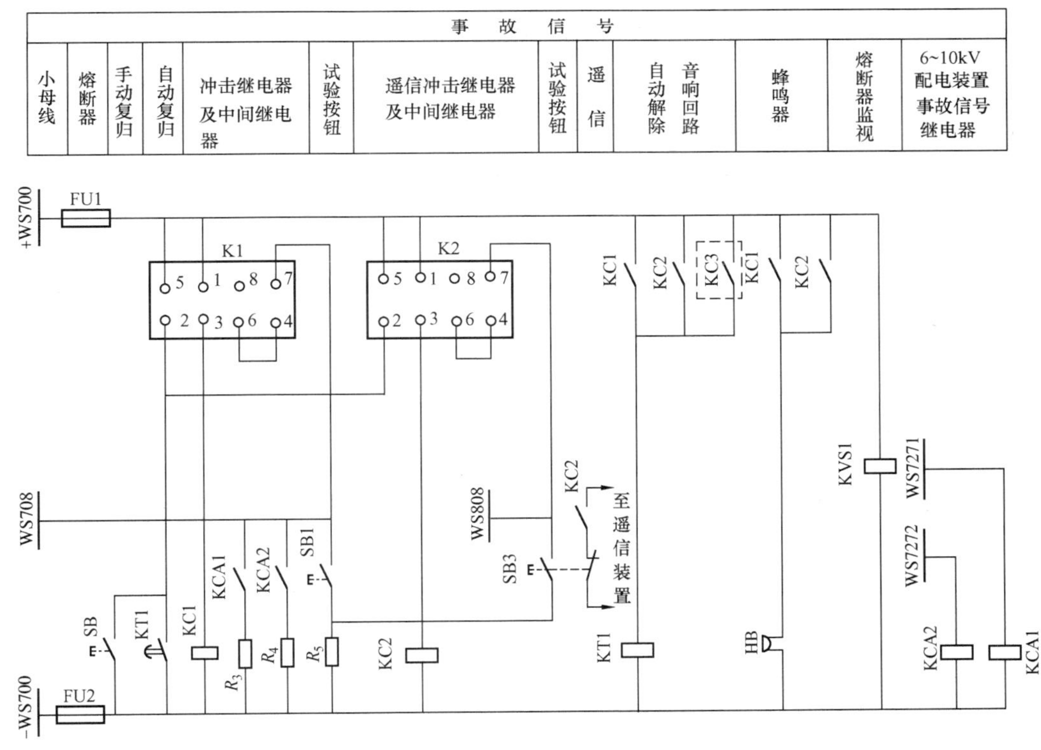

图 5-4　由 JC-2 型冲击继电器构成的中央事故信号电路

（注：KC3 线圈在图 5-8 预告信号电路中）

（3）事故信号的复归。由中间继电器的动合触点 KC1 或 KC2 启动时间继电器 KT1，其触点经延时后闭合，将冲击继电器的端子 2 接负电源，迫使冲击继电器 K1 或 K2 复归，其动合触点（即端子 1 和 3）断开，中间继电器 KC1 或 KC2 失电，断开蜂鸣器和音响信号回路，从而实现了音响信号的延时自动复归。此时，整个回路恢复原状，准备第二次动作。按下音响解除按钮 SB，也可实现音响信号的手动复归。

（4）6～10kV 配电装置的事故信号。6～10kV 线路均为就地控制，如果 6～10kV 断路器事故跳闸，也会启动事故信号。为了简化接线、节约投资，6～10kV 配电装置的事故信号小母线一般设置两段，即 WS7271、WS7272，每段上分别接入一定数量的启动回路。当 WS7271 或 WS7272 段上的任一断路器事故跳闸，事故信号继电器 KCA1 或 KCA2 动作。其动合触点 KCA1 或 KCA2 闭合去启动冲击继电器 K1，发出音响信号。另一对动合触点 KCA1 或 KCA2（在预告信号电路中）闭合，使相应光字牌点亮。

（5）事故信号的重复动作。大型发电厂和变电站中断路器数量较多，出现连续事故跳闸的可能性大，因此事故信号应能重复动作。当第二个事故信号来时，则在第一个脉冲电流信号的基础上再叠加一个脉冲电流，使极化继电器再次动作，实现了音响信号的重复动作。

（6）音响信号的试验。为了确保中央事故信号经常处于完好状态，在电路中装设了音响试验按钮 SB1 和 SB3。按下 SB1 和 SB3，冲击继电器 K1、K2 启动，蜂鸣器响，再经延时解除音响，从而实现了手动模拟断路器事故跳闸情况。需要注意的是，SB3 的动断触点用于当信号回路进行试验时断开遥信装置，以免误发信号。

（7）事故信号电路的监视。监察继电器 KVS1 用来监视熔断器 FU1 和 FU2。当 FU1 或 FU2 熔断或接触不良时，KVS1 线圈失电，其动断触点（在预告信号回路中）闭合，点亮“事故信号熔断器熔断”光字牌，并启动预告信号回路。

二、由 BC-4 型冲击继电器构成的中央事故信号电路

（一）BC-4Y、BC-4S 型冲击继电器的内部电路及工作原理

BC-4Y 型冲击继电器的内部电路如图 5-5 所示。图 5-5 中，R_4、C_4、VD5、VD6 组成稳压电源；电阻器 R_{11}（R_{12}）、R_2，电容器 C_1、C_2 及电位器 R_1、R_3 组成测量部分；继电器 K 及三极管 VT1、VT2 组成出口部分。

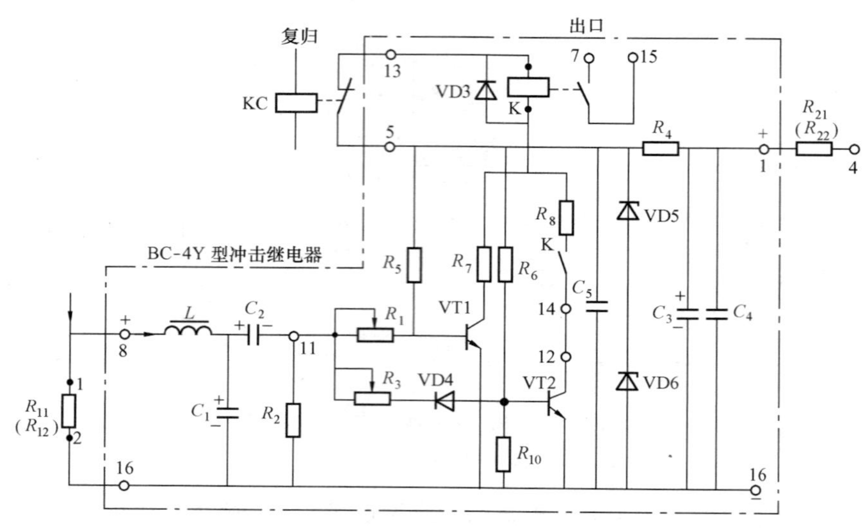

图 5-5　BC-4Y 型冲击继电器的内部电路

BC-4Y 型冲击继电器是利用串接在启动回路中的电阻器 R_{11}（R_{12}）取得电流信号，当总电流信号平均值增加时，从 R_{11}（R_{12}）两端取得的信号经电感 L 滤波后，向电容器 C_1、C_2 充电。由于电容器 C_1 充电回路的时间常数小，充电快，从而电压 U_{C1} 上升快，而 C_2 充电回路的“时间常数”大，充电慢，电压 U_{C2} 上升慢。在充电过程中，电阻器 R_2 两端出现了电压差（$U_{R2}=U_{C1}-U_{C2}$）。当总信号电流增加到一定数值时，电压差 U_{R2} 使正常时处于截止的三极管 VT1 导通，启动出口继电器 K。当电容器充电过程结束时，两个电容器均充电至稳态电压 U_{R1}，则 $U_{R2}=0$，但此时出口继电器 K 通过已处于导通状态的三极管 VT2 自保持（通过电阻器 R_6、R_{10} 的固定分压，VT2 获得正偏压，在出口继电器 K 的动合触点闭合后，VT2 处于饱和导通），从而实现了冲击继电器的冲击启动。

当总的电流信号减少或消失时，电容器 C_1、C_2 向电阻 R_{11}（R_{12}）放电，电阻器 R_2 上产生一个与充电过程极性相反的电压差，使三极管 VT2 截止，出口继电器 K 因线圈失电而复归，实现了冲击继电器的冲击自动复归。此外，冲击继电器还可进行定时自动复归和手动复归。

BC-4S 型冲击继电器的内部电路如图 5-6 所示。它与 BS-4Y 型冲击继电器的主要区别是三极管 VT1、VT2 改为 PNP 管，将发射极接正电源。其工作原理与 BC-4Y 型相似。

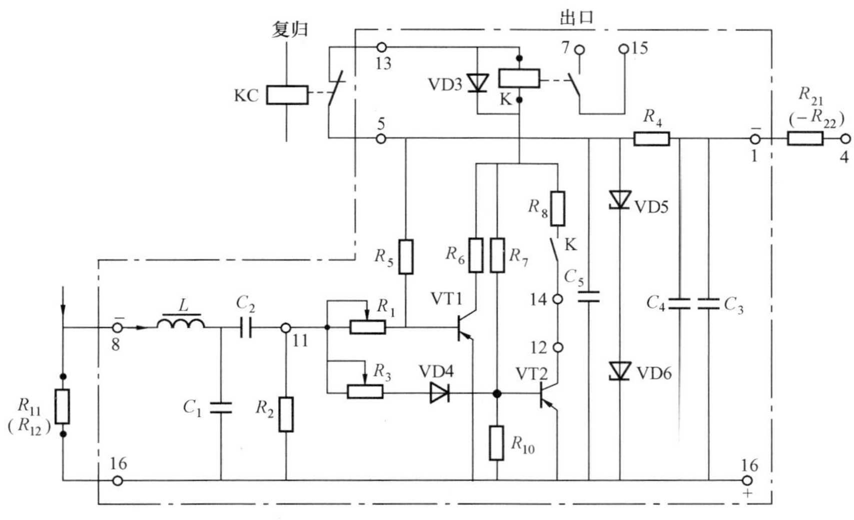

图 5-6　BC-4S 型冲击继电器的内部电路

（二）由 BC-4S 型冲击继电器构成的中央事故信号电路图及工作原理

由 BC-4S 型冲击继电器构成的中央事故信号电路如图 5-7 所示。

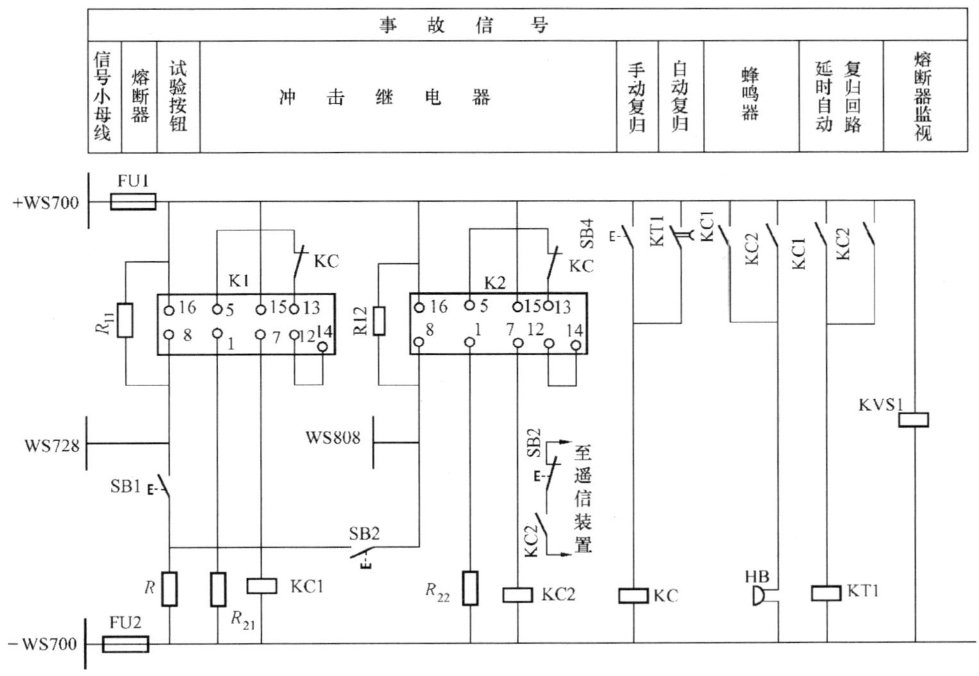

图 5-7　由 BC-4S 型冲击继电器构成的中央事故信号电路

图 5-7 中，WS728、WS808 为事故音响信号小母线；SB1、SB2 为试验按钮；SB4 为音响解除按钮；K1、K2 为冲击继电器；KC、KC1、KC2 为中间继电器；KT1 为时间继电器；R_{11}和 R_{12}为冲击继电器 K1、K2 的信号电阻器；R_{21}和 R_{22}为冲击继电器 K1 和 K2 的降压电

阻器。其动作过程如下：

（1）事故信号的启动。冲击继电器K1接收信号后，启动其出口继电器K，出口继电器K的第一对动合触点用于自保持，另一对动合触点启动中间继电器KC1，KC1的动合触点闭合后启动蜂鸣器HB，发出音响信号。

（2）遥信。断路器事故跳闸需发遥信时，冲击继电器K2接收信号，启动其出口继电器K，同理出口继电器K的第一对动合触点用于自保持，第二对动合触点启动中间继电器KC2，KC2的动合触点闭合后，一方面启动蜂鸣器发出音响信号，另一方面接通遥信装置，向中央调度所发遥信。

（3）事故信号的复归。中间继电器KC1或KC2线圈带电后，其动合触点闭合，启动时间继电器KT1，KT1的动合触点延时启动中间继电器KC，接在冲击继电器端子5和13之间的动断触点KC断开，使继电器K线圈失电，冲击继电器复归，音响信号解除，实现了音响信号的延时自动复归。按下音响解除按钮SB4，也可实现音响信号的手动复归。

（4）事故信号的重复动作。在多个不对应回路连续接通或断开事故信号启动回路时，继电器重复动作的过程与JC-2型相似。随着启动回路并联电阻的增大或减小，电阻R_{11}（或R_{12}）上的平均电流和平均电压便发生多次阶跃性的递增或递减，电容器C_1、C_2上则发生多次的充、放电过程，继电器便重复启动和复归，从而实现了事故信号的重复动作。

此外，与JC-2型冲击继电器构成的事故信号电路相似，按下试验按钮SB1或SB2，对信号回路即可进行试验。利用监察继电器KVS1，进行回路电源失电的监视。

第三节 传统的中央预告信号系统

中央预告信号系统和中央事故信号系统一样，都由冲击继电器构成，但启动回路、重复动作的构成元件及音响装置有所不同。具体区别有以下几点：

（1）事故信号是利用不对应原理将电源与事故音响信号小母线接通来启动的；预告信号则是利用继电保护出口继电器触点K与预告信号小母线接通来启动的，如图5-9所示。

（2）事故信号是由每一启动回路中串接一电阻启动的，重复动作则是通过突然并入一启动回路（相当于突然并入一电阻）引起电流突变而实现的。预告信号是在启动回路中用信号灯代替电阻启动的，重复动作则是通过启动回路并入信号灯实现的。

（3）事故信号用蜂鸣器作为发音装置，而预告信号则用警铃。

值得注意的是，DL/T 5136—2012《火力发电厂、变电站二次接线设计技术规程 常规信号系统》要求“发生故障时，能瞬时发出预告信号，并以光字牌显示故障性质，”一改过去延时0.2～0.3s发出预告信号，而DL/T 5136—2012版要求“电气信号系统宜由计算机监控系统实现”。

一、由JG-2型冲击继电器构成的中央预告信号电路

由JC-2型冲击继电器构成的中央预告信号电路如图5-8所示，其启动电路如图5-9所示。

图5-8中，WS709、WS710、WS7291、WS7292为预告信号小母线；WD703为辅助信号小母线；WD716为掉牌未复归小母线；WS713为控制回路断线小母线；SB2为试验按钮；SB为音响解除按钮；SM为转换开关；K3为冲击继电器；KC3为中间继电器、KT2

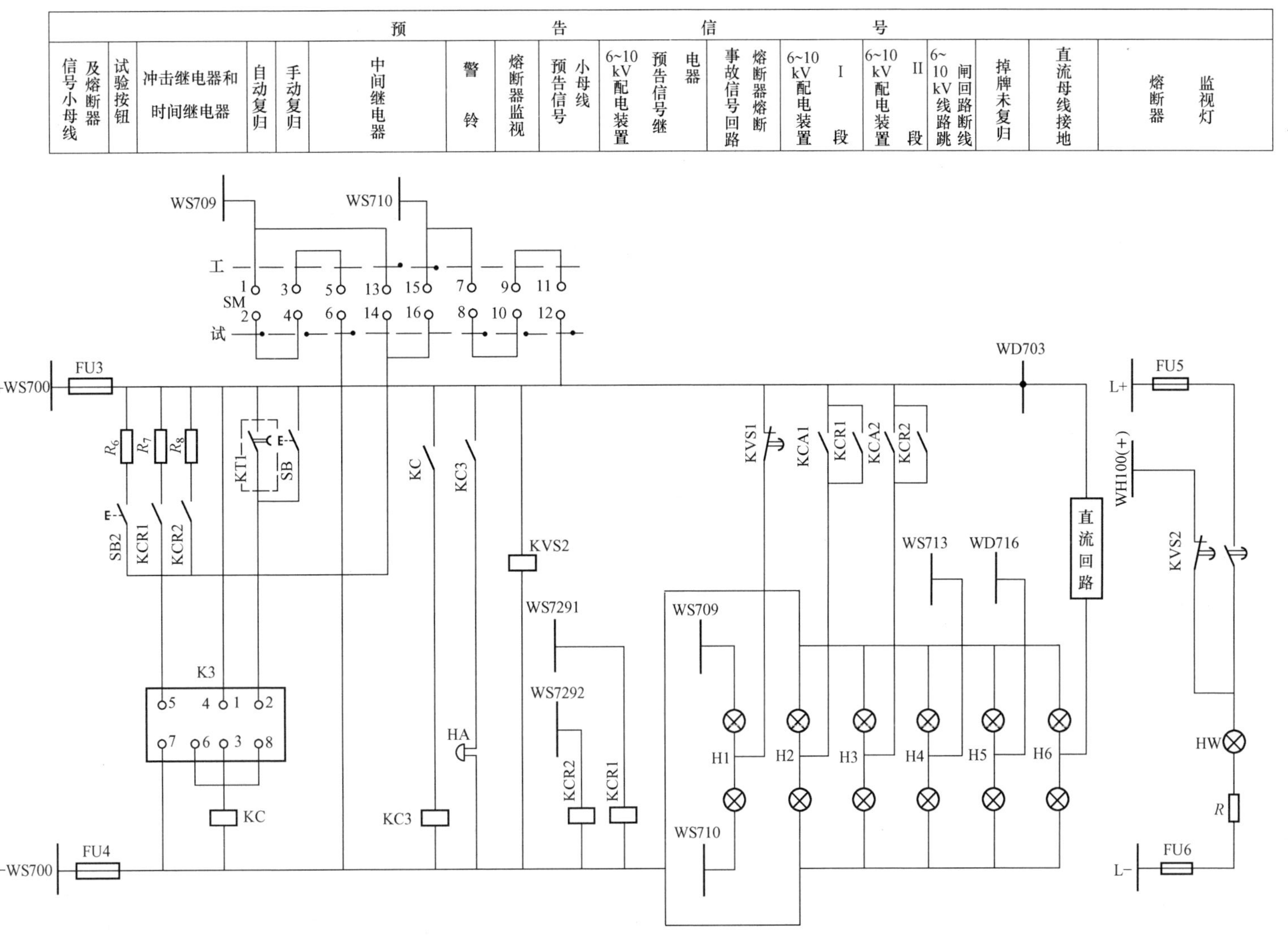

图5-8　由JC-2型冲击继电器构成的中央预告信号电路

为时间继电器；KS 为信号继电器；KVS2 为熔断器监察继电器；KCR1、KCR2 为预告信号继电器；HL 为熔断器监视灯；H1～H6 为光字牌；HA 为警铃。

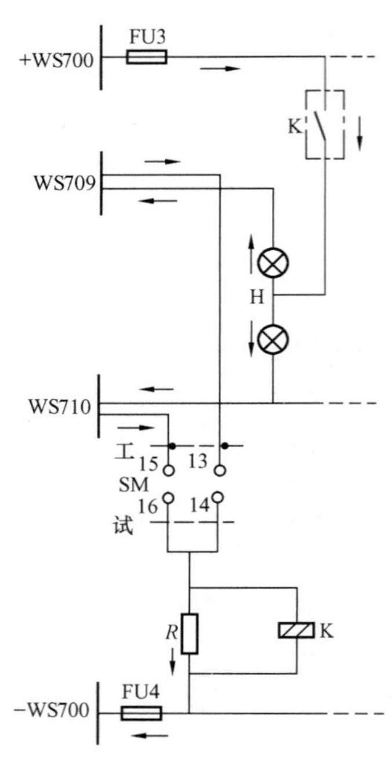

图 5-9　由 ZC-23 型冲击继电器构成的预告信号启动电路

本电路的动作过程如下：

(1) 预告信号的启动。转换开关 SM 有“工作”和“试验”两个位置，即图 5-8 中的“工”和“试”两个位置。当转换开关 SM 处于“工作”位置时，其触点 13—14、15—16 接通。如果此时设备出现不正常状况（如变压器油温过高），则图 5-9 的启动电路中相应的继电保护出口继电器触点 K 闭合，使信号电源＋WS700 经触点 K 和光字牌 H 引至预告信号小母线 WS709 和 WS710 上。因此，转换开关在“工作”位置时，冲击继电器的电阻 R_1 上产生电流增量使冲击继电器 K3 启动（即 K3 的端子 1 和 3 接通），启动中间继电器 KC，其触点闭合，又去启动中间继电器 KC3，最后启动警铃，发出音响信号。除铃声之外，还通过光字牌发出灯光信号，并显示故障性质，如“变压器油温过高”等。

(2) 预告信号的复归。中间继电器 KC3 启动警铃的同时，KC3 的另一对动合触点（在图 5-4 中央事故信号回路中）闭合，启动事故信号回路中的时间继电器 KT1，经延时后闭合，使冲击继电器 K3 因其端子 2 接正电源复归，并解除音响信号，实现了音响信号的延时自动复归。按下音响解除按钮 SB，可实现音响信号的手动复归。

(3) 预告信号的重复动作。预告信号音响部分的重复动作也是靠突然并入启动回路一电阻，使流过冲击继电器中电阻上的电流发生突变来实现的。只不过启动回路的电阻是用光字牌中的灯泡代替的。

(4) 光字牌检查。发电厂和变电站中光字牌正常运行时不亮，所以必须经常检查。所有光字牌可通过转换开关 SM 检查其指示灯是否完好。检查时，将 SM 投向“试验”位置，其触点 1—2、3—4、5—6、7—8、9—10、11—12 接通，使预告信号小母线 WS709 接信号电源＋WS700，WS710 接信号电源－WS700（如图 5-10 所示），此时，如果光字牌中指示灯全亮，说明光字牌完好。

值得注意的是，发预告信号时，光字牌的两灯泡是并联的，灯泡两端电压为电源额定电压，所以灯泡发亮光；检查时，两灯泡是串联的，灯泡发暗光，且其中一只损坏时，光字牌不亮。

(5) 预告信号电路的监视。预告信号电路由熔断器监察继电器 KVS2 进行监察。KVS2 正常时带电，其延时断开的动合触点闭合，点亮白色信号灯 HW。如果熔断器熔断或接触不良，其动断触点延时闭合，使 HW 闪光，提醒运行人员注意。

WS7291 和 WS7292 为 6～10kV 配电装置的两段预告信号小母线，每段上各设一光字牌，其上标有“6～10kVⅠ（或Ⅱ）段”字样。当 6～10kV 配电装置Ⅰ段或Ⅱ段上出现信号时，预告信号继电器 KCR1 或 KCR2 动作，其动合触点闭合，相应光字牌点亮，同时启动冲击继电器发音响信号。

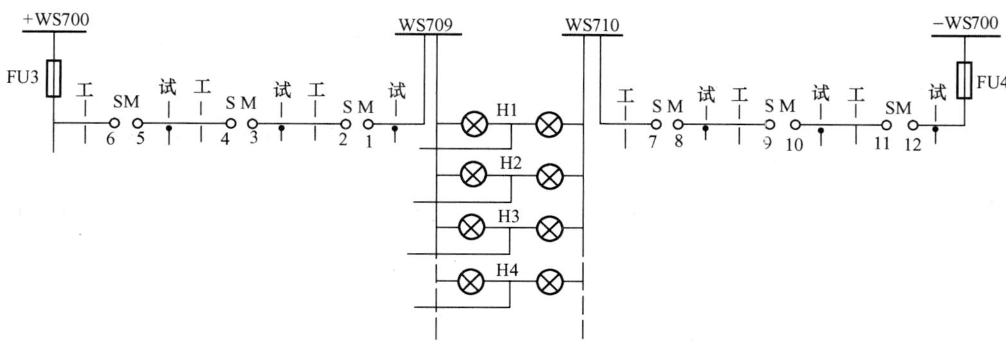

图 5-10　光字牌检查回路

二、由 BC-4Y 型冲击继电器构成的中央预告信号电路

由 BC-4Y 型冲击继电器构成的中央预告信号电路如图 5-11 所示。

预告信号									
信号小母线及熔断器	试验按钮	冲击继电器	音响解除	警铃	自动复归延时	手动复归	自动复归	熔断器监视	预告信号熔断器监视灯

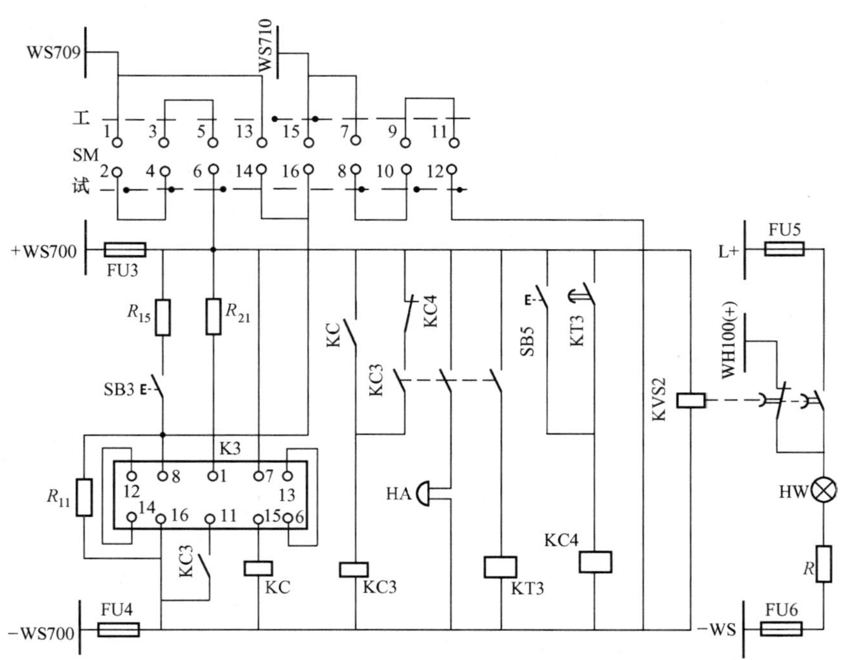

图 5-11　由 BC-4Y 型冲击继电器构成的中央预告信号电路

图 5-11 中，SB3 为试验按钮；SB5 为音响解除按钮；K3 为冲击继电器；KC3、KC4 为中间继电器。KT2、KT3 为时间继电器。其动作过程如下：

当设备发生故障出现不正常运行状况时，预告信号启动回路接通，光字牌点亮，同时冲击继电器K3启动，则K3中的出口继电器K的动合触点闭合，启动中间继电器KC，KC的动合触点闭合，启动中间继电器KC3。KC3的第一对动合触点形成其自保持电路；第二对动合触点闭合，启动警铃HA，发出音响信号；第三对动合触点闭合短接冲击继电器端子11和16之间的电阻器R_2，使冲击继电器经KC后自动复归；第四对动合触点闭合后启动时间继电器KT3，KT3的动合触点延时启动中间继电器KC4，KC4的动断触点断开，切断KC3的自保持回路，并解除音响，实现了音响信号的延时自动复归。按下音响解除按钮SB5，可实现音响信号的手动复归。

本电路的音响信号的重复动作、预告信号电路的监视等原理与JC-2型相似，此处不再予以讨论。

第四节　继电保护装置和自动重合闸动作信号

一、继电保护装置动作信号

我们已经知道，对于作用于跳闸的继电保护装置，动作后发出事故信号；对于作用于信号的继电保护装置，动作后发出预告信号，并有相应的灯光指示。此外，已动作的继电保护装置本身还设有机械掉牌或能自保持的指示灯加以显示，同时由运行人员做好记录，以便于分析故障类型，然后手动予以复归。为了避免运行人员没有注意到个别继电器已掉牌或信号灯已点亮，而未及时将其复归，所以在中央信号屏上均装设“掉牌未复归”或“信号未复归”的光字牌，用以提醒运行人员必须将其复归，以免再次发生故障时，对继电保护装置的动作作出不正确的判断。

继电保护装置动作信号电路如图5-12所示。图5-12中，WD703为辅助信号小母线；WD716为公用的掉牌未复归小母线；信号继电器的触点KS1、KS2等接在小母线WD703和WD716之间。任一信号继电器动作，都使“掉牌未复归”光字牌点亮，通知运行人员及时处理。

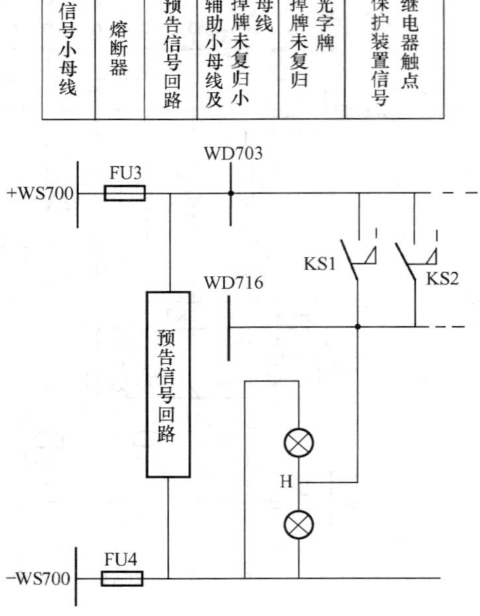

图5-12　继电保护装置动作信号电路

二、自动重合闸装置动作信号

自动重合闸装置动作信号电路如图5-13所示。

自动重合闸装置动作由装设在线路或变压器控制屏上的光字牌信号指示。当线路故障断路器自动跳闸后，如果自动重合闸装置动作将其自动重合成功，线路恢复正常运行，此时不希望发预告信号，因为线路事故跳闸时已有事故音响信号，足以引起运行人员注意，而只要求将已自动重合的线路的光字牌点亮即可。所以“自动重合闸动作”的光字牌回路一般直接接在信号小母线上。

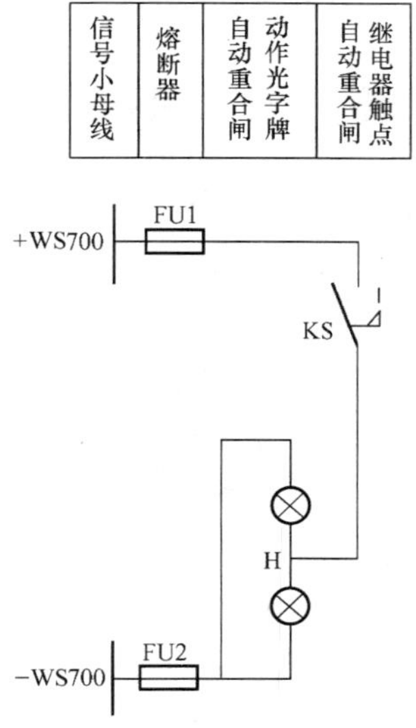

图 5-13　自动重合闸装置动作信号电路

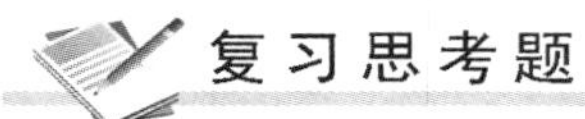

1. 发电厂及变电站一般装设哪些信号系统？各起什么作用？

2. 什么是继电器的冲击自动复归特性？BC-4 型冲击继电器是如何实现冲击自动复归的？如果要使 BC-4 型冲击继电器定时自动复归或人工复归，应采取什么方法？

3. 预告信号电路为什么必须使冲击继电器具有冲击自动复归特性？

4. 以 JC-2 型冲击继电器为例，说明中央事故信号和中央预告信号的启动、复归、重复动作及信号电路监视的原理。

5. 继电保护装置动作后会伴随发生哪些信号？举例说明这些信号是如何发出的。

第六章　同　步　系　统

第一节　概　　述

众所周知，同步操作（或同步并列）是将同步发电机投入电力系统参加同步并列运行的操作。同步操作是借助于同步电压和同步装置实现的。在发电厂和变电站中，通常把反映同步装置和同步电压连接关系的回路称为同步系统。本章主要介绍同步电压的引入、手动准同步装置的工作原理和自动准同步装置的外部电路。

同步操作是一项很重要的操作，若误操作会造成非同步并列（即不满足并列条件的并列），给电力系统带来极其严重的后果：可能产生巨大的冲击电流，引起电力系统电压严重下降，可能使电力系统发生振荡以至于瓦解。而巨大的冲击电流将产生强大的电动力，可能对电气设备造成严重的损坏。

对同步并列的基本要求是：

(1) 并列时，冲击电流和冲击力矩不应超过允许值。

(2) 并列后，发电机应能迅速被拉入同步。

一、发电厂和变电站同步点的设置

发电厂（或变电站）中每个有可能进行同步操作的断路器，称为同步点。也就是说当断路器两侧有可能出现非同一系统电源时，此断路器是同步点，如图 6 - 1 中所示。

(1) 发电机出口断路器（如 3 - QF3）及发电机—双绕组变压器组出口断路器（如 1 - QF1、4 - QF1、5 - QF1），都是同步点。因为各发电机的并列操作，通常是利用各自的断路器进行并列。

(2) 母联断路器（如 6 - QF）是同步点。它是同一母线上的所有电源元件的后备同步点。

(3) 自耦变压器或三绕组变压器的三侧断路器（如 3 - QF1、3 - QF2、3 - QF3）都是同步点。这是为了减少并列时可能出现的倒闸操作，以保证事故情况下迅速可靠地恢复供电。

(4) 系统联络线的线路断路器（如 9 - QF、10 - QF、11 - QF）都是同步点。

(5) 旁路断路器（如 12 - QF）是同步点。因为它可以代替联络线断路器进行并列。

(6) 厂用 6kVⅢ、Ⅳ段母线电源进线断路器是同步点。这是因为发电机变压器组接入 220kV 系统，而备用变压器 TM 接入 110kV 系统，即它们未接在同一系统。与此相反，厂用Ⅰ、Ⅱ段母线电源进线断路器不是同步点。

二、同步并列的方法

同步并列的方法分自同步并列和准同步并列两种。

1. 自同步并列

自同步并列是将待并发电机转速升至接近同步转速［正常并列时转差率 S 等于 ±(1～2)%；事故并列时允许转差率为±5%，甚至更大些］时，就把待并发电机投入电力

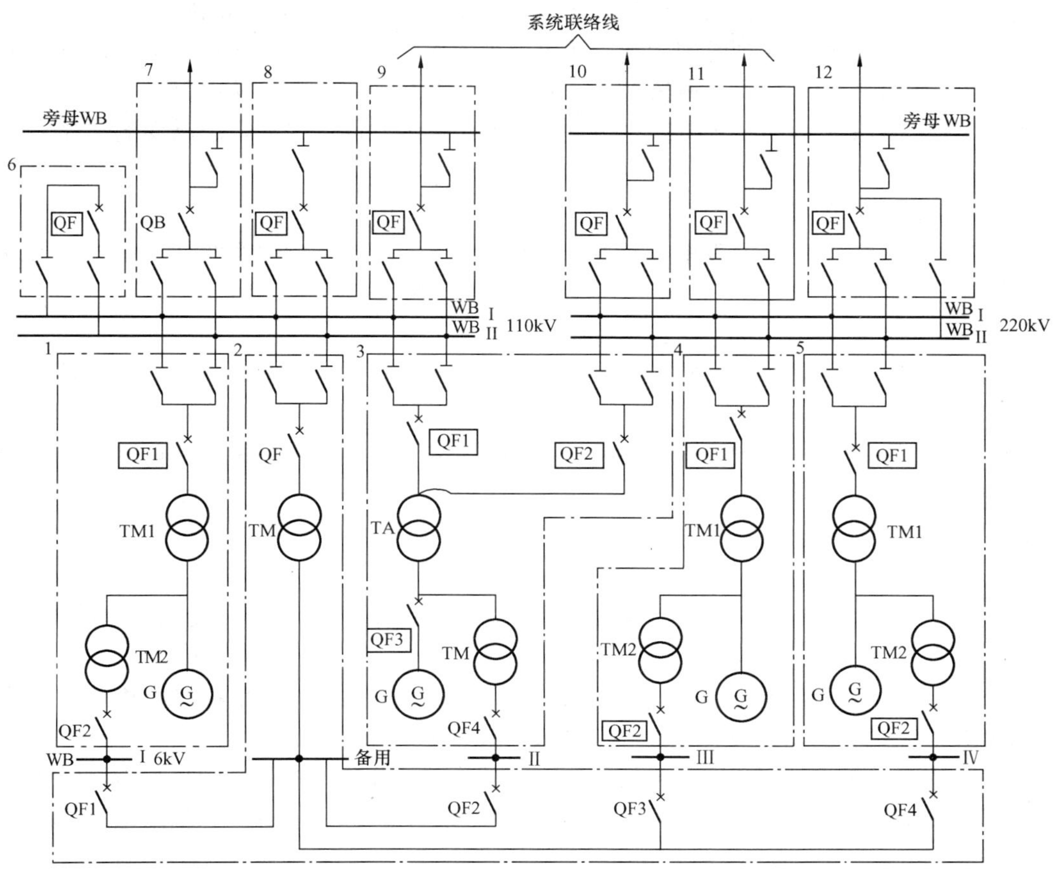

图 6-1　发电厂同步点的设置（框内断路器为同步点断路器）

系统，然后再给发电机加励磁，使发电机自行拉入同步。

由于发电机在未加励磁的情况下就投入系统，相当于系统经过很小的电抗 x''_d 而短路。所以，合闸时冲击电流较大，最大冲击电流周期分量 I 为

$$I=\frac{U_s}{x''_d+x_s}$$

式中：x''_d 为待并发电机纵轴次暂态电抗；x_s 为电力系统归算后的等值电抗；U_s 为电力系统归算后的电压。

总之，自同步并列的特点是并列过程迅速，操作简单，减少了误操作的可能性，易于实现操作过程自动化。但是，并列时冲击电流较大，会引起电力系统电压暂时降低。因此，有关规程规定：对于单机容量在 100MW 以下的汽轮发电机，当最大冲击电流周期分量 I 不超过额定电流的 $0.74/x''_d$ 倍时，才允许采用自同步并列；对于各种容量的水轮发电机和同步调相机，可采用自同步并列；对两个系统之间的并列则不能采用自同步并列。

2. 准同步并列

准同步并列操作是将待并发电机转速升至接近同步转速后加励磁，当发电机（或待并系统）频率、电压相角、电压大小分别与运行系统（以下简称系统）频率、电压相角、电压大

小接近相等时，把待并发电机（或待并系统）投入系统，即合上相应的断路器。

准同步并列的特点是并列时间较长，还可能由于操作人员失误，发生误操作，而造成非同步并列。但是由于并列时冲击电流较小，不会引起系统电压降低，从而获得广泛应用。准同步并列不仅适用于发电机并入系统，也适用于两个系统之间的并列，所以变电站都采用准同步并列。

三、准同步并列的条件

电力系统中运行着的各台发电机都处于同步并联运行状态，此时系统任一母线电压为

$$\left.\begin{aligned} u_S &= U_{Sm}\sin(\omega_S t+\varphi_{S0}) \\ \varphi_S &= \omega_S t+\varphi_{S0} \end{aligned}\right\} \tag{6-1}$$

式中：U_{Sm}为系统电压幅值；ω_S为系统角频率；φ_{S0}为系统电压初相角；φ_S为系统电压t时刻相角。

在并列前，同步点断路器一侧为系统电压u_S，另一侧为待并发电机（或待并系统）电压u_G，即

$$\left.\begin{aligned} u_G &= U_{Gm}\sin(\omega_G t+\varphi_{G0}) \\ \varphi_G &= \omega_G t+\varphi_{G0} \end{aligned}\right\} \tag{6-2}$$

式中：U_{Gm}为待并发电机电压幅值；ω_G为待并发电机角频率；φ_{G0}为待并发电机电压初相角；φ_G为待并发电机电压t时刻的相角。

式（6-1）和式（6-2）反映了系统和待并发电机电压的幅值、角频率和相角三个重要参数的关系，这三个重要参数通常被称为电压的状态量。

在进行并列操作前，同步点断路器两侧电压的状态量往往不相等。同步点断路器两侧电压的幅值差Δu_m（或有效值之差Δu）、频率差Δf（或角频率之差$\Delta\omega$）和相角差δ之间的关系为

$$\left.\begin{aligned} \Delta u_m &= U_{Gm}-U_{Sm} \\ \text{或}\quad \Delta u &= \frac{U_{Gm}}{\sqrt{2}}-\frac{U_{Sm}}{\sqrt{2}} \\ \Delta f &= f_G-f_S \\ \text{或}\quad \Delta\omega &= \omega_G-\omega_S = 2\pi f_G-2\pi f_S = 2\pi\cdot\Delta f \\ \delta &= \varphi_G-\varphi_S = (\omega_G t+\varphi_{G0})-(\omega_S t+\varphi_{S0}) \end{aligned}\right\} \tag{6-3}$$

1. 并列理想条件

（1）电压差$\Delta u_m=0$或$\Delta u=0$。

（2）频率差$\Delta f=0$或$\Delta\omega=0$。

（3）相角差$\delta=0$。

在上述三个条件同时满足的情况下进行并列合闸时，冲击电流等于零；发电机能迅速被拉入同步，对系统无任何冲击。

但是，上述三个条件很难同时满足。而实际上也没有这样苛求的必要，只要能满足同步并列的基本要求就可以了。因此，准同步并列的实际条件可以偏离上述理想条件。

2. 并列实际条件

（1）电压差$\Delta u\leqslant\pm10\%U_N$。

（2）频率差$\Delta f=\pm(0.05\sim0.25\text{Hz})$。

(3) 并列合闸瞬间相角差 $\delta \leqslant \delta_{en}$ (允许值)❶。

需要指出，同步并列的前提条件是同步点(断路器)两侧电压的相序必须相同。由于这个条件在安装和检修后的调试中已经满足，因此，在并列操作时，只要满足上述三个条件就可以。如果同步点断路器两侧电压的相序不同，待并发电机并列后，永远不会进入同步运行，反而会引起系统非同步振荡，并产生很大的脉动电流，可能损坏发电机。为此，在发电厂(或变电站)基建竣工投入运行前或同步并列用的电压互感器二次回路检修后，都必须核对同步点断路器两侧电压的相序。

第二节 同步电压的引入

准同步并列操作是通过同步装置检测待并断路器两侧电压是否满足并列条件，而全厂(站)只装有一套同步装置(即多个同步点共用一套同步装置)，这就需要把待并断路器两侧的高电压经电压互感器变为二次低电压，再经过其隔离开关(QS)的辅助触点和同步开关(SS)触点切换后，引到同步电压小母线上，然后再引入到同步装置中。通常把同步电压小母线上的二次电压称为同步电压。同步电压的引入方式有两种：三相接线方式和单相接线方式，究竟采用哪种接线方式取决于同步装置(或同步表)的接线方式。

一、三相接线方式同步电压的引入

(一) 三相接线同步电压小母线

同步系统采用三相接线方式时，设置四个同步电压小母线见图 6-2：系统电压小母线 L1′-620，待并系统电压小母线 L1-610、L3-610，共用接地小母线 L2-600。系统的两相电压由 L1′-620 和 L2-600 引入到同步装置，待并系统的三相电压由 L1-610、L3-610、L2-600 引入到同步装置。

这四个同步电压小母线，在没有并列操作(全厂所有同步开关都断开)时无电压，只有在并列操作时，才带有待并断路器两侧的二次电压。

(二) 发电机出口断路器和母联断路器同步电压的引入

发电机出口断路器和母联断路器同步电压引入如图 6-2 所示。

图 6-2 中 SS 和 SS1 分别为母联断路器 QF 和发电机出口断路器 QF1 的同步开关，它有“工作(W)”和“断开”两个位置。

1. 发电机出口断路器同步电压的引入

利用发电机出口断路器 QF1 进行并列时，待并发电机侧同步电压是电压互感器 TV 的二次 U、W 相电压，此电压经过同步开关 SS1 的触点 25—27 和 21—23 分别引至同步电压小母线 L1-610 和 L3-610 上。而系统侧同步电压是母线电压互感器 TV1(或 TV2)的二次 U 相电压，此电压从其电压小母线 L1-630(或 L1-640)，经过隔离开关 QS3(或 QS4)的辅助触点切换，再经过同步开关 SS1 的触点 13—15 引至同步电压小母线 L1′-620 上。经过 QS3 或 QS4 切换的目的，是确保引至系统同步电压小母线上的同步电压与所操作断路器系统侧电压完全一致。即当断路器 QF1 经过 QS3 接至Ⅰ母线时，应将Ⅰ母线的电压互感器 TV1 的二次电压从其电压小母线 L1-630 引至 L1′-620 上；当断路器 QF1 经过 QS4 接至Ⅱ

---

❶ 根据电力系统参数，经过详细计算后确定允许值 δ_{en}，详见“电力系统自动装置”。

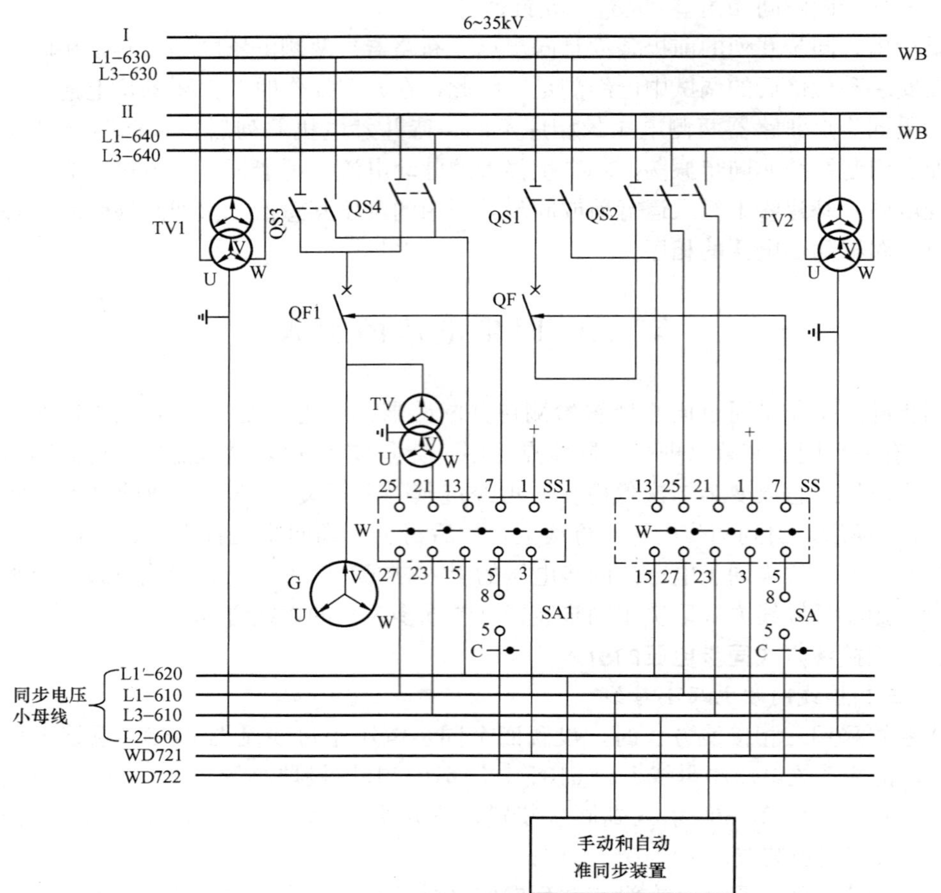

图 6-2　发电机出口断路器和母联断路器同步电压的引入（三相接线）

Ⅰ、Ⅱ—6～35kVⅠ、Ⅱ段母线；L1-630（L1-640）、L3-630（L3-640）—Ⅰ（Ⅱ）段母线二次电压小母线

母线时，应将Ⅱ母线的电压互感器 TV2 的二次电压，从其电压小母线 L1-640 引至 L1′-620 上。可见，上述切换是利用隔离开关的辅助触点，在进行倒闸操作的同时自动完成。

2. 母联断路器同步电压的引入

当利用母联断路器 QF 进行并列时，其两侧同步电压都是由母线电压互感器 TV1 和 TV2 的电压小母线，经过隔离开关 QS1 和 QS2 的辅助触点及同步开关 SS 的触点，引至同步电压小母线上的。即Ⅰ母线的电压互感器 TV1 的二次 U 相电压，从其小母线 L1-630，经过 QS1 的辅助触点，再经过 SS 的触点 13—15，引至 L1′-620 上；Ⅱ母线的电压互感器 TV2 的二次 U、W 相电压，从其小母线 L1-640 和 L3-640，经过 QS2 的辅助触点，再经过同步开关 SS 的触点 25—27 和 21—23 分别引至 L1-610 和 L3-610 上。可见，此种接线Ⅱ母线侧为待并系统，而Ⅰ母线侧为系统。

（三）双绕组变压器同步电压的引入

如图 6-3（a）所示，对于具有 Yd11 接线的双绕组变压器 TM，当利用低压三角形侧的断路器 QF1 进行并列时，同步电压分别从其高、低压侧电压互感器引出。

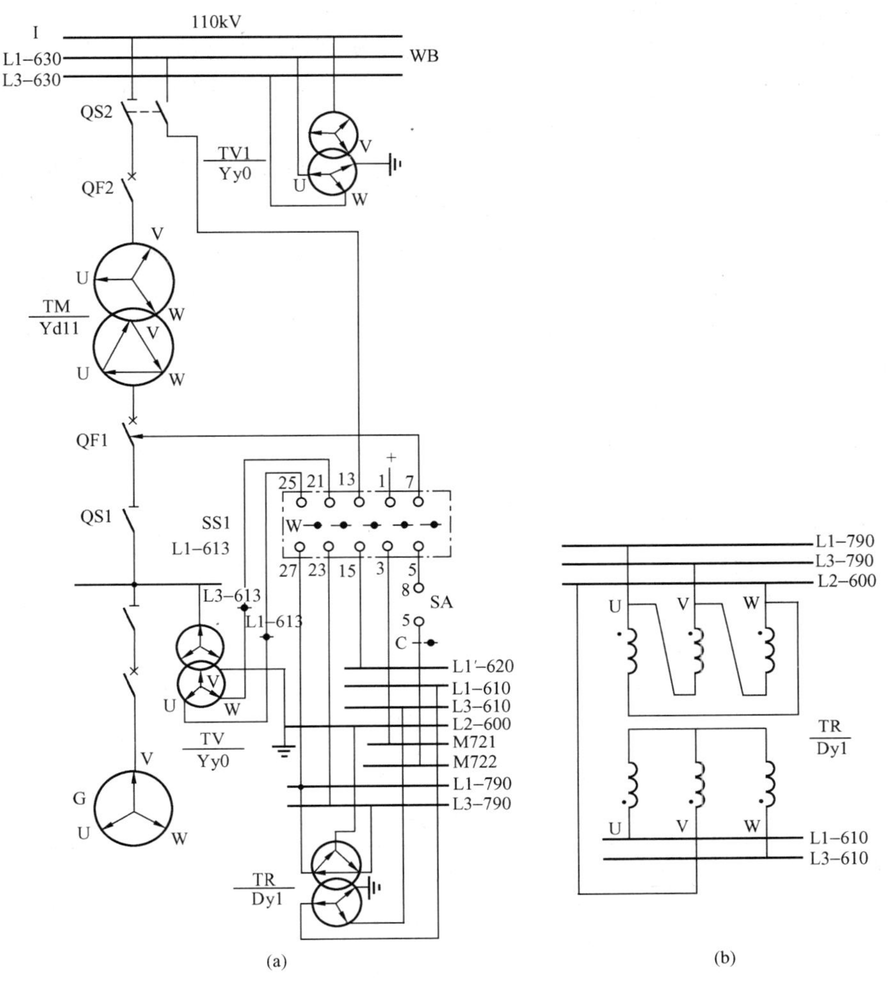

图 6-3　双绕组变压器同步电压的引入（三相接线）

（a）系统图；（b）转角变压器接线

由于变压器 TM 高、低压侧电压相位相差 30°角，即三角形侧电压超前星形侧 30°角。而高、低压侧电压互感器 TV1 和 TV 又都采用 Yy0 接线，它们的一、二次电压没有相位差。因此，TV1 和 TV 的二次侧电压的相位也差 30°，即 TV 的二次线电压超前 TV1 的二次线电压 30°。所以，同步电压不能直接采用电压互感器的二次线电压，必须采用转角变压器 TR 进行相位补偿。

常用的转角变压器 TR 的接线，如图 6-3（b）所示。TR 的变比为 $100/\frac{100}{\sqrt{3}}$，绕组采用 Dy1接线，即星形侧线电压落后三角形侧线电压 30°角。

变压器 TM 三角形侧电压互感器 TV 的二次电压，从其电压小母线 L1-613 和 L3-613，经过同步开关 SS1 的触点 25—27、21—23，分别引至转角小母线 L1-790 和 L3-790 上，并接在转角变压器 TR 的三角形侧绕组。这样转角变压器 TR 星形侧电压相位与 TM 星形侧电压相位完全相同，再将其引至同步电压小母线 L1-610、L3-610 上。可见，转角小母线平时无电压，只有在并列操作并需要转角时，才带有同步电压。

变压器 TM 星形侧电压互感器 TV1 的二次电压从其电压小母线 L1 - 630，经过隔离开关 QS2 辅助触点、同步开关 SS1 触点 13 - 15 引至同步电压小母线 L1′ - 620 上。这种接线是把 TM 的星形侧视为系统，三角形侧视为待并系统。

总之，在三相接线中，除需要设置四个同步电压小母线外，为了在同步并列时消除 Yd11 接线变压器两侧电压相位的不一致，需增设转角变压器及转角小母线。

此外，在具有 35kV 和 110kV 电压等级的发电厂和变电站中，可能会出现电压互感器二次侧 V 相接地和中性点接地并存现象。为了实现同步并列，需增设隔离小母线及隔离变压器，以使中性点直接接地系统的同步电压经隔离小母线及隔离变压器变换为 V 相接地。

二、单相接线方式同步电压的引入

（一）单相接线同步电压小母线

同步系统采用单相接线方式时，通常设置三个同步电压小母线，即 L3′ - 620、L3 - 610 和共用接地小母线 L2（N）- 600。待并系统的电压由同步电压小母线 L3 - 610 和 L2（N）- 600 引入同步装置；系统的电压由同步电压小母线 L3′ - 620 和 L2（N）- 600 引入同步装置。单相接线与三相接线相比，减少待并系统 L1 相同步电压小母线（L1 - 610）；又不需要设置转角变压器及隔离变压器，因而接线较为简单。

对单相接线，同步电压引入的要求见表 6 - 1：

（1）110kV 及以上中性点直接接地系统，电压互感器二次绕组采用中性点（N）接地方式时，待并系统和系统同步电压取电压互感器辅助（开口三角形）二次绕组 W 相电压，即待并发电机同步电压 $\dot{U}_G$ 取 $\dot{U}_{WN}$，系统同步电压 $\dot{U}_S$ 取 $\dot{U}_{W'N}$。

表 6 - 1　　单相接线方式及相量图

同步方式	运行系统	待并系统	说　　明
中性点直接接地系统母线之间	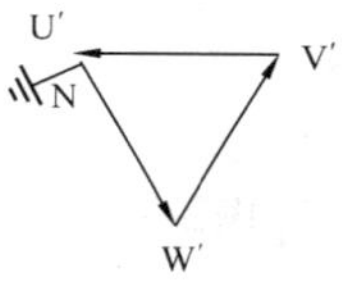 U′ V′ N W′	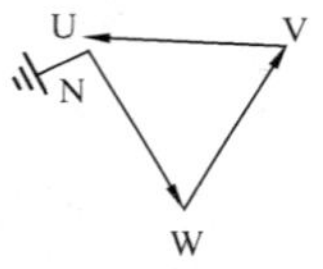 U V N W	利用电压互感器辅助二次绕组的 W 相电压，即 $\dot{U}_{W'N}$和 $\dot{U}_{WN}$
中性点直接接地系统线路之间	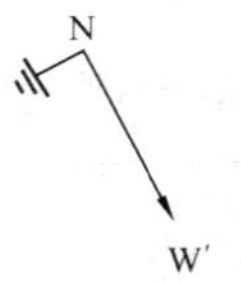 N W′	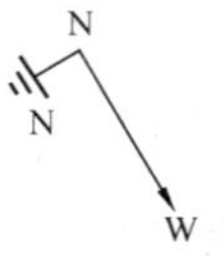 N N W	
Yd11 变压器两侧系统	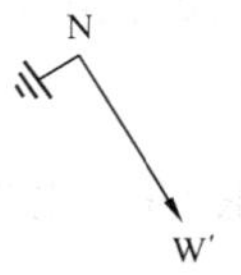 N W′	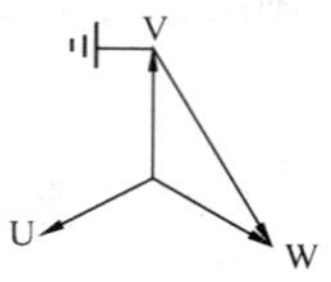 V U W	运行系统取电压互感器辅助二次绕组 W 相电压 $\dot{U}_{W'N}$，待并系统（V 相接地）取 $\dot{U}_{WV}$
中性点不直接接地系统	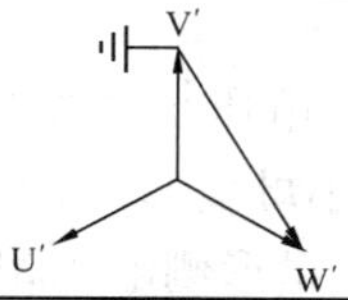 V′ U′ W′	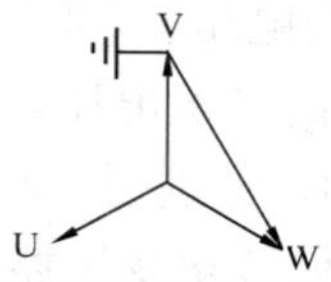 V U W	电压互感器二次均为 V 相接地，利用 $\dot{U}_{W'V}$ 和 $\dot{U}_{WV}$

（2）对于 Yd11 接线的双绕组变压器，变压器低压侧（待并系统）同步电压取其电压互感器（二次 V 相接地）二次绕组的线电压，即 $\dot{U}_{G}$取为 $\dot{U}_{WV}$。变压器高压侧（系统）同步电压可与零序功率继电器试验小母线取得一致，即 $\dot{U}_{S}$取为 $\dot{U}_{W'N}$。

（3）35kV 及以下中性点不直接接地系统，电压互感器二次绕组都采用 V 相接地，待并系统和系统的同步电压取电压互感器二次绕组的线电压，即 $\dot{U}_{G}$取为 $\dot{U}_{WV}$，$\dot{U}_{S}$取为 $\dot{U}_{W'V'}$（或 $\dot{U}_{W'V}$）。

综上所述，采用单相接线时，同步电压可根据电力系统的接地方式、发电厂和变电站主系统的接线方式以及电压互感器的接地方式，并参照表 6 - 1 引入。

（二）发电机出口断路器和母联断路器同步电压的引入

发电机出口断路器与母联断路器同步电压的引入如图 6 - 4 所示。

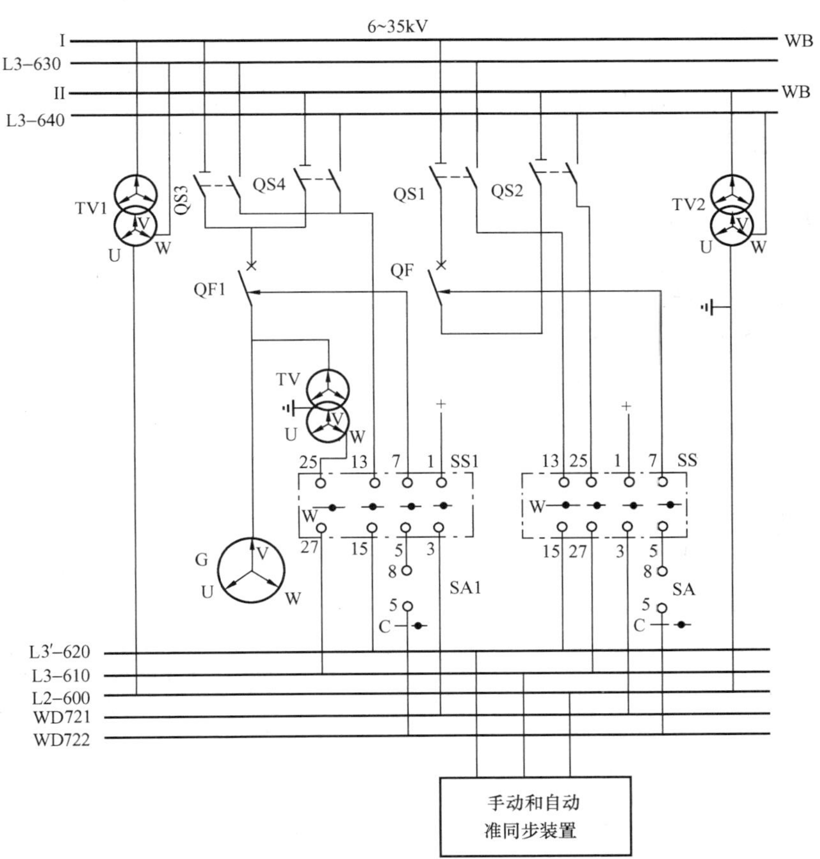

图 6 - 4　发电机出口断路器和母联断路器同步电压的引入（单相接线）

图 6 - 4 中，Ⅰ、Ⅱ母线为 6～35kV 系统，此系统属于中性点不直接接地系统，其电压互感器二次绕组均采用 V 相接地方式。

1. 发电机出口断路器同步电压的引入

发电机出口断路器 QF1 并列时，待并发电机侧同步电压是电压互感器 TV 的二次 W 相电压，经同步开关 SS1 的触点 25—27 引至同步电压小母线 L3 - 610 上。而系统侧同步电压，是母线电压互感器 TV1（或 TV2）的二次 W 相电压，经隔离开关 QS3（或 QS4）辅助触点，再经同步开关 SS1 的触点 13—15 引至同步电压小母线 L3′-620 上。

2. 母联断路器同步电压的引入

当利用母联断路器 QF 进行并列时，其两侧同步电压都是由母线电压互感器 TV1 和 TV2 的二次电压小母线，经隔离开关 QS1 和 QS2 的辅助触点及其同步开关 SS 的触点，引至同步电压小母线上。即Ⅰ母线的电压互感器 TV1 的二次 W 相电压从其电压小母线 L3-630，经 QS1 的辅助触点，再经 SS 的触点 13—15，引至 L3′-620 上；Ⅱ母线的电压互感器 TV2 的二次 W 相电压，从其电压小母线 L3-640，经 QS2 的辅助触点，再经 SS 的触点 25—27，引至 L3-610 上。此时Ⅱ母线侧为待并系统，而Ⅰ母线侧为系统。

（三）双绕组变压器同步电压的引入

对于具有 Yd11 接线的双绕组变压器 TM，当利用低压三角形侧的断路器 QF1 进行并列时，其同步电压的引入如图 6-5 所示。

图 6-5 中，110kV 母线电压互感器 TV1 为中性点（N）接地，发电机出口电压互感器 TV 为 V 相接地，参见表 6-1。变压器 TM 低压侧同步电压可以直接取 TV 二次绕组的 W 和 V 相间（线）电压 $\dot{U}_{WV}$，其 W 相电压经 SS1 触点 25-27 引至同步电压小母线 L3-610 上；而高压侧同步电压，取 TV1 辅助二次绕组 W 相电压 $\dot{U}_{WN}$，其 W 相电压从试验小母线 L3-630（试）引出，经 QS2 的辅助触点及 SS1 的触点 13—15 引至同步电压小母线 L3′-620 上。此种接线，变压器低压三角形侧视为待并系统，高压星形侧视为系统。

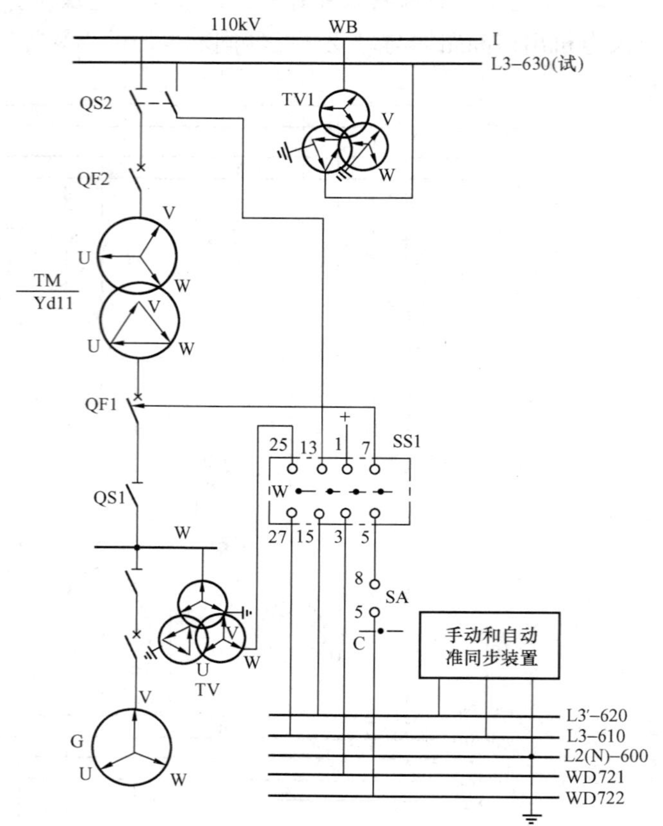

图 6-5　双绕组变压器同步电压的引入（单相接线）

（四）发电厂 $1\frac{1}{2}$ 断路器同步电压的引入

为了运行操作方便，图 6-6 中的全部断路器均为同步点，其同步电压取得方法有两种，一种为近区优先法，另一种为简化法。

当线路（或变压器进线侧）装有隔离开关，并且电压互感器装在隔离开关外侧时，一般采用近区优先法较灵活，但同步电压回路需要串接较多中间继电器的触点，所以接线较复杂。

当线路（或变压器进线侧）不装设隔离开关或电压互感器装在隔离开关的内侧时，一般采用简化法，其引入方式如图 6 - 6 所示。

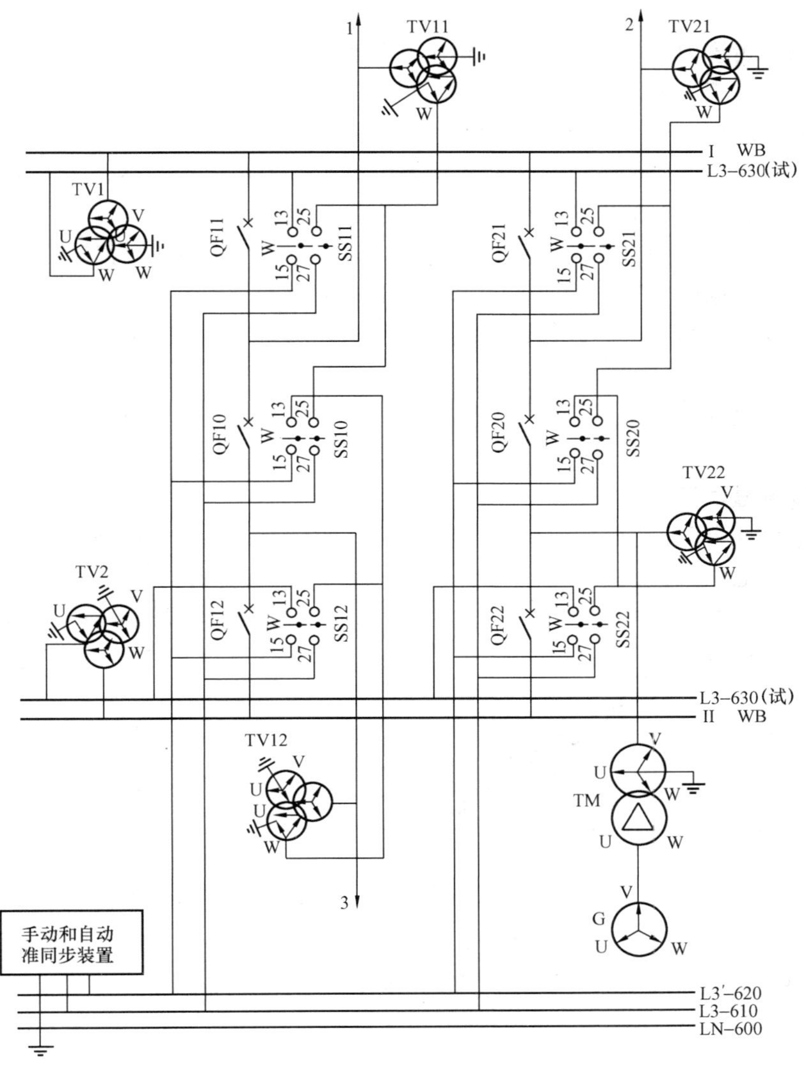

图 6 - 6　$1\frac{1}{2}$断路器同步电压的引入（单相接线）

图 6 - 6 中，电压互感器均采用中性点（N）接地。同步电压取自断路器两侧电压互感器辅助二次绕组 W 相电压。例如：馈线 1 检修时，引接的两台断路器 QF11 和 QF10 均断开，待检修完毕后，可利用 QF11 或 QF10 进行同步并列。若利用 QF11 进行并列，线路侧同步电压是 TV11 的辅助二次绕组 W 相电压，经同步开关 SS11 的触点 25—27 引至同步电压小母线 L3 - 610 上，作为待并系统同步电压；母线侧同步电压是 TV1 的辅助二次绕组 W 相电压，经同步开关 SS11 的触点 13—15 引至同步电压小母线 L3′ - 620 上，作为系统同步电压。

第三节 手动准同步装置

手动准同步装置由同步测量表计和相应的转换开关组成，它的任务是：

（1）利用频差表（或两只频率表）检测系统与待并发电机的频率差，并利用调速（或调频）开关，人为地调整待并发电机的频率，使其向系统频率靠拢。

（2）利用压差表（或两只电压表）检测系统与待并发电机的电压差，并通过调整发电机的励磁来调整待并发电机的电压，使其向系统电压靠拢。

（3）运行人员根据频差表和压差表的指示，判别频差和压差是否满足准同步并列条件，当都满足时，再根据同步表的指示，选择合适的越前时间（此越前时间约等于同步点断路器的合闸时间）发出合闸脉冲，以保证断路器合闸时，两侧电压间的相角差等于零或控制在允许范围内。

通常，频差表（或两只频率表）、压差表（或两只电压表）和同步表统称为同步测量表计。

一、同步测量表计

同步测量表计有两种型式：一种是同步小屏，它装有五只测量仪表，即两只频率表、两只电压表和一只电磁式（1T1 - S 型）同步表，另一种是组合式同步表。目前广泛采用 MZ - 10 型组合式同步表，如图 6 - 7 所示。它由电压差表 V（P1）、频率差表 Hz（P2）和同步表 S（P3）组成。

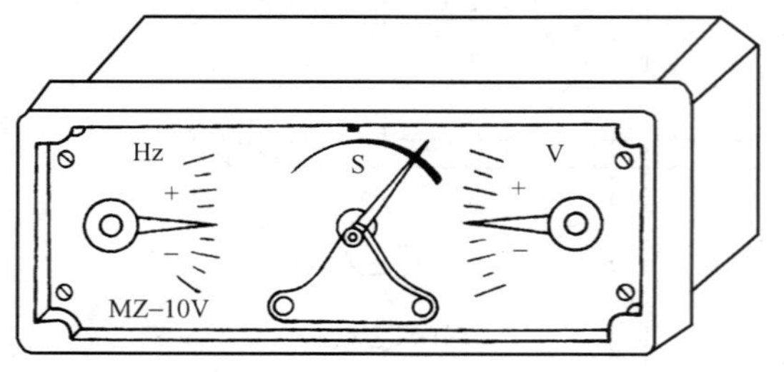

图 6 - 7 MZ - 10 型组合式同步表外形图

MZ - 10 型组合式同步表，按接线方式可分为三相式和单相式两种，其内部电路如图 6 - 8 所示。

1. 电压差表 P1

电压差表 P1 的测量机构为磁电式微安表。整流电路将待并发电机和系统的交流电压变换成直流电流，并流入微安表进行比较。两个电流相等时，其差值等于零，微安表指针不偏转，即停留在零（水平）位置上；当待并发电机电压大于系统电压，即 ΔU（$\Delta U=U_G-U_S$）大于零时，微安表指针向正方向偏转；反之，指针向负方向偏转。

2. 频率差表 P2

频率差表 P2 的测量机构为直流流比计。削波电路、微分电路（C_1 和 R_1 或 C_2 和 R_2）和整流电路，将输入的两个正弦交流电压变换为与其电源频率大小成正比的直流电流。这两个电流分别流入流比计的两个线圈中，两个线圈分别绕在同一铝架上，并在永久磁铁的固定磁场里，产生一对相反方向的转矩。所以，当待并发电机与系统的频率相同，即 Δf 等于零时，两个线圈所产生的转矩正好相互抵消，作用在流比计指针上的总力矩等于零，则指针不偏转，而停留在零（水平）位置上。当两侧频率不等时，指针偏转，直到与游丝所产生的反力矩相平衡为止，其指针偏转方向取决于频率差的极性。当待并发电机频率大于系统频率，即 Δf（$\Delta f=f_G-f_S$）大于零时，指针向正方向偏转；反之，指针向负方向偏转。

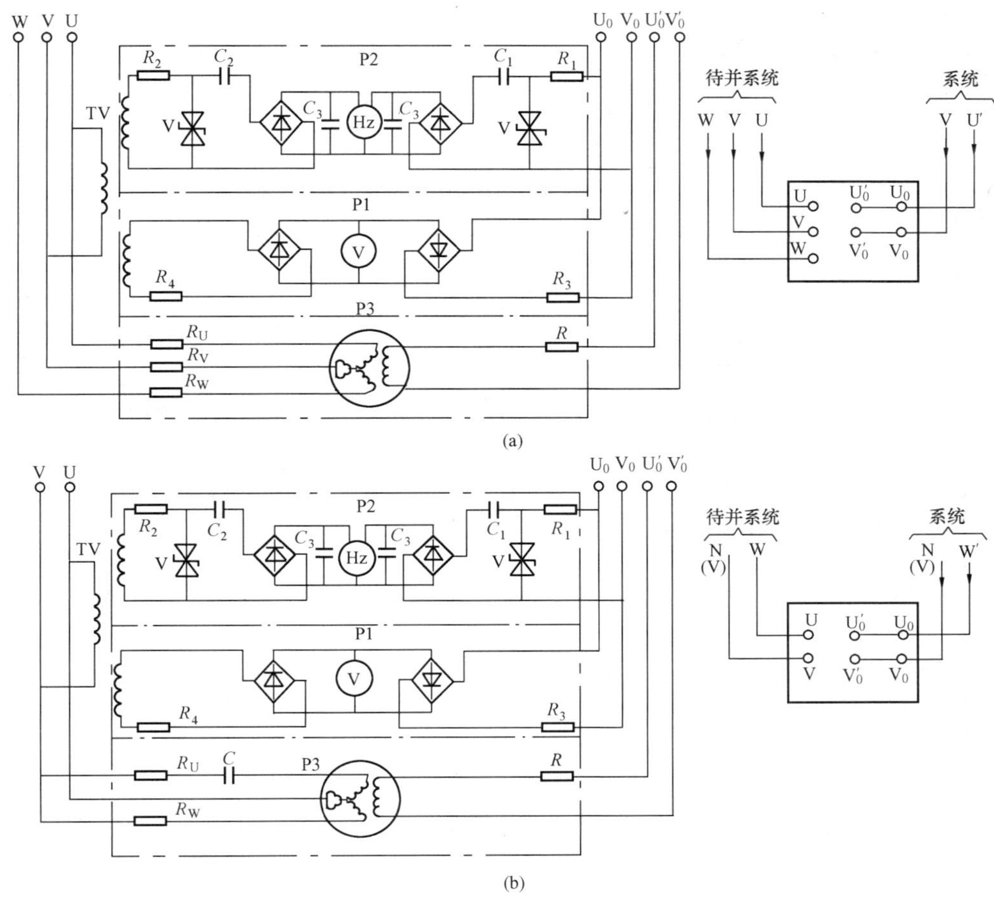

(a)

(b)

图 6-8　MZ-10 型组合式同步表内部电路图

(a) 三相式同步表内部电路图；(b) 单相式同步表内部电路图

3. 同步表 P3

同步表 P3（S）是两线圈在空间夹角为 60°角的电磁式同步表，它的工作原理与 1T1-S 型同步表相似。

在组合式同步表中，压差表 P1 和频差表 P2 都是以系统电压和系统频率为基准。所以，对于同步表 P3，通常也是以系统电压相量 $\dot{U}_{U'V}$ 为基准，并假定其指向 12 点钟固定不动，待并发电机电压相量 $\dot{U}_{UV}$ 相对于 $\dot{U}_{U'V}$ 而变化，即指针表示待并发电机电压相量 $\dot{U}_{UV}$。当系统频率高于待并发电机频率，即 Δf（$\Delta f=f_G-f_S$）小于零时，指针向顺时针方向旋转；反之，当 Δf 大于零时，指针向逆时针方向旋转。指针旋转的角频率等于 $\Delta\omega$。

当 $\Delta\omega$ 等于零时，指针不旋转：当系统 $\dot{U}_{U'V}$ 超前待并发电机电压 $\dot{U}_{UV}$ 的角度为 δ 时，指针向顺[1]时针方向偏转 δ 角；反之，指针向逆时针方向偏移 δ 角；当两电压同相时，指针指

[1] 这里是指同步表 P3 的交流电源已接入，即 SSM1 已置于“精确”位置。如果同步表 P3 在交流电源突然接入时，指针将有不确定的偏转方向。

向 12 点钟固定不动。

二、手动准同步并列电路

手动准同步并列有分散手动准同步并列和集中手动准同步并列两种。其电路如图 6 - 9 所示。

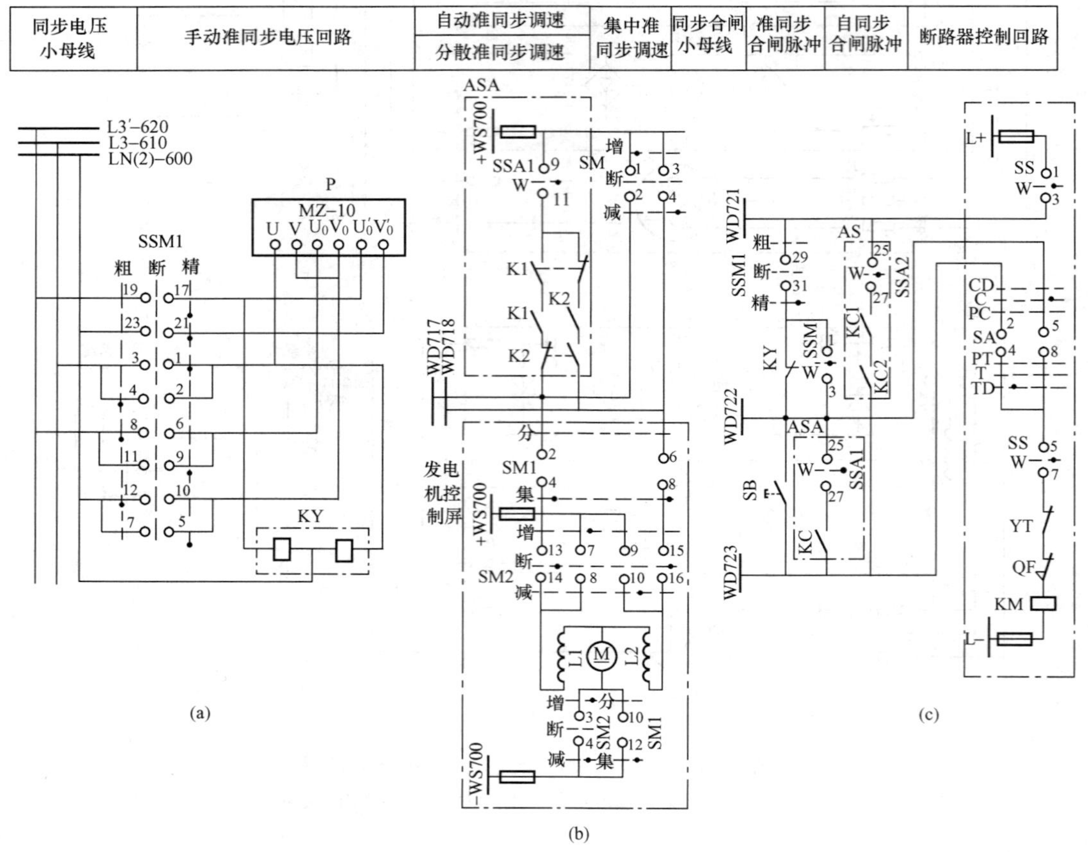

图 6 - 9　同步并列电路图

(a) 单相组合式同步表的测量电路；(b) 发电机调速电路；(c) 同步点断路器合闸控制电路

图中：SS、SSA1、SSA2 投入工作用“W”表示

图 6 - 9 中，WD721、WD722、WD723 为全厂（站）共用同步合闸小母线；WD717、WD718 为全厂共用自动调速小母线；SSM1 为手动准同步开关，型号为 LW2 - H - 2，2，2，2，2，2，2，2/F7 - 8X，其触点表见表 6 - 2；SSM 为解除手动准同步开关（LW2 - H - 1，1/F7 - X 型）；P 为组合式同步表（MZ - 10 型单相 100V）；KY 为同步监察继电器（DT - 13/200 型）；SB 为集中同步合闸按钮（LA2 - 20 型）；SM 为集中调速开关（LW4 - 2/A23 型）；SM1 为调速方式选择开关；SM2 为分散同步调速开关；M 为原动机调速机构伺服电动机；SS 为同步开关；SSA1 为自动准同步开关；SSA2 为自同步开关。

表 6-2　　SSM1：LW2-H-2，2，2，2，2，2，2，2/F7-8X 触点表

触点盒型式			2		2		2		2		2		2		2		2	
触　点　号			1—3	2—4	5—7	6—8	9—11	10—12	13—15	14—16	17—19	18—20	21—23	22—24	25—27	26—28	29—31	30—32
手柄位置	断开	↑	—	—	—	—	—	—	—	—	—	—	—	—	—	—	—	—
	精确	↗	•	—	•	—	•	—	•	—	•	—	•	—	•	—	•	—
	粗略	↖	—	•	—	•	—	•	—	•	—	•	—	•	—	•	—	•

图 6-9（a）表示单相 MZ-10 型组合式同步表的测量电路，它适用于图 6-4～图 6-6 同步电压系统。手动准同步开关 SSM1 有“断开”“粗略”和“精确”三个位置。平时置“断开”位置，将同步表 P 退出；在进行手动准同步并列之初，将 SSM1 置“粗略”位置，其触点 2—4、6—8、10—12 接通，将 P 中的电压差表 P1 和频率差表 P2 接入同步电压小母线上。当两侧电压和频率调至满足并列条件，准备同步并列时，再将 SSM1 置“精确”位置，其触点 1—3、5—7、9—11、17—19、21—23 接通，将 P 中的电压差表 P1、频率差表 P2 和同步表 P3，都接入同步电压小母线上。运行人员根据同步表 P3 的指示，确定发出合闸脉冲的时刻，当 P3 的指针快要到达同步点之前的某一个整定的超前相角时，立刻发出合闸脉冲，将待并发电机并入系统。

图 6-9（b）是待并发电机的调速电路。调速方式选择开关 SM1 有“集中”和“分散”两个位置。若在集中同步屏上进行集中调速时，应将 SM1 置于“集中”位置，其触点 2—4、6—8 和 10—12 接通，而分散调速开关 SM2 处于“断开”位置，其触点 13—14 和 15—16 接通，将伺服电动机 M 的线圈 L1 和 L2 分别接到自动调速小母线 WD717 和 WD718 上。这时在集中同步屏上，操作集中调速开关 SM，就可以调整原动机的转速。其动作回路＋WS700→SM 触点 1-2（或 3-4）→WD717（或 WD718）→SM1 触点 2—4（或 6—8）→SM2 触点 13—14（或 15—16）→M 的 L1（或 L2）→M→SM1 触点 10—12→－WS700，则伺服电动机 M 正转（或反转），使原动机的转速升高（或降低）。

若在发电机控制屏上进行分散调速，应将调速方式选择开关 SM1 置于“分散”位置，其触点 2—4 和 6—8 断开。这时在待并发电机控制屏上，操作分散调速开关 SM2，就可以调整原动机的转速。其动作回路＋WS700→SM2 触点 7—8（或 9—10）→M 的 L1（或 L2）→M→SM2 触点 3—4→－WS700，则伺服电动机 M 正转（或反转），使原动机的转速升高（或降低）。

可见，若集中调速开关 SM 和分散调速开关 SM2 同时置于投入（增或减）位置时，由于 SM2 的触点 13—14 和 15—16 断开，闭锁了集中同步屏上的调速回路。

图 6-9（c）是同步点断路器的合闸控制电路。不论采用哪种同步方式并列，同步点断路器的合闸回路都经过自身的同步开关 SS 触点加以控制。当同步开关 SS 置于“投入（W）”位置时，其触点 1—3 和 5—7 接通。在 SS 的触点 1—3 接通时，同步合闸小母线 WD721 从控制母线正极取得正的操作电源。在频率差和电压差都满足并列条件时，手动准同步开关 SSM1 置于“精确”位置，其触点 29—31 接通，当同步监察继电器 KY 处于返回状态时，其动断触点闭合的情况下，同步合闸小母线 WD722 取得正的操作电源。若采用集中手动准同步方式并列，则断路器控制开关 SA 处于“跳后”位置，其触点 2—4 接通。所

以，只要按下集中同步合闸按钮 SB，同步合闸小母线 WD723 就取得了正的操作电源，经过 SA 的触点 2—4、SS 的触点 5—7、跳闸线圈 YT 的动断触点和 QF 的辅助动断触点，启动合闸接触器 KM，即发出了合闸脉冲。

解除手动准同步开关（SSM）的作用，详见图 6-10（b）。同步监察继电器（KY）的工作原理见图 6-11。

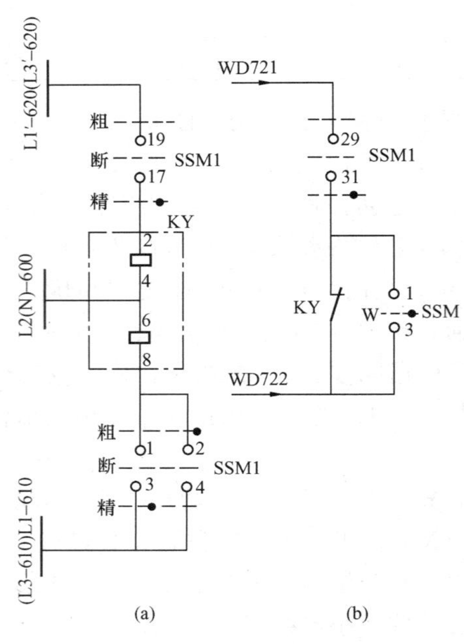

图 6-10　同步监察继电器的交、直流电路

（a）交流电路；（b）直流电路

1. 分散手动准同步并列

从图 6-9 可看出，分散手动准同步并列的步骤是：

（1）合上与待并断路器相关的隔离开关。

（2）检查自动准同步开关 SSA1、自同步开关 SSA2、解除手动准同步开关 SSM 及手动准同步开关 SSM1 在断开位置。

（3）将待并断路器的同步开关 SS 置于“投入（W）”位置，其触点 1—3 接通，使同步合闸小母线 WD721 从控制小母线正极取得正的操作电源。

（4）将手动准同步开关 SSM1 置于“粗略”位置，其触点 2—4、6—8、10—12 接通。观察 P1、P2 表，判别压差、频差是否满足并列条件。若不满足条件时，在待并发电机控制屏上，调整待并发电机的电压；利用分散调速开关 SM2 调整待并发电机的转速。当压差、频差都满足并列条件时，停止上述调整。

（5）将 SSM1 置于“精确”位置，其触点 1—3、5—7、9—11、17—19、21—23、29—31 接通。在同步监察继电器 KY 处于返回状态时，同步合闸小母线 WD722 取得正的操作电源。

（6）根据同步表 P3 的指示，选择合适的超前相角，将待并断路器的控制开关 SA 置于“合闸（C）”位置，其触点 5—8 接通，即发出了合闸脉冲。

（7）合闸成功后红灯闪光，再将 SA 置于“合闸后（CD）”位置，使 SA 与断路器位置相符，红灯停止闪光而发平光。

（8）将 SS、SSM1 置于“断开”位置。

2. 集中手动准同步并列

集中是指各同步点的并列操作均在集中同步屏上进行，即此屏能对任一台待并发电机进行调速（有的也能调压）和并列操作。其操作步骤不再赘述。

分散手动准同步并列，有以下特点：

（1）频率和电压的调整均在待并发电机控制屏上进行。

（2）合闸脉冲的发出也是在待并发电机控制屏上进行。

三、闭锁电路

在手动准同步并列操作过程中，为了防止运行人员误操作而造成非同步并列，同步系统一般采取以下措施。

1．同步点断路器之间应相互闭锁

为了避免同步电压回路混乱而引起非同步并列，在并列操作的时间内，同步电压小母线只能存在待并断路器两侧的同步电压。为此，每个同步点断路器均装有同步开关，并共用一个可抽出的手柄，此手柄只有在“断开”位置时才能抽出。以保证在同一时间内，只允许对一台同步点断路器进行并列操作。

2．同步装置之间应相互闭锁

发电厂或变电站可能装有两套及以上不同原理构成的同步装置。为了保证在同一个时间内只投入一套同步装置，一般通过同步选择开关（即手动准同步开关 SSM1、自动准同步开关 SSA1 和自同步开关 SSA2）来实现，并共用一个可抽出的手柄。

3．手动调频（或调压）与自动均频（或均压）回路应相互闭锁

（1）在待并发电机控制屏上手动调频（或调压）时，应切除集中同步屏上的手动调频（或调压）回路。

（2）手动调频（或调压）时，应切除自动调频（或调压）回路。

（3）自动调频（或调压）装置和集中同步屏上的手动调频（或调压）装置，每次只允许对一台发电机进行调频（或调压）。

4．闭锁继电器

为了防止在不允许的相角差下误合闸，通常在手动准同步合闸回路中装设闭锁误合闸的同步监察继电器 KY。KY 的交、直流电路如图 6-10 所示。

同步监察继电器的交流电路，受手动准同步开关 SSM1 控制，即 SSM1 处于“精确”位置时，其触点 17—19 和 1—3 接通，KY 才能接于系统电压 $\dot{U}_{U'V}$ 和待并系统电压 $\dot{U}_{UV}$ 中，这是为了使全厂（站）只装设一只公用的同步监察继电器。

同步监察继电器 KY 动作与否取决于压差和相角差大小，如图 6-11 所示。

（1）只有压差不满足要求时，在 $\Delta\dot{U}$ 大于 KY 动作电压时，KY 动作，其动断触点断开。

只要频差不等于零时，待并发电机电压相量相对系统电压相量旋转，如同图 6-7 中同步表 S。此时 KY 在一个旋转周期（即 360°）内动作、返回各一次。

（2）当压差、相角差都满足要求时，KY 不动作，其动断触点闭合，闭合时间 t_{KY} 为

$$t_{KY}^{❶}=\frac{\delta_{op}+\delta_r}{2\pi(f_G-f_S)}$$

动作角 δ_{op} 一般整定为 30°～40°；若返回系数为 0.8，返回角 δ_r 为 24°～32°。

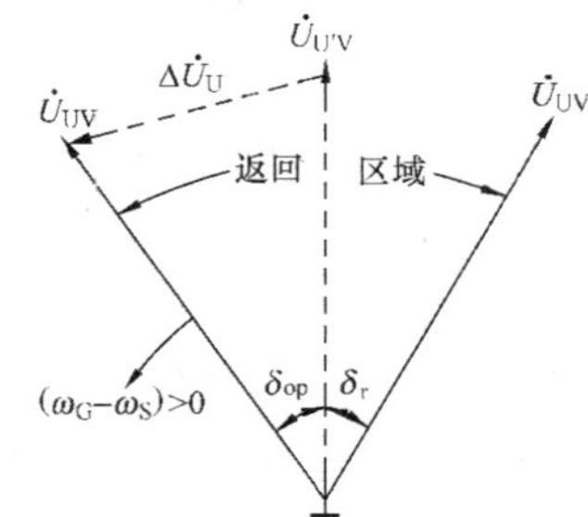

图 6-11　同步监察继电器动作和返回区域

$\dot{U}_{U'V}$—系统电压相量；

$\dot{U}_{UV}$—待并发电机电压相量

同步监察继电器 KY 的动断触点串接在同步合闸小母线 WD721 和 WD722 之间。当系统与待并发电机两个电压的相角差大于其动作角时 KY 动作，其动断触点断开，闭锁了误合闸脉冲的发出，从而防止了在较大相角差下合闸。此外，为了

❶ 此式表明 t_{KY} 与频差成反比，在频差满足要求并使 t_{KY} 大于断路器的合闸时间时，发出的合闸脉冲才能使断路器合闸成功，否则断路器合不上。

在单侧电源的情况下解除闭锁回路，在KY动断触点两端并联接入解除手动准同步开关SSM的触点1—3，以便在单侧电源时，利用SSM发出合闸脉冲。这是因为在单侧电源情况下，KY一直处于动作状态。

第四节 同步点断路器的合闸控制

同步点断路器的合闸操作通常分为一般合闸、并列合闸和环网合闸三种方式。

由图6-9（c）可知，不论采用哪一种合闸方式，同步点（断路器）的合闸控制回路都经过同步开关SS的触点加以控制，即当断路器的同步开关SS在“投入（W)”位置，其触点1—3和5—7接通时，才允许合闸。

1. 一般合闸操作

一般合闸是指断路器一侧有电源或两侧均无电源（即试验合闸）情况下（无条件）的合闸。以图6-9（c）为例，其合闸操作过程是：

（1）首先断开自动准同步开关SSA1和自同步开关SSA2，将解除手动准同步开关SSM置于“投入（W)”位置，其触点1—3接通。

（2）手动准同步开关SSM1置“精确”位置，其触点29—31接通，使同步合闸小母线WD722取得正的操作电源。

（3）将断路器的控制开关SA置于“合闸”位置，其触点5—8接通，即发出合闸脉冲（此时，不需判别并列条件是否满足）。

（4）合闸成功后，红灯闪光，将SA置于“合闸后”位置，使SA与断路器位置相符，红灯停止闪光而发平光。

2. 并列合闸操作

并列合闸是指断路器两侧均有电源，而且不是同一系统电源情况下（有条件）的合闸。根据所采用的并列方式不同，其合闸过程也有区别，详见图6-9（c）。

（1）采用准同步方式并列合闸时：

1）若采用手动准同步方式并列合闸时，其操作过程前面已经讲过，这里不再赘述。

2）若采用自动准同步方式并列合闸时，合闸过程是：首先断开自同步开关SSA2，并将自动准同步开关SSA1置于“投入（W)”位置，其触点25—27接通，然后将SSM1置于“精确”位置，当解除手动准同步开关SSM和SS投入（或在KY返回）时，WD722取得正的操作电源，在SA处于“跳闸后”位置（其触点2—4接通）情况下，当自动准同步装置ASA合闸继电器KC动作时，就自动地发出合闸脉冲。可见，自动准同步并列合闸回路可以经过同步闭锁回路，也可以不经过此回路，即投入解除手动准同步开关SSM。

（2）采用自同步方式并列合闸时，合闸脉冲是由自同步装置AS发出。即在SS投入，SA处于“跳闸后”位置时，合闸脉冲是通过自同步开关SSA2的触点25—27和自同步装置合闸继电器KC1、KC2发出的。因为自同步并列前，待并发电机未加励磁，因此不能经过同步闭锁回路。

3. 环网合闸操作

环网合闸是指断路器两侧均有电源，并且是同一系统电源情况下的合闸。其合闸操作可以按一般合闸操作进行，但事先必须确认是环网合闸。环网合闸也可以按准同步方式并列合闸。为了安全可靠，这里推荐采用准同步方式进行环网合闸操作。

复习思考题

1. 准同步并列的条件有哪些？准同步并列的方法有几种？

2. 在同步系统中，什么时候需要装设转角变压器？单相和三相接线的根本区别是什么？

3. 在手动准同步并列中，组合式同步表指针在什么位置时，可以发出合闸脉冲？为什么？

4. 试说明分散和集中手动准同步的主要操作步骤。

5. 同步系统中一般装有哪些闭锁措施？

6. 同步点断路器与非同步点断路器的控制回路有何区别？请绘图说明。

第七章　测　量　回　路

测量回路是发电厂和变电站二次回路的重要组成部分，它反映电气测量仪表电压、电流的接入方式。电气测量仪表的配置应符合规定，以满足电力系统和电气设备安全运行的需要。

在发电厂和变电站中，运行人员必须依靠测量仪表了解电力系统的运行状态，监视电气设备的运行参数。电气设备和线路的运行参数，主要有电流、电压、频率、电能、温度、绝缘电阻等，相应的仪表有电流表（A）、电压表（V）、频率表（Hz）、同步表、有功功率表（W）、无功功率表（var）、有功电能表（Wh）、无功电能表（varh）等。其中电流表、电压表、频率表都是只接入一个电气量，其测量回路简单，本章不予介绍。同步表在第六章中已经介绍。本章只介绍功率表、电能表的测量回路、发电厂测量仪表的配置与选择、小电流接地系统绝缘监察装置等。

第一节　有功功率和无功功率的测量

一、三相电路有功功率的测量

负载为星形连接的三相交流电路有功功率瞬时值 p 为

$$p = u_U i_U + u_V i_V + u_W i_W \tag{7-1}$$

式中：u_U、u_V、u_W 为 U、V、W 相电压瞬时值，V；i_U、i_V、i_W 为 U、V、W 相电流瞬时值，A。

实际上，功率表的读数不是瞬时值，而是有效值，则三相电路有功功率有效值 P 为

$$P = U_U I_U \cos\varphi_U + U_V I_V \cos\varphi_V + U_W I_W \cos\varphi_W \tag{7-2}$$

式中：U_U、U_V、U_W 为 U、V、W 相电压有效值，V；I_U、I_V、I_W 为 U、V、W 相电流有效值，A；$\cos\varphi$ 为功率因数。

当三相电压对称，星形连接的负载平衡时，有

$$\left.\begin{aligned} U_U &= U_V = U_W = U_p \\ U_{UV} &= U_{VW} = U_{WU} = U \\ I_U &= I_V = I_W = I_p = I \\ \cos\varphi_U &= \cos\varphi_V = \cos\varphi_W = \cos\varphi \end{aligned}\right\} \tag{7-3}$$

则式（7 - 2）可写成

$$P = 3U_p I_p \cos\varphi = \sqrt{3} UI\cos\varphi \tag{7-4}$$

式中：U_p、I_p 为相电压、相电流有效值；U、I 为线电压、相电流有效值。

不论何种型式的功率表，其测量电路都相同。为了保证功率表指针偏转正确，功率表的测量电路采用发电机端的接线原则，如图 7 - 1 所示。

发电机端的接线原则是将电流线圈有“·”标志的端子接于电源侧，另一端子接负载侧；电压线圈有“·”标志的端子与电流线圈有“·”标志的端子接于电源的同一极上，另

一端子接到负载的另一端。如果电流（或电压）线圈反接，即无“·”标志的端子接于电源侧，则指针将反方向偏转。如果电流和电压线圈同时反接，此时指针虽不反偏，但是由于电压支路的附加电阻 R_{ad} 很大，外电压几乎全部加在 R_{ad} 上，可能使电压线圈与电流线圈之间的电压很高，引起绝缘击穿。

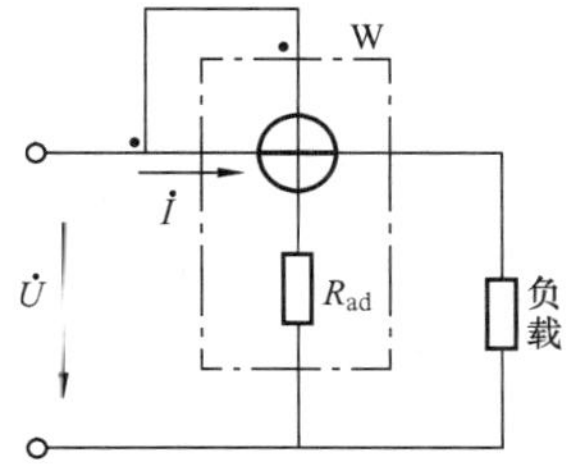

图 7-1 功率表的测量电路

功率表的接法分直接接入和经过互感器接入两种，如图 7-2 所示。

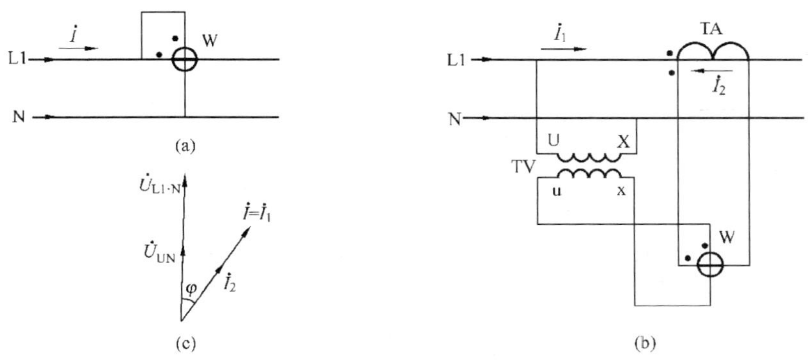

图 7-2 一只单相有功功率表的测量电路

(a) 直接接入；(b) 经互感器接入；(c) 相量图

在三相电路中，通常采用三相两元件式功率表测量三相有功功率。常见的是铁磁电动式三相有功功率表，可直接反映三相有功功率，如 1D1-W 型 2.5 级方形表、16D1-W 型和 16D3-W 型 1.5 级槽形表。它们都有两个独立元件，每个元件相当于一只单相有功功率表，有四个电流端子和三个电压端子，经互感器接入一次电路中，如图 7-3 所示。

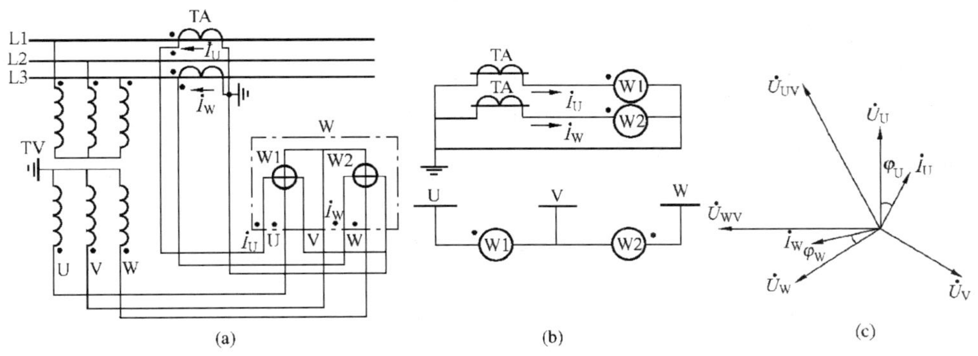

图 7-3 1D1-W（或 16D1-W）型三相有功功率表的测量电路

(a) 集中表示；(b) 分散表示；(c) 相量图

由图 7-3（c）可知，各元件所测功率，用有效值表示为

第一元件

$$P_1 = U_{UV} I_U \cos(30^\circ + \varphi_U)$$

第二元件

$$P_2 = U_{WV} I_W \cos(30° - \varphi_W)$$

当三相电压完全对称、负载平衡时，由式（7-3）可得总功率

$$P = P_1 + P_2 = UI\cos(30° + \varphi) + UI\cos(30° - \varphi)$$

$$= \left(\frac{\sqrt{3}}{2}UI\cos\varphi - \frac{1}{2}UI\sin\varphi\right) + \frac{\sqrt{3}}{2}UI\cos\varphi + \frac{1}{2}UI\sin\varphi$$

$$= \sqrt{3}UI\cos\varphi$$

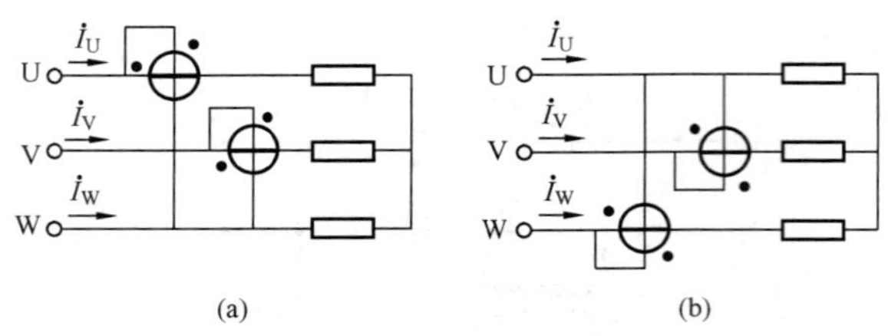

图7-4　三相三线制有功功率表的测量电路
（a）两个电流线圈分别串入U、V相；
（b）两个电流线圈分别串入V、W相

顺便指出，三相有功功率表接入方式不是唯一的，还可以有如图7-4所示的两种接入方式。图7-4（a）是把两个电流线圈分别串联接入U相和V相回路中；图7-4（b）是把两个电流线圈分别串联接入V相和W相回路中，这时电压线圈所接入的电压也必须相应地改变。

由图7-3和图7-4可得出这样一个规律：电流线圈不论是接在哪一相上，当电流从“·”端流入时，同一元件的电压线圈带“·”的一端也应接在该相上，而另一端接在没有接入功率表电流线圈的那一相上。

二、三相电路无功功率的测量

对于负载为星形连接的三相交流电路，其无功功率有效值为

$$Q = U_U I_U \sin\varphi_U + U_V I_V \sin\varphi_V + U_W I_W \sin\varphi_W \qquad (7-5)$$

当三相电压对称、负载平衡时，式（7-5）改写为

$$Q = 3U_p I_p \sin\varphi = \sqrt{3}UI\sin\varphi \qquad (7-6)$$

在三相电路中，通常选用铁磁电动式三相两元件式无功功率表测量三相无功功率，如1D1-var型2.5级方形表、16D1-var型和16D3-var型1.5级槽形表。1D1-var型表内部电路采用人工中性点的连接方式，适用于三相电压对称的三相三线制电路。16D3-var型表内部电路采用跨相90°的连接方式，适用于三相电压对称的三相三线制或三相四线制电路。它们的测量电路与图7-3相同，这里不再赘述。

第二节　有功电能和无功电能的测量

三相交流电路的电能用电能表进行测量。电能表是将功率与一小段时间乘积累计起来的仪表。电能表分为有功电能表和无功电能表两种。

三相电路有功电能A_{Wh}，在三相电压对称负载平衡时，由式（7-4）可改写为

$$A_{Wh} = \sqrt{3}UIt\cos\varphi = Pt$$

三相电路无功电能A_{varh}，在三相电压对称负载平衡时，由式（7-6）可改写为

$$A_{varh} = \sqrt{3}UIt\sin\varphi = Qt$$

式中：t为电能表通电时间。

一、三相电路有功电能的测量

1. 三相四线制电路有功电能的测量

在三相四线制电路中，可用一只三相三元件有功电能表测量三相有功电能。它由三个独立元件构成，其测量电路如图 7 - 5 所示。

在三相四线制电路中，用一只三相三元件有功电能表测量三相有功电能时，不论电压是否对称，负载是否平衡，都能直接反映三相四线制电路所消耗的有功电能。

在三相四线制电路中，也可以用一只三相两元件有功电能表测量三相有功电能。它由两个独立元件构成，其测量电路如图 7 - 6 所示。

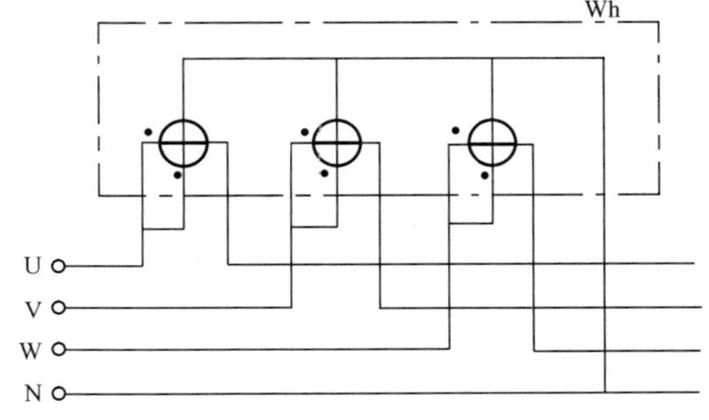

图 7 - 5 三相三元件有功电能表的测量电路

图 7 - 6 测量电路的特点是不接 V 相电压，V 相电流线圈分别绕在 U、W 相电流线圈的电磁铁上，但方向相反。

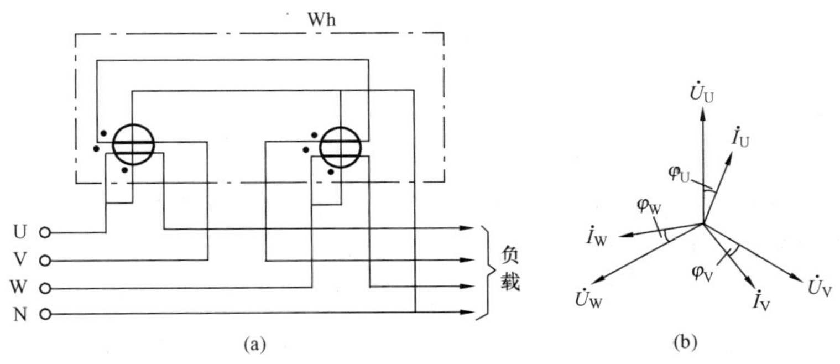

图 7 - 6 三相两元件有功电能表的测量电路

(a) 测量电路；(b) 相量图

由于测量电能的接线原理与测量功率相同，只是所选用的表计不同而已。所以，为简化起见，在分析其接线原理时用有功功率有效值 P 表示。

由图 7 - 6（b）可知，各元件所测电能为

第一元件

$$P_1 = U_U I_U \cos\varphi_U - U_U I_V \cos(120^\circ + \varphi_V)$$

$$= U_U I_U \cos\varphi_U + U_U I_V \frac{1}{2}\cos\varphi_V + U_U I_V \frac{\sqrt{3}}{2}\sin\varphi_V \tag{7 - 7}$$

第二元件

$$P_2 = U_W I_W \cos\varphi_W - U_W I_V \cos(120^\circ - \varphi_V)$$

$$= U_W I_W \cos\varphi_W + U_W I_V \frac{1}{2}\cos\varphi_V - U_W I_V \frac{\sqrt{3}}{2}\sin\varphi_V \tag{7 - 8}$$

若三相电压对称，即 $U_U = U_V = U_W$，则得

$$P_1 + P_2 = U_U I_U \cos\varphi_U + U_V I_V \cos\varphi_V + U_W I_W \cos\varphi_W$$

$$P_1 + P_2 = P_U + P_V + P_W \tag{7 - 9}$$

由式（7-9）可知，只要三相电压对称，不论负载是否平衡，用一只三相两元件有功电能表均能正确测量三相四线制电路总的有功电能。

2. 三相三线制电路有功电能的测量

在三相三线制电路中，常用一只三相两元件式有功电能表测量有功电能，DS-8 型三相两元件式有功电能表测量电路如图 7-7 所示。

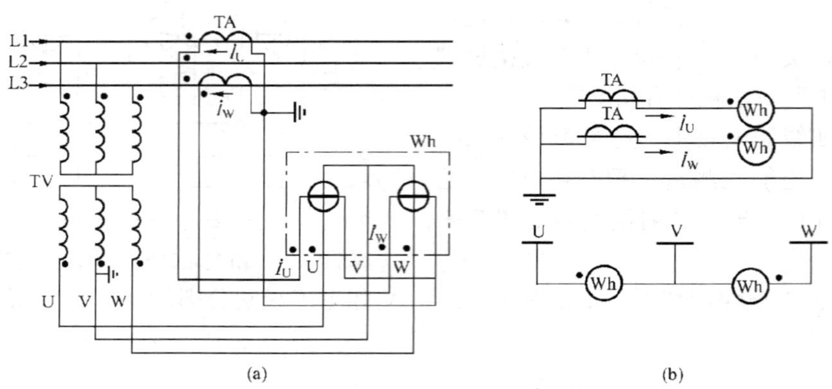

图 7-7　DS-8 型三相两元件或有功电能表的测量电路

（a）集中表示；（b）分散表示

图 7-7 中第一元件电流线圈接入 U 相电流 $\dot{I}_U$，电压线圈跨接在 U、V 相间；第二元件电流线圈接入 W 相电流$\dot{I}_W$，电压线圈跨接在 W、V 相间，其接入原则与图 7-3 相同。

二、三相电路无功电能的测量

在三相电路中，通常采用三相无功电能表测量三相无功电能。常见的三相无功电能表有带附加电流线圈的 DX1 型和电压线圈带 60°相角差的 DX2 型两种。它们都是三相两元件式无功电能表，其内部电路均采用跨相 90°的接线方式。

1. 带有附加电流线圈的三相无功电能表测量电路

图 7-8 所示为 DX1 型三相两元件无功电能表的测量电路，其特点是：每个元件有两个电流线圈，即附加了一个 V 相电流线圈（同图 7-6）。由图 7-8（b）可知，各元件所测电能（用有功功率有效值表示）为

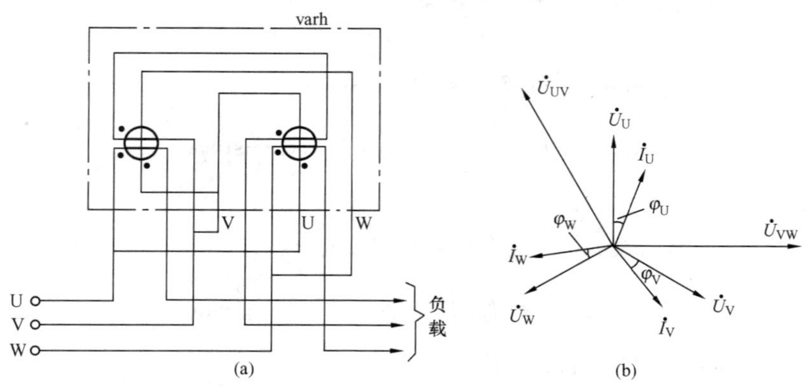

图 7-8　DX1 型三相两元件式无功电能表测量电路

（a）测量电路；（b）相量图

第一元件

$$P_1 = U_{VW}I_U\cos(90° - \varphi_U) - U_{VW}I_V\cos(30° + \varphi_V)$$

$$= U_{VW}I_U\sin\varphi_U - \frac{\sqrt{3}}{2}U_{VW}I_V\cos\varphi_V + \frac{1}{2}U_{VW}I_V\sin\varphi_V \quad (7-10)$$

第二元件

$$P_2 = U_{UV}I_W\cos(90° - \varphi_W) - U_{UV}I_V\cos(150° + \varphi_V)$$

$$= U_{UV}I_W\sin\varphi_W + \frac{\sqrt{3}}{2}U_{UV}I_V\cos\varphi_V + \frac{1}{2}U_{UV}I_V\sin\varphi_V \quad (7-11)$$

在三相电压对称情况下，由式（7-3）可得两元件测得总功率为

$$P = P_1 + P_2 = UI_U\sin\varphi_U + UI_V\sin\varphi_V + UI_W\sin\varphi_W$$

$$= \sqrt{3}(U_UI_U\sin\varphi_U + U_VI_V\sin\varphi_V + U_WI_W\sin\varphi_W) = \sqrt{3}Q \quad (7-12)$$

式（7-12）中$\sqrt{3}$，可在仪表设计时，预先考虑$\sqrt{3}$倍的比例关系，便可直接读出三相三线制电路或三相四线制电路总的无功电能，但必须三相电压对称，不论负载是否平衡。

2. 带 60°相角差的三相无功电能表测量电路

图 7-9 所示为 DX2 型三相两元件无功电能表的测量电路，其特点是在电压线圈回路中串联接入电阻 R_1 和 R_2，使电压线圈流过的电流滞后于其电压 60°角❶，相当于把加入电压线圈的电压（$\dot{U}_{VW}$、$\dot{U}_{UW}$）超前旋转了 30°角。

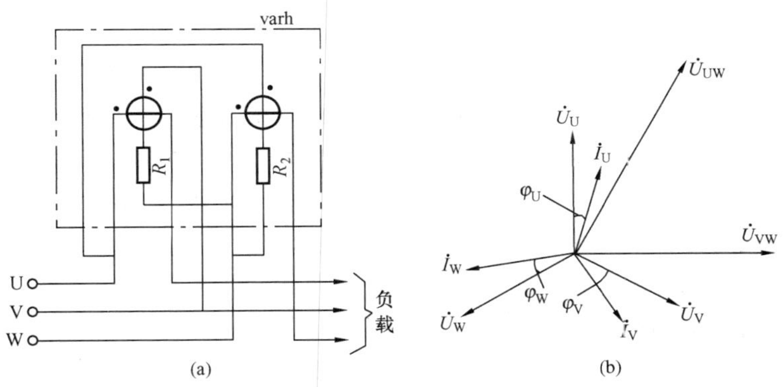

图 7-9 DX2 型三相两元件无功电能表测量电路

(a) 测量电路；(b) 相量图

由图 7-9（a）可知：第一元件接入 U 相电流 $\dot{I}_U$，V 和 W 相间电压 $\dot{U}_{VW}$；第二元件接入 W 相电流 $\dot{I}_W$，U 和 W 相间电压 $\dot{U}_{UW}$。每个元件所测电能（用有功功率有效值表示）为

第一个元件

$$P_1 = U_{VW}I_U\cos(90° - \varphi_U - 30°) = U_{VW}I_U\cos(60° - \varphi_U)$$

$$= \frac{1}{2}U_{VW}I_U\cos\varphi_U + \frac{\sqrt{3}}{2}U_{VW}I_U\sin\varphi_U \quad (7-13)$$

第二个元件

❶ 详见《电工试验基础》。

$$P_2 = U_{UW} I_W \cos(150° - \varphi_W - 30°) = U_{UW} I_W \cos(120° - \varphi_W)$$

$$= -\frac{1}{2} U_{UW} I_W \cos\varphi_W + \frac{\sqrt{3}}{2} U_{UW} I_W \sin\varphi_W \quad (7-14)$$

在三相电压对称且负载平衡时，由式（7-3）可得，两个元件测得总功率为

$$P_1 + P_2 = 2 \times \frac{\sqrt{3}}{2} UI \sin\varphi = \sqrt{3} UI \sin\varphi = Q \quad (7-15)$$

由式（7-15）可知，只要三相电压对称且负载平衡，带60°相角差的DX2型三相无功电能表，能正确测量三相三线制电路总的无功电能。

第三节 测量仪表的选择

一、仪表准确度等级的选择

仪表准确度等级越高（即级的数值越小），测量结果也越准确。但是，仪表准确度越高，价格越贵，维修越麻烦。所以，仪表准确度等级应根据被测对象的要求确定，并应与互感器准确度等级相配合。

电气测量仪表的数量及其测量电路必须满足电压互感器和电流互感器误差的要求，即仪表的电压线圈并入电压互感器二次侧后，电压互感器的负载总容量不能超过在相应准确度等级下的容量；仪表电流线圈串入电流互感器二次侧后，电流互感器的二次负载阻抗不能超过其允许阻抗值，否则测量误差增大。

仪表准确度等级和与其连接的互感器的准确度等级应符合下列要求：

（1）仪表准确度等级。用于发电机和调相机上的交流仪表，不应低于1.5级；用于其他设备和馈线上的交流仪表，不应低于2.5级；直流仪表，不应低于1.5级。

（2）与仪表连接的互感器的准确度等级。仅用来测量电流或电压时，1.5级和2.5级的仪表选用1.0级互感器；2.5级的电流表选用3.0级电流互感器。

（3）与仪表连接的分流器、附加电阻的准确度等级，不应低于0.5级。

二、仪表测量范围的选择

仪表测量结果的准确程度不仅与仪表准确度等级有关，还与其测量范围有关系。所以，适当选用仪表的测量范围，才能达到测量的准确度。如果仪表的测量范围比被测数值大很多，其测量误差将会很大。例如，为测量220V的直流电压而选用准确度为1.5级、测量范围为400V的电压表，其测量相对误差为±2.73%；若选用测量范围为600V的电压表，其测量相对误差为±4.1%。

仪表的测量范围应与互感器相配合，并满足下列要求：

（1）应尽量保证电气设备在正常运行时，仪表指示在量限的2/3以上，并考虑过负载运行时，能有适当的指示。

（2）对于启动电流大且时间长的电动机，或在运行过程中可能出现较大电流的电动机，一般应装有过负载标度的电流表。

（3）对于有可能出现两个方向电流的直流回路，或两个方向功率的交流回路，应装设双向标度的电流表或功率表。

（4）测量频率的仪表，一般采用测量范围为45～55Hz的频率表，其基本误差不应大于

±0.25Hz；并在 49～51Hz 范围内，其实际误差不应大于±0.15Hz。

（5）对于远离电流互感器的测量仪表，可选用二次电流为 1A 的仪表和互感器。

第四节 发电厂测量仪表的配置

一、一般原则

在发电厂（或变电站）中，电气仪表的配置应符合规定，以满足电力系统和电气设备安全运行的需要。

1. 基本要求

（1）应能正确反映电气设备及系统的运行状态。

（2）在发生事故时，能使运行人员迅速判别发生事故的设备，并能分析出事故的性质和原因。

2. 配置原则

发电厂（或变电站）测量仪表的配置是根据运行监控的需要以及被测参数的性质决定的。此外，还与主系统接线方式、一次设备容量及其在电力系统中的地位和自动化程度等因素有关。

（1）在下列设备及回路中，应装设交流电流表：发电机和同步调相机的定子回路；变压器回路；1kV 及以上的馈线和厂用电馈线；母联断路器、分段断路器、旁路断路器和桥断路器；40kW 及以上的厂用电动机回路；并联补偿电容器组回路；根据生产要求，须监视交流电流的其他回路。

（2）在下列回路中，应装设直流电流表：40kW 及以上的直流发电机和整流回路；蓄电池组回路；同步发电机、同步调相机和同步电动机的励磁回路，以及自动调整励磁装置的输出回路；根据生产要求，须监视直流电流的其他回路。

（3）在下列回路中，应装设电压表：可能分别工作的各段直流和交流母线；直流、交流发电机和同步调相机的定子回路；1000kW 及以上的同步电机的励磁回路；蓄电池组回路；根据生产要求，须监视电压的其他回路。

（4）在中性点不直接接地的交流系统母线上以及直流系统母线上，应装设绝缘监察电压表。

二、发电厂测量仪表的配置

单机容量为 6000kW 及以上的发电厂，其电气测量仪表的配置如图 7-10 所示。

图 7-10 中未标出全厂总的有功功率表、公用的同步表、发电机转子回路仪表及交流母线绝缘监察仪表（35、10、6kV 交流系统绝缘监察仪表见图 7-15）。

1. 发电机定子回路

在主控制室或单元控制室，应装设 3 只电流表 PA（A）；电压表 PV（V）、三相有功功率表 PW（W）、三相无功功率表 PR（var）、三相有功电能表 PJ（Wh）和三相无功电能表 PJ（varh）各 1 只；自动记录式有功和无功功率表各 1 只。

在汽轮机控制（或热工控制）屏上装设 1 只频率表 PF（Hz），1 只三相有功功率表 PW（W）。

（1）电流表用来监视发电机负载。一般容量在 3000kW 及以上的发电机，为了监视发电

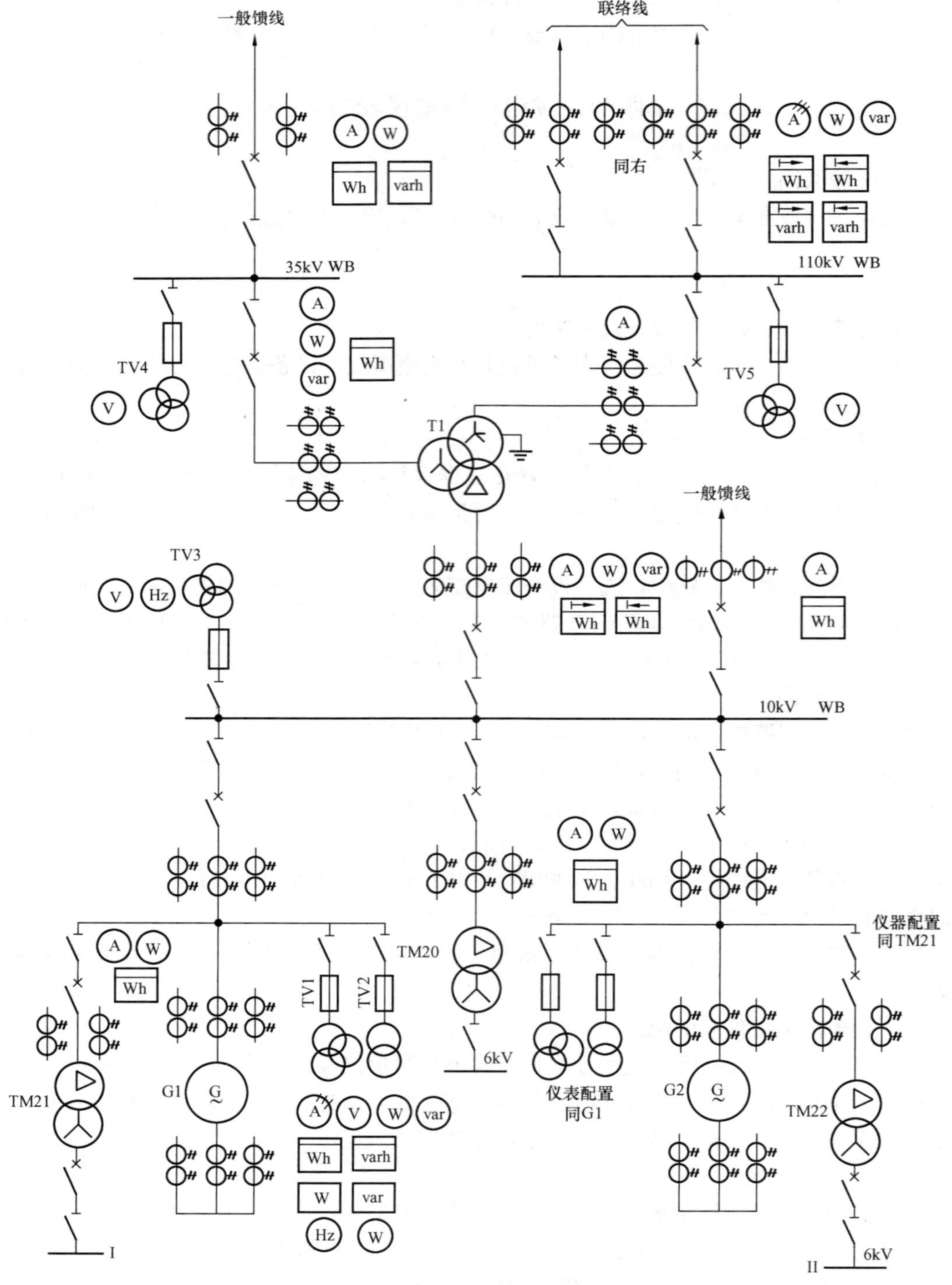

图 7-10　发电厂电气测量仪表配置图

机三相负载是否平衡，均装有三只电流表。若不平衡负载过大，可能使转子出现危险的过热，同时引起发电机振动。因此，规定汽轮发电机在额定负载连续运行时，其三相电流之差不应超过额定值的10%。

水轮发电机允许在较大的不平衡负载下运行，因为水轮发电机是凸极机，转子冷却条件较好。所以，在水轮发电机定子回路中，只装设1只电流表。

（2）电压表用来监视发电机在并入系统前的定子电压。所以，在发电机定子回路中装设1只电压表。

（3）有功和无功功率表用来监视发电机并联运行后，某一瞬间发出的有功和无功功率，并能根据有功和无功功率的数值进行功率因数的计算。有功功率表还可用来监视原动机的负载，但不能用来监视发电机的总负载，监视发电机的总负载应凭定子与转子回路的电流表。

（4）有功和无功电能表用来计算发电机在某一段时间内发出的有功和无功电能。有功电能表还用于计算机组的主要技术指标（如煤耗等）。对于经常作为调相机运行的发电机，应装有双标度的有功电能表。

（5）自动记录式有功和无功功率表用来记录发电机负载曲线，以便绘制日负载曲线和检查机组的工作状态。

发电机定子测量仪表电路如图7-11所示。

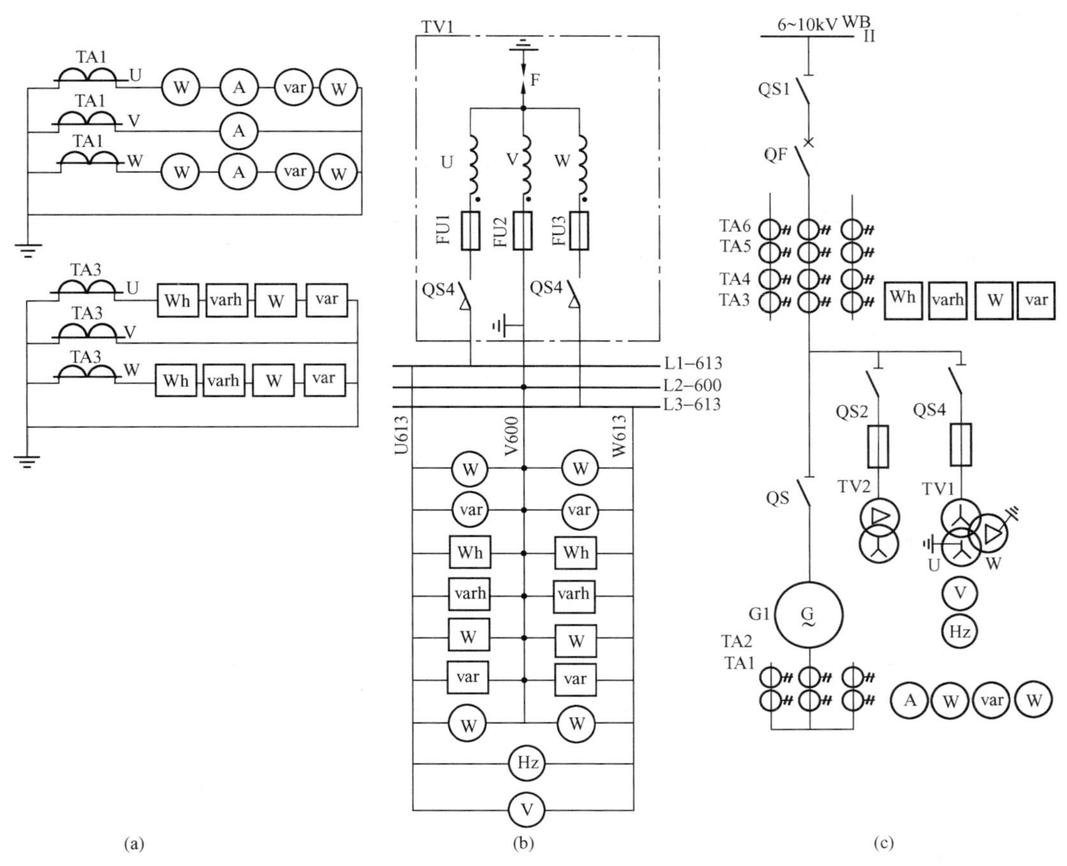

图7-11 发电机定子测量仪表电路

（a）交流电流电路；（b）交流电压电路；（c）发电机一次系统

从图7-11可知：所有表计的电流线圈分别接在电流互感器TA1和TA3的二次侧。每个功率表和电能表均有两个电流线圈，分别串入 U 相和 W 相回路中。所有表计的电压线圈均并入电压互感器 TV1（其二次侧 V 相接地）的二次侧，每个功率表和电能表均有两个电压线圈，一个接在电压小母线 L1-613 与 L2-600 间，即接入 U、V 相间电压 U_{UV}，另一个接在电压小母线 L2-600 与 L3-613 间，即接入 V、W 相间电压 U_{WV}。

2. 发电机转子回路

在发电机控制屏上，装设 1 只直流电压表和 1 只直流电流表，用来监视发电机转子回路的电压和电流。

在发电机灭磁开关屏上，装设 1 只转子回路电流表和 2 只转子回路电压表，其中 1 只电压表用来监视备用励磁系统输出电压。

在发电机采用不同励磁系统情况下，还应根据需要增装相应的表计：

(1) 采用直流励磁机系统时，在发电机控制屏上装设 1 只自动调整励磁装置输出回路电流表。

(2) 采用他励静止半导体励磁系统时，在发电机控制屏上，装设副励磁机定子回路交流电压表、主励磁机转子回路直流电流表。

在自动调整励磁屏上，装设副励磁机定子回路交流电压表、转子回路直流电流表、可控硅整流器直流输出电压表和电流表。

在硅整流器屏上，装设整流器交流输入电压表、直流输出电压表和电流表。

3. 双绕组变压器

(1) 对于发电机变压器组单元接线，双绕组变压器不必另设测量仪表。

(2) 对于接在母线上的双绕组变压器，所有表计装在变压器低压侧，因为高压侧电流互感器价格贵。当高压侧采用多油式断路器时，虽然断路器套筒中有电流互感器，但容量小，准确度等级不满足要求，一般不宜作测量用。

在变压器控制屏上，装设电流表、有功和无功功率表、有功和无功电能表各 1 只。电流表用来监视变压器的负载、有功和无功功率表用来监视在不同的时间内通过变压器的功率、有功和无功电能表用来计算通过变压器送出的电能。

4. 三绕组升压变压器及自耦变压器

在三绕组升压变压器及自耦变压器高、中、低压侧，各装 1 只电流表，以便监视变压器各侧的负载分配。高压侧不装功率表和电能表。中压侧装设有功、无功功率表及有功电能表。低压侧装设的仪表与双绕组变压器低压侧装设的仪表相同，或少装 1 只无功电能表。

5. 发电机变压器组回路

如果是双绕组变压器，则可利用发电机定子回路的测量仪表，不再装设其他仪表；如果是三绕组变压器，则中压侧和高压侧再装设与上述三绕组变压器相同的仪表。

6. 6～500kV 馈线

(1) 6～10kV 电缆或架空线路。一般装 1 只电流表、1 只有功电能表。如果用户的电能是根据有功电能表计算的，还需加装 1 只无功电能表，用来确定功率因数，以决定电价。如果此馈线输送的功率有限制，再装设 1 只有功功率表。

(2) 35kV 架空线路。对于系统联络线，应装设电流表、有功功率表、无功功率表、有功电能表和无功电能表各 1 只。对于一般线路，装设电流表、有功功率表、有功电能表和无功电能表各 1 只。

(3) 110～500kV 及以上电压等级的架空线路，一般装设有功功率表、无功功率表、有功电能表、无功电能表各 1 只，电流表 3 只。

7. 母线

在各电压等级的母线上，均装设电压表，其装设原则为：

(1) 在中性点不直接接地系统的母线上，装设 3 只相电压表，作为全厂（站）检查绝缘用的公用表计（详见本章第五节），通过转换开关选测任一组母线电压。

(2) 在中性点直接接地系统的母线上，装设 1 只母线电压表，通过转换开关选测 U_{UV}、U_{VW}、U_{WU} 3 种线电压（详见第一章图 1-7）。

对于发电机电压母线，每一组工作母线和备用母线，均装设 1 只频率表、1 只电压表和一套绝缘监察电压表。

对于发电机变压器组高压母线，所装设的仪表与发电机电压母线装设的仪表相同，但在 110kV 及以上电压等级的母线上，不需装设绝缘监察仪表，详见本章第五节。

8. 厂用变压器

厂用变压器应装设有功功率表、有功电能表、1 只或 3 只电流表。为了把厂用变压器有功损耗计算在电能内，有功电能表一般装在厂用变压器的高压侧。

对于照明变压器，低压侧应装设有功电能表和 3 只电流表。

9. 其他

对于母联断路器、分段断路器和桥断路器回路，应装设 1 只电流表。对于旁路断路器、母联兼旁路断路器，应装设电流表、有功和无功功率表、有功和无功电能表。

大、中型发电厂一般需装设全厂总的有功功率表。若电气测量仪表不能满足监察要求，还需装设必要的热工测量仪表，如温度测量仪表等。

第五节　小电流接地系统绝缘监察装置

在 110kV 及以上中性点直接接地系统（即大电流接地系统）中，正常运行时，三相对地电压等于相电压，单相接地就形成了单相短路故障，接地电流很大，继电保护动作，将接地故障切除。所以，此系统不需（监视各相对地绝缘情况）装设绝缘监察装置，详见图 1-7。

在 35kV 及以下中性点不直接接地系统（即小电流接地系统）中，正常运行时，三相对地电压等于相电压。单相接地时，接地相对地电压小于相电压（极限值为零），其他两相对地电压大于相电压（极限值为线电压）；接地点流过较小的电容电流；又由于线电压不变，电气设备仍能正常工作。因此，在小电流接地系统中，发生单相接地后，允许继续运行一段时间，但如果单相接地未被及时发现而加以处理，则由于非故障相对地电压升高，可能在绝缘薄弱处引起另一相绝缘击穿而造成相间短路。所以，此系统必须装设绝缘监察装置。

一、小电流接地系统发生单相接地时电流电压的变化

1. 一次系统正常运行时电流电压

在图 7-12（a）所示的简单网络中，假设为空载运行，三相导线对地电容均以集中参数表示为 C_U、C_V、C_W，且

$$C_U=C_V=C_W=C$$

三相导线对地电容电流（$\dot I_U$、$\dot I_V$、$\dot I_W$）很小，由其引起的电压降略去不计时，交流电网中性点 N 对地电压为零，则三相对地电压等于相电压，即

$$\dot U_N=0;\ \dot U_U=\dot E_U;\ \dot U_V=\dot E_V;\ \dot U_W=\dot E_W$$

三相导线流入地中的电容电流在相位上超前相应相电压 90°，即

U 相对地电容电流　$\dot I_U=j\omega C\dot U_U$

有效值　$I_U=\omega C U_p$

V 相对地电容电流　$\dot I_V=j\omega C\dot U_V$

有效值　$I_V=\omega C U_p$

W 相对地电容电流　$\dot I_W=j\omega C\dot U_W$

有效值　$I_W=\omega C U_p$

式中：$\dot E_U$、$\dot E_V$、$\dot E_W$ 为电源的三相电动势；U_p 为电源相电压有效值；ω 为电源角频率。

根据以上分析，可画出图 7-12（b）的相量图。由图可见，正常运行时，三相电压和三相对地电容电流对称，相量之和等于零，没有零序电压和零序电流。

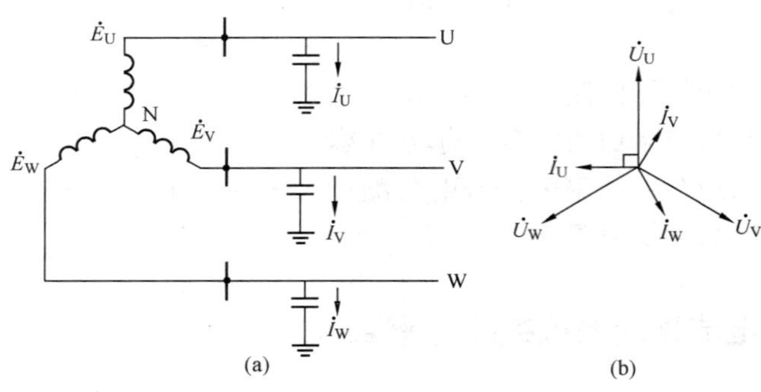

图 7-12　小电流接地系统正常运行
（a）一次系统；（b）电流电压相量图

2. 简单系统发生单相接地时电流电压

在图 7-12（a）所示的简单（即单条引出线；并不考虑发电机和变压器对地电容时）网络中，当 U 相 E 点发生金属性接地后，如图 7-13（a）所示，E 点 U 相对地电压为零。因为此时流过接地点的电容电流较小，由其引起的电压降忽略不计时，电网各处 U 相对地电压都为零，并短接其对地电容，使 U 相对地电容电流也为零，此时电压、电流的变化如下。

三相导线对地电压为

$$\left.\begin{aligned}&\text{U 相} && \dot U_U^k=0\\&\text{V 相} && \dot U_V^k=\dot U_{VU}\\&\text{有效值} && U_V^k=\sqrt{3}U_p\\&\text{W 相} && \dot U_W^k=\dot U_{WU}\\&\text{有效值} && U_W^k=\sqrt{3}U_p\end{aligned}\right\}\quad(7-16)$$

电源中性点 N 对地电压为

$$\dot U_N=-\dot U_U\quad(7-17)$$

有效值　$U_N=U_p$

母线上的零序电压为

$$\dot{U}_0 = \frac{1}{3}(\dot{U}_U^k + \dot{U}_V^k + \dot{U}_W^k) = \frac{1}{3}(\dot{U}_V^k + \dot{U}_W^k) = -\dot{U}_U \tag{7-18}$$

有效值 $U_0 = U_p$

根据以上分析可画出图 7-13（b）的相量图。三相导线流入地中的电容电流为

$$\left.\begin{aligned}
&\text{U 相对地电容电流} \quad \dot{I}_U^k = j\omega C\dot{U}_U^k = 0\\
&\text{V 相对地电容电流} \quad \dot{I}_V^k = j\omega C\dot{U}_V^k = j\omega C\dot{U}_{VU}\\
&\qquad\text{有效值} \quad I_V^k = \sqrt{3}\omega CU_p = \sqrt{3}\omega CU_0\\
&\text{W 相对地电容电流} \quad \dot{I}_W^k = j\omega C\dot{U}_W^k = j\omega C\dot{U}_{WU}\\
&\qquad\text{有效值} \quad I_W^k = \sqrt{3}\omega CU_p = \sqrt{3}\omega CU_0
\end{aligned}\right\} \tag{7-19}$$

此时接地故障点 E 的接地电容电流 I_e 从 U 相流回电源，但流过 U 相的电流 $\dot{I}_{eU}$ 与 $\dot{I}_e$ 大小相等、方向相反，即

$$\dot{I}_{eU} = -(\dot{I}_V^k + \dot{I}_W^k) = -\dot{I}_e = -(j3\omega C\dot{U}_0) \tag{7-20}$$

有效值 $I_{eU} = 3\omega CU_0 = 3\omega CU_p = I_e$

式中：I_e 为接地电容电流，其值等于线路上两个非故障相对地电容电流相量和。

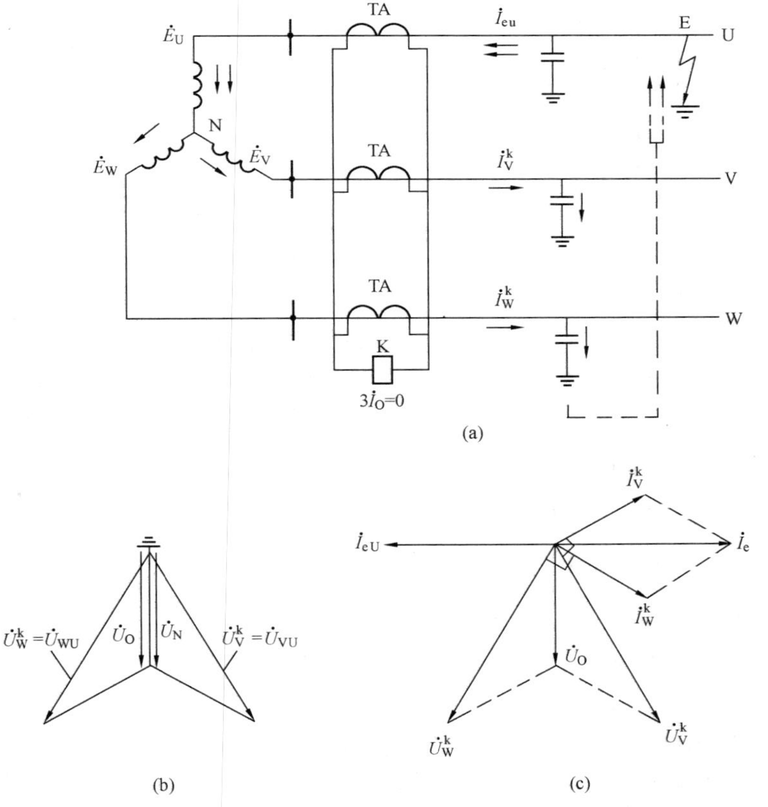

图 7-13 小电流接地系统 U 相金属性接地时电流电压

（a）一次系统；（b）电压相量图；（c）电流相量图

由式（7-19）和式（7-20）可得出故障线路本身的零序电流为

$$\dot{I}_0=\frac{1}{3}(\dot{I}_U^k+\dot{I}_V^k+\dot{I}_W^k)=\frac{1}{3}(\dot{I}_{eU}+\dot{I}_V^k+\dot{I}_W^k)$$
$$=\frac{1}{3}[-(\dot{I}_V^k+\dot{I}_W^k)+\dot{I}_V^k+\dot{I}_W^k]=0 \qquad (7-21)$$

根据以上分析，可画出图 7-13（c）所示的相量图。

3. 多条引出线系统单相接地时零序电流的分布

在图 7-14（a）所示的系统中，母线上有三条引出线路，若在线路Ⅲ上 U 相金属性接地后，电网各处 U 相对地电压都为零，而非故障相对地电压、电源中性点 N 对地电压、母线上零序电压，如式（7-16）～式（7-18）所示。

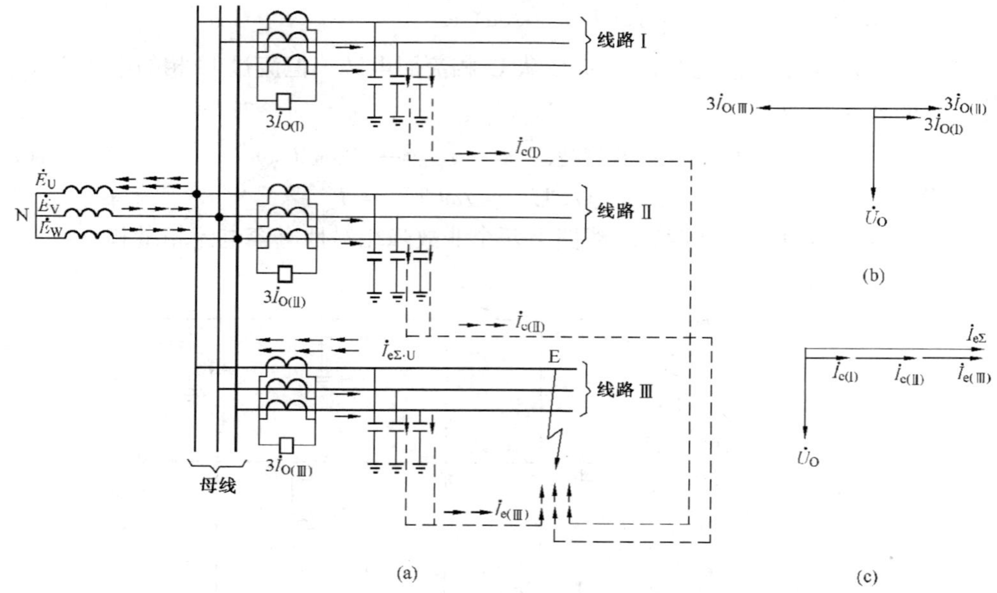

图 7-14　小电流接地系统中线路ⅢU 相接地时零序电流分布

（a）一次系统；（b）故障及非故障线路零序电流相量图；（c）接地故障点电流相量图

由于全系统的 U 相对地电压都为零，所以全系统 U 相对地电容电流也都为零。此时非故障线路各相流入地中的电容电流仍具有式（7-19）的关系。因此有

线路Ⅰ　$3\dot{I}_{0(\mathrm{I})}=(\dot{I}_{U(\mathrm{I})}^k+\dot{I}_{V(\mathrm{I})}^k+\dot{I}_{W(\mathrm{I})}^k)=(\dot{I}_{V(\mathrm{I})}^k+\dot{I}_{W(\mathrm{I})}^k)$

$=\dot{I}_{e(\mathrm{I})}=\mathrm{j}\omega 3\dot{U}_0 C_{\mathrm{I}}$

有效值　$3I_{0(\mathrm{I})}=I_{e(\mathrm{I})}=3\omega U_0 C_{\mathrm{I}}=3\omega U_p C_{\mathrm{I}}$

线路Ⅱ　$3\dot{I}_{0(\mathrm{II})}=(\dot{I}_{V(\mathrm{II})}^k+\dot{I}_{W(\mathrm{II})}^k)=\dot{I}_{e(\mathrm{II})}=\mathrm{j}\omega 3\dot{U}_0 C_{\mathrm{II}}$

有效值　$3I_{0(\mathrm{II})}=I_{e(\mathrm{II})}=3\omega U_0 C_{\mathrm{II}}=3\omega U_p C_{\mathrm{II}}$

故障线路Ⅲ的情况就有所不同，V 和 W 相流入地中的电容电流仍具有式（7-19）的关系，而故障相 U 中流过的是所有线路的接地电容电流的总和，也是流过接地故障点 E 的电流，并具有式（7-20）的关系，即

$$\dot{I}_{e\Sigma\cdot U}=-[(\dot{I}_{V(\mathrm{I})}^k+\dot{I}_{W(\mathrm{I})}^k)+(\dot{I}_{V(\mathrm{II})}^k+\dot{I}_{W(\mathrm{II})}^k)+(\dot{I}_{V(\mathrm{III})}^k+\dot{I}_{W(\mathrm{III})}^k)]$$
$$=-[\dot{I}_{e(\mathrm{I})}+\dot{I}_{e(\mathrm{II})}+\dot{I}_{e(\mathrm{III})}]=-\dot{I}_{e\Sigma} \qquad (7-22)$$

有效值 $I_{e\Sigma \cdot U}=(I_{e(\mathrm{I})}+I_{e(\mathrm{II})}+I_{e(\mathrm{III})})=I_{e\Sigma}$

$$=3\omega U_p(C_{\mathrm{I}}+C_{\mathrm{II}}+C_{\mathrm{III}})$$

将式（7 - 22）代入式（7 - 21）可得出故障线路Ⅲ中的零序电流为

$$3\dot{I}_{0(\mathrm{III})}=\dot{I}_{e\Sigma \cdot U}+\dot{I}^{k}_{V(\mathrm{III})}+\dot{I}^{k}_{W(\mathrm{III})}$$

$$=-[(\dot{I}^{k}_{V(\mathrm{I})}+\dot{I}^{k}_{W(\mathrm{I})})+(\dot{I}^{k}_{V(\mathrm{II})}+\dot{I}^{k}_{W(\mathrm{II})})+(\dot{I}^{k}_{V(\mathrm{III})}+\dot{I}^{k}_{W(\mathrm{III})})]+\dot{I}^{k}_{V(\mathrm{III})}+\dot{I}^{k}_{W(\mathrm{III})}$$

$$=-[(\dot{I}^{k}_{V(\mathrm{I})}+\dot{I}^{k}_{W(\mathrm{I})})+(\dot{I}^{k}_{V(\mathrm{II})}+\dot{I}^{k}_{W(\mathrm{II})})]$$

$$=-(3\dot{I}_{0(\mathrm{I})}+3\dot{I}_{0(\mathrm{II})})=-(\dot{I}_{e(\mathrm{I})}+\dot{I}_{e(\mathrm{II})})$$

有效值 $3I_{0(\mathrm{III})}=(I_{e(\mathrm{I})}+I_{e(\mathrm{II})})=(I_{e\Sigma}-I_{e(\mathrm{III})})=3\omega U_p(C_{\mathrm{I}}+C_{\mathrm{II}})$

根据以上分析，可画出图 7 - 14（b）、（c）的相量图。

综上所述，可得出以下结论：

（1）在小电流接地系统中发生单相金属性接地时，电网各处故障相对地电压均为零，非故障相对地电压为线电压，电网中出现零序电压，其值等于接地相故障前的电压，但方向相反。

（2）凡在同一电网中的所有线路均流有 $3I_0$。非故障线路 $3I_0$ 的大小等于本线路的接地电容电流，方向由母线流向线路；故障线路 $3I_0$ 的大小等于所有非故障线路 $3I_0$ 之和，方向由线路流向母线。

（3）非故障线路的零序电流超前零序电压 90°，故障线路的零序电流滞后零序电压 90°。

（4）接地故障点的电流大小等于所有线路（包括故障线路和非故障线路）接地电容电流的总和，并超前零序电压 90°。

以上分析是金属性接地的情况，当经过渡电阻接地时，接地相电压有效值在 $0\sim U_p$ 之间变化；非故障相电压升高，其有效值在（$\sqrt{3}\sim1$）U_p 之间变化，上述有效值的大小取决于接地电阻值。

在小电流接地系统中发生单相接地时，可采用（零序电流或零序电流方向构成）有选择性的接地保护；也可采用（零序电压构成）无选择性的接地保护。通常用后者构成绝缘监察装置。

二、绝缘监察装置

35kV 及以下小电流接地系统的绝缘监察装置是由绝缘监察继电器 KE（见第一章图 1 - 6）、绝缘监察电压表（PV1、PV2、PV3）和转换开关 ST1、ST2 组成，如图 7 - 15 所示。

当一次系统发生单相接地后，当零序电压大于 KE 的启动电压时，KE 动作，由 KE 发出“接地”预告信号，但不能提示哪一相接地。为了判别接地相，寻找接地线路，则在发电厂（或变电站）中央信号控制屏上，装有 3 只接于相电压的绝缘监察电压表 PV1、PV2、PV3，并通过转换开关 ST1 和 ST2 选测各级电网（35kV 或 10kV 或 6kV）的相电压。

当运行人员通过“接地”预告信号得知哪一级电网发生接地故障后，再通过 PV1、PV2、PV3 判断接地相及接地程度。当 U 相电压表 PV1 指示为零，而 V 相和 W 相电压表 PV2 和 PV3 指示为线电压时，则表明此系统 U 相发生了金属性接地，但不知哪条线路接地，这时可采用依次切断线路的办法寻找。如切断某条线路时，“接地”信号消失，同时 3 只电压表指示相同都为相电压，则被切断的线路就是故障线路。

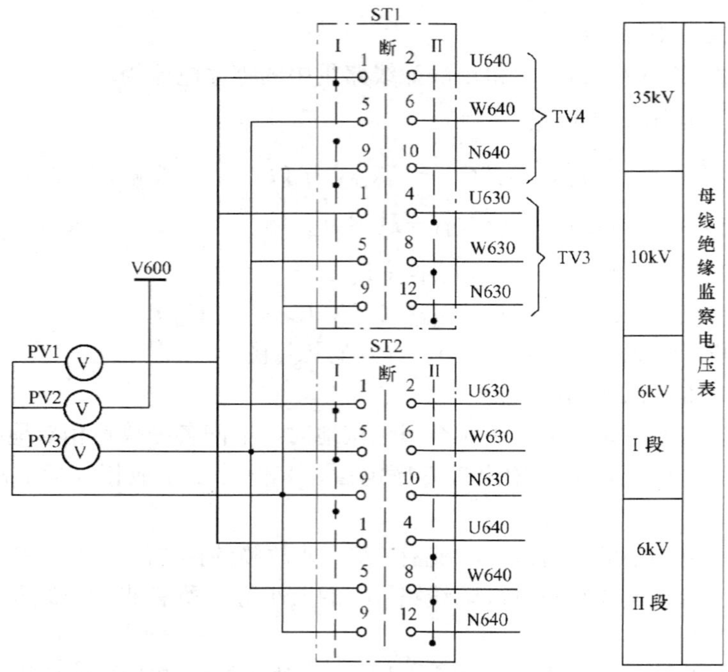

ST1、ST2:LW2-H-4,4,4/F7-8X

在“断开”位置手把(正面)样式和触点盒(背面)接线							
手把和触点盒的型式	F7-8X	4		4		4	
触点号 / 位置	—	1—2	1—4	5—6	5—8	9—10	9—12
断 开		—	—	—	—	—	—
第 I 段		•	—	•	—	•	—
第 II 段		—	•	—	•	—	•

图 7-15 母线绝缘监察电压表电路

图 7-15 中所有电压互感器二次侧采用 V 相接地；3 只电压表 PV1、PV2、PV3 是全厂（站）各段母线（图 7-10 中 35、10kV 和 6kV Ⅰ、Ⅱ组母线）公用的绝缘监察电压表，通过转换开关 ST1 和 ST2 进行选测，ST1 和 ST2 采用 LW2-H-4，4，4/F7-8X 型转换开关。

复习思考题

1. 电气测量仪表和与其连接的互感器准确度等级应满足哪些条件？
2. 电气测量仪表的测量范围应如何选择？
3. 功率表和电能表有哪些不同？各有哪些用途？
4. 在图 7-11 中，若电流表最大刻度为 300A，串接于 300/5A 的电流互感器上，现改接在 400/5A 的电流互感器上，此表怎样正确读数？

5. 在图 7 - 11 中，当 TA3 为 600/5A，TV 为 10500/100V 时，选用 1D1-Wh 型三相有功电能表，其表计的额定电压为 100V，额定电流为 5A。问：当一次负载为 5155A，电压为 10.5kV，$\cos\varphi=0.8$，并在电压对称负载平衡的情况下，电能表在 1h 内的读数是多少？此值是不是发电机在 1h 内发出的有功电能？

第八章　发电厂和变电站的弱电控制和信号系统

发电厂和变电站的控制、信号和测量系统不仅可以采用强电方式，也可以采用弱电方式。随着弱电技术的发展以及微型计算机的应用，控制、信号和测量系统逐步实现了弱电化和自动化。

所谓弱电化就是在控制、信号和测量回路内以低电压、小电流作为操作电源。目前我国采用的弱电参数有：直流操作电压，取48V；交流额定电压，取100V或50V；交流额定电流，取1A或0.5A。对于装设远动装置和计算机（或微机）控制的发电厂和变电站，需利用变送器将100V的电压、5A或1A的电流变换为±10V或0～5V的电压和±1mA、±5mA或0～1mA的电流。

弱电化使二次回路设备绝缘要求降低，体积缩小，采用弱电选线技术还可使所需的控制设备数量减少。对于信号回路，其可靠性要求较控制回路低，弱电方式被广泛使用。对于控制回路，由于直接关系到断路器的跳闸与合闸，可靠性要求高，所以弱电控制要通过强、弱电转换环节来实现，即断路器的操动机构、跳合闸回路仍采用110V或220V的操作电压，弱电控制仅作用于中间继电器，通过中间继电器的触点实现对断路器的控制。

在一个发电厂和变电站内，控制电路和信号电路可以采用全部强电或全部弱电方式，也可以采用强电控制、弱电信号方式。控制方式可以全部采用一对一控制，也可以对重要设备（如发电机、调相机和变压器）采用一对一控制，而对馈线较多的线路可采用一对 N 的选线控制方式。

第一节　传统的断路器的弱电控制

弱电控制分为弱电有触点控制和弱电无触点控制两种类型。前者的主要器件由电磁继电器构成；后者的主要器件由晶体管分立元件或集成电路构成。本节介绍弱电有触点控制。

一、弱电有触点（以下简称弱电）控制回路的基本要求及其特点

弱电控制回路应满足以下基本要求：

（1）弱电控制的断路器控制回路应满足强电控制回路的基本要求。

（2）断路器的模拟灯能表示断路器的跳、合闸位置状态，并能反映断路器自动跳、合闸与原给定位置的不对应状态。

（3）选线控制应保证在同一时间内只选一个控制对象，在控制地点应有明显的灯光显示操作对象。为避免选重或选错，可采用选重闭锁或后选有效接线，在选线控制中发生事故时可自动解除选线，误选线后可手动解除选线。

弱电控制有弱电一对一控制和弱电一对 N 的选线控制两种方式。它们的共同特点是在控制屏（台）上采用小型化了的弱电控制设备，使得控制屏（台）上单位面积内可布置的控制回路较多。所以，目前500kV的变电站宜采用弱电一对一控制；发电厂中重要且操作机会少的设备，若采用弱电控制时，宜采用弱电一对一控制；对馈线较多、配电装置远离主控

制室的发电厂、变电站，其馈线宜采用弱电一对 N 的选线控制。

二、弱电控制屏（台）的结构型式

弱电控制的优点之一是控制屏（台）较小，主控制室的面积也较小。常见的弱电控制屏（台）的结构有屏台合一和屏台分开两种型式。

屏台合一的特点是将测量表计、光字牌信号及全厂（站）主接线系统模拟图布置在屏台的直立面上，在台的平面上，则布置选控和选测按钮或开关及各种操作和调节开关等。此种结构模拟性强，监视面小，操作直观方便。但由于屏台体积小，当放置设备较多时，给调试、检修带来困难。所以，当主接线复杂、控制对象较多时，则需采用屏台分开的结构。

屏台分开的结构是由控制台和布置于控制台后的独立信号返回屏组成。图 8-1 所示为具有独立信号返回屏的主控制室布置图。图中信号返回屏：①采用带弧形的屏幕式结构，其上布置断路器和隔离开关的模拟信号、测量表计及主接线系统模拟图，控制台；②上布置选控按钮、控制开关和少量的仪表等。这种结构将控制和模拟信号分开，操作、监视集中方便，但结构复杂，适合大容量的发电厂和变电站。

常见的弱电屏台结构及尺寸如图 8-2 所示。

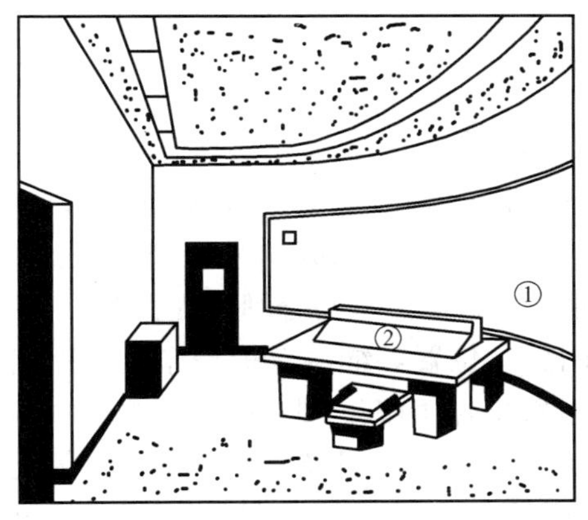

图 8-1　具有独立信号返回屏的主控制室布置图

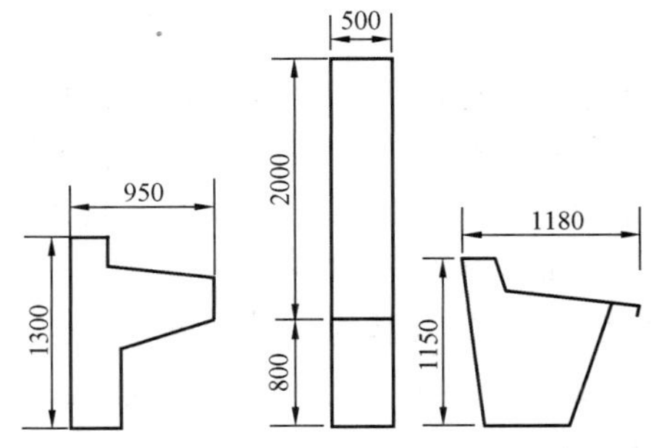

图 8-2　弱电屏台的结构及尺寸

三、弱电一对一控制电路

断路器的弱电一对一控制电路如图 8-3 所示。

图 8-3 中，断路器跳合闸回路采用直流 220V 强电操作，而控制信号回路采用直流 48V 弱电控制。SA 为弱电控制小开关；KC1、KC2 为合、跳闸继电器；KCC、KCT 为合、跳闸位置继电器；KCA1 为事故信号继电器；KM 为合闸接触器；YT 为跳闸线圈。

弱电控制小开关的作用与 LW2 型强电控制相似。进行一对一控制时，有四个位置，即合闸后、合闸（按下手柄右转 45°）、跳闸后、跳闸（按下手柄左转 45°）。弱电开关的手柄内附信号灯，可表示断路器的位置。当手柄位置与断路器位置不对应时，信号灯闪光。

控制电路的动作过程如下：

（1）断路器的手动控制。手动合闸前，断路器处于跳闸位置，跳闸位置继电器 KCT 线圈带电，其动合触点闭合，SA 手柄的内附信号灯发平光。合闸时，将控制开关 SA 置于“合闸”位置，其触点 9—12 接通，合闸继电器 KC1 线圈带电，其动合触点（在强电回路

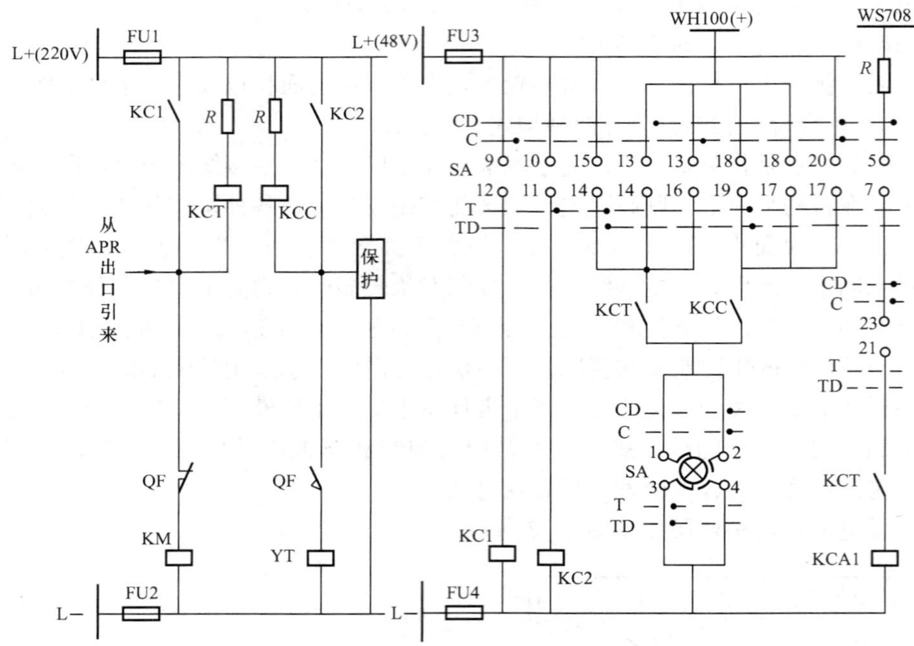

图 8 - 3　弱电一对一控制电路

内）闭合，启动合闸接触器 KM，使断路器合闸。合闸后，跳闸位置继电器 KCT 线圈失电，合闸位置继电器 KCC 线圈带电，其动合触点闭合，SA 手柄的内附信号灯经其触点 2—4、KCC 动合触点及 SA 触点 20—17，接通电源而发平光。跳闸过程与合闸过程相似。

(2) 断路器的自动控制。若控制开关在“合闸后”位置，继电保护动作，使断路器自动跳闸时，由断路器的辅助动断触点启动跳闸位置继电器 KCT。此时，SA 的手柄内附信号灯经 SA 触点 13—14、KCT 动合触点、SA 触点 2—4，接通闪光电源，信号灯闪光，同时由 SA 触点 5—7、23—21 接通事故跳闸音响信号回路，发音响信号。自动合闸过程只发闪光信号。

四、断路器弱电选线控制电路

具有信号返回屏的断路器弱电选线控制电路如图 8 - 4 所示。

图 8 - 4 中，S 为电源开关；SB 为复归按钮；SB1～SBn 为选控按钮（内附信号灯）；SA 为公用的弱电控制开关，型号为 RLW5/2ZX-1、1、1、1、1、3、3、1-$\text{Ⅱ}_1\text{Ⅲ}_7$，其触点图表如表 8 - 1 所示；HL1～HLn 为返回屏上的对象灯；SSM1、SSM 为手动准同步开关和解除手动准同步开关；KC1～KCn 为选控继电器；KC11～KC1n 为合闸继电器；KC21～KC2n 为跳闸继电器；KCS、KCS1、KCS2、KCS3 为同步中间继电器；KY 为同步监察继电器；KCO 为自动准同步装置 ASA 中的出口继电器；KCB 为闭锁继电器；K1～K3 为复归继电器；热（＋）、热（－）为热线轴动作信号小母线，正常时，热（－）通过信号器具与负电源相连，F1、F2 为热线轴，它是一个过电流保护元件，其作用相当于熔断器，当回路电流大于热线轴动作电流时，热线轴动作（相当于熔断器熔断），弱电选控电源被切断，同时其辅助动合触点闭合，接通热线轴动作信号小母线热（＋）和热（－），启动中央信号电路，发出信号。

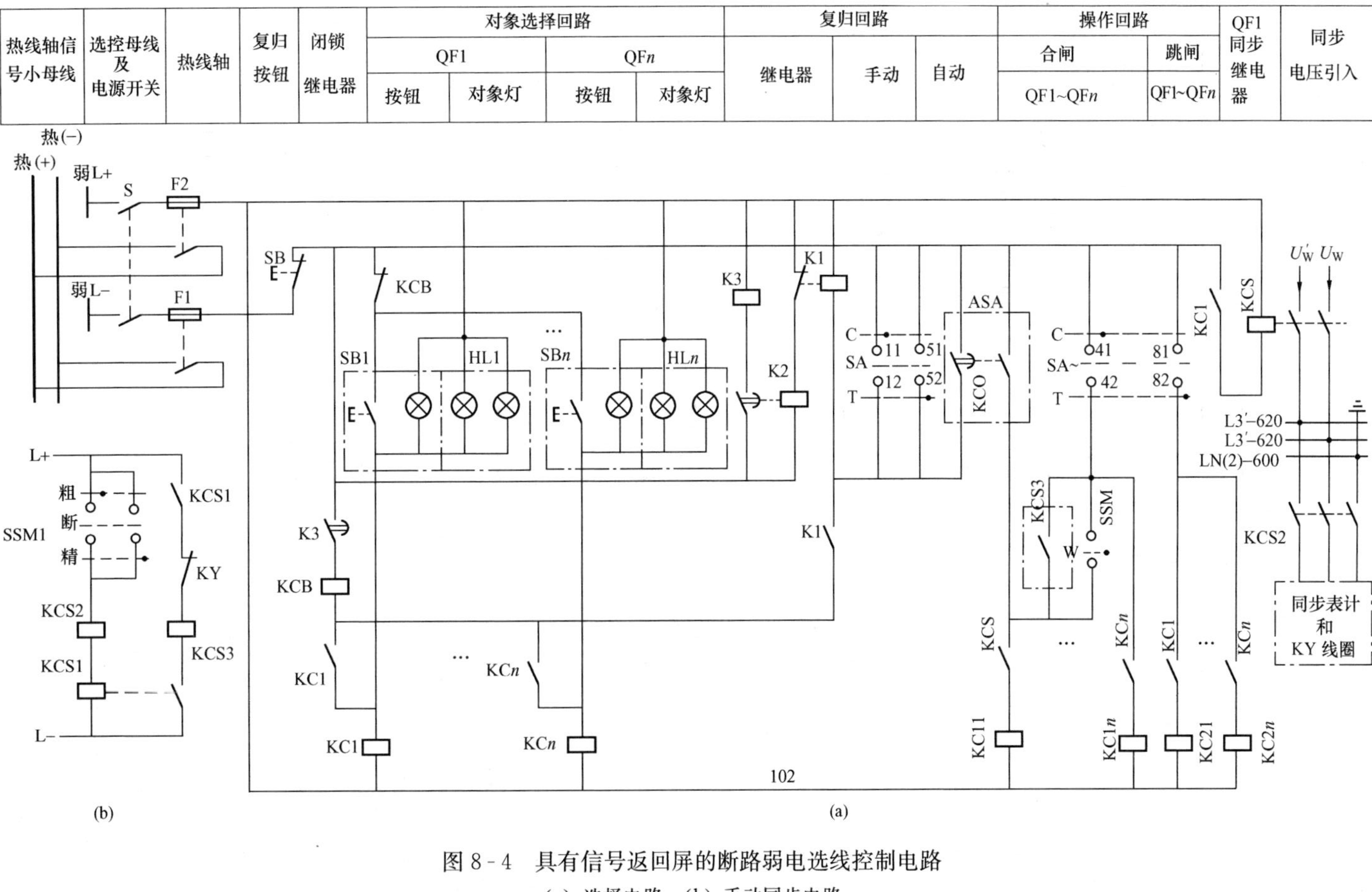

图 8-4　具有信号返回屏的断路弱电选线控制电路

（a）选择电路；（b）手动同步电路

表 8-1　　SA：RLW5/2ZX-1，1，1，1，1，3，3，1-Ⅱ$_1$Ⅲ$_7$ 触点图表

触点盒型式		1	1	1	1	1	3		3		1
触点号		11—12	21—22	31—32	41—42	51—52	61—62	62—63	71—72	72—73	81—82
手柄位置	合闸“C”	•	—	—	•	—	—	•	—	•	—
	断开“O”	—	—	—	—	—	•	—	•	—	—
	跳闸“T”	—	—	—	—	•	—	•	•	—	•

由于选线控制首先要选择控制对象，然后再进行操作，所以每一系统或每组的高压断路器都装有各自的选控按钮，而操作则分组进行，每组设一个公用的弱电控制小开关 SA，用于本组内所有断路器的跳、合闸操作。为了操作方便、直观，一般将控制条件和运行特点相同的断路器划为一组。例如，在具有 220、110、10kV 三种电压等级的发电厂中，线路断路器可按电压等级分为三组，而发电机、变压器、厂用变压器回路断路器各分为一组。

选控电路动作过程如下（以第一台断路器 QF1 为例）。

（1）对象选择。按下选控按钮 SB1，按钮的内附信号灯与信号返回屏上的对象灯 HL1 点亮；同时选控继电器 KC1 被启动。KC1 被启动后，其第一对动合触点用于自保持，第二对动合触点启动同步中间继电器 KCS，第三对动合触点串在跳闸继电器 KC21 线圈回路，使被选的控制对象 QF1 准备合闸或跳闸。

（2）对象闭锁。选控继电器 KC1 启动后，闭锁继电器 KCB 随之启动，其动断触点断开，切断选控电源，以保证每次只选一个控制对象。

（3）误选复归。根据信号返回屏上点亮的对象灯 HL1，可以核对所选对象是否正确，核对无误后，方可操作控制开关。一旦误选，则需重新选择，例如误选为 HLn，则应按下复归按钮 SB，切断选控继电器 KCn 的自保持回路，使 KCn 和闭锁继电器 KCB 复归，然后重新选择。

（4）对象操作。当断路器 QF1 需要准同步并列操作时，QF1 的选控继电器 KC1 的第二对动合触点启动其相应的同步中间继电器 KCS，KCS 的第一对动合触点串入其合闸继电器 KC11 的线圈回路中，其他动合触点将 QF1 两侧的二次电压（u'_{W} 为待并系统电压，u_{W} 为系统电压）接到同步电压小母线上。然后选择同步方式：

1）采用手动准同步并列操作时，将手动准同步开关 SSM1 置于投入（即粗略或精确）位置，如图 8-4（b）所示，通过同步继电器 KCS2 的动合触点将同步表计和同步监察继电器 KY 的线圈接到同步电压小母线上，然后观察同步表计，当相角差符合准同步并列条件时，同步中间继电器 KCS3 动合触点闭合，运行人员将控制开关 SA 置于“合闸”位置，SA 触点 11—12、41—42 接通，由“弱 L+”经 SA 的触点 41—42、同步中间继电器的动合触点 KCS3 和 KCS（已闭合）、合闸继电器 KC11 线圈至“弱 L−”，形成通路，合闸继电器 KC11 启动，其触点接通强电合闸回路，断路器合闸。

2）采用自动准同步方式并列操作时，将自动准同步开关 SSA1（图中未画出）投入，当符合准同步并列条件时，装置（ASA）的出口继电器 KCO 动作，其动合触点闭合，短接触点 KCS3 和 SA 的触点 41—42，使断路器 QF1 自动合闸。

3）断路器 QF1 为单侧电源（或试验合闸），不需同步并列操作时，将解除手动准同步开关 SSM 投入，其触点接通，则可利用控制开关 SA，使 QF1 合闸。

4）断路器不需要同步并列合闸时，其控制电路如图 8-4（a）中的断路器 QFn 所示。

断路器进行跳闸操作时，将控制开关置于“跳闸”位置，其触点 51—52、81—82 接通，且由“弱 L+”经 SA 的触点 81—82、KC1、KC21 线圈至“弱 L−”，形成通路，跳闸继电器 KC21 启动，断路器跳闸。

（5）选控电路自动复归。选控操作完成以后，选控电路应能自动复归。本电路是由复归继电器 K1、K2、K3 共同完成的。在手动合闸操作中，SA 的触点 11—12 接通，使复归继电器 K1 线圈带电，其动合触点闭合形成自保持回路，其动断触点断开，切断 K2 线圈的电源，又延时切断 K3 线圈的电源。K3 线圈失电后，其动合触点延时断开，切断选控继电器 KC1 的自保持回路，使整个选控电路复归，准备下一次动作。采用自动准同步并列合闸时，则瞬时启动 K1，使选控电路自动复归，其动作过程同上。

第二节　传统的弱电中央信号系统

大容量机组的发电厂和超高压变电站信号数量多，若用强电信号光字牌将使控制屏（台）面积大，且很难布置，所以在强电或弱电控制中，广泛采用弱电信号系统。

一、基本的弱电信号电路

1. 断路器事故跳闸信号启动电路

对弱电一对一控制电路，断路器事故跳闸信号启动电路利用不对应原理构成（见图 8-3）。其中，启动电路中串有事故信号继电器 KCA1。

对弱电选线控制电路，断路器事故跳闸信号启动电路如图 8-5 所示。当断路器事故跳闸时，断路器辅助动断触点 QF 闭合，合闸位置继电器动合触点 KCC 延时（0.2s）断开。在 KCC 触点未断开之前，事故跳闸信号回路接通，启动中央信号电路发出音响。选控继电器 KC 的动断触点串入电路，其目的是在选控操作过程中不发事故音响信号。

2. 断路器预告信号启动电路

断路器预告信号启动电路如图 8-6 所示。本电路采用一组公用的光字牌显示故障或异常运行的性质，并串接有预告信号中间继电器 KCR2 线圈。当设备故障或异常运行时，信号继电器触点 KS1 或 KS2 闭合，接通光字牌回路，一方面光字牌显示故障性质，另一方面启动中央信号电路，发出音响。

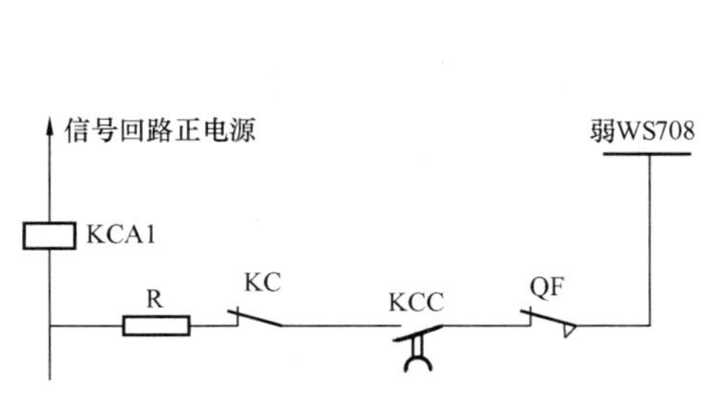

图 8-5　断路器事故跳闸信号启动电路

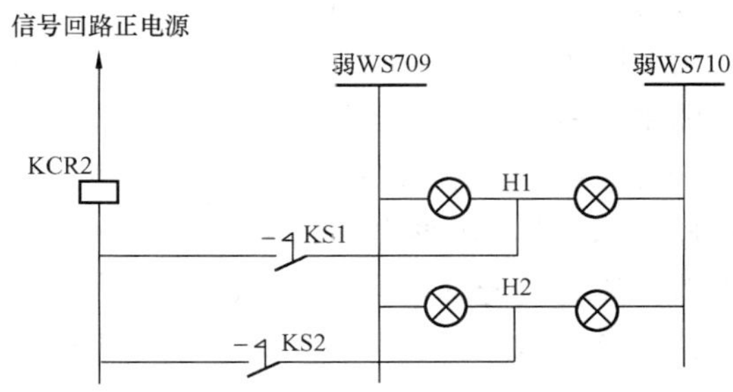

图 8-6　断路器预告信号启动电路

3. 断路器位置信号电路

断路器的位置信号一般用信号灯表示。对弱电一对一控制电路，断路器的位置信号由控制开关内附信号灯表示（见图 8-3）。如果设返回屏，则断路器位置信号除由控制台上的内附信号灯表示以外，还在返回屏上设断路器模拟信号灯（HL）来表示，如图8-7所示。模拟灯 HL 内有红、绿两只颜色的灯泡。红灯点亮表示断路器在合闸位置，绿灯点亮表示断路器在跳闸位置。当断路器事故跳闸或自动装置动作合闸时，事故信号继电器 KCA1 动作，将模拟信号灯 HL 接至闪光小母线上。红灯闪光表示自动合闸，绿灯闪光表示事故跳闸。

具有信号返回屏的弱电选线控制，在信号返回屏上除设有对象灯以指明其选择对象外，还设有断路器模拟灯（HL），以表示断路器位置，如图 8-8 所示。正常时，模拟信号灯接在经常灭灯小母线上，红灯亮表示断路器在合闸位置，绿灯亮表示断路器在跳闸位置。断路器事故跳闸或自动合闸时，KCA1 动作，绿灯或红灯闪光。

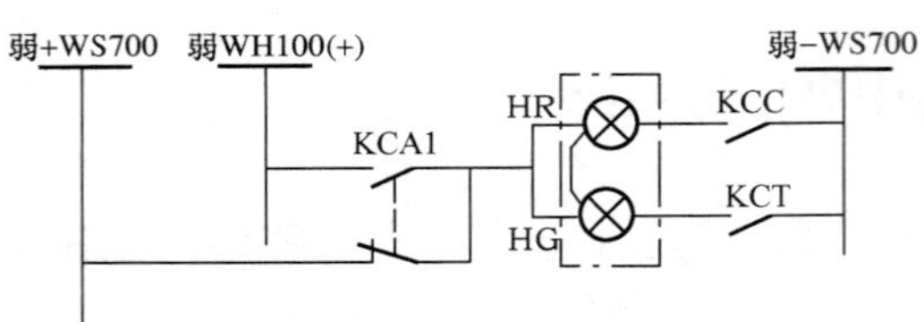

图 8-7　弱电一对一控制并在返回屏上设断路器模拟灯的信号电路

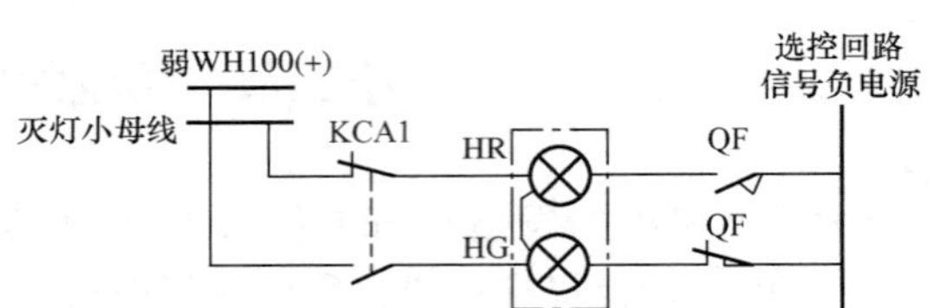

图 8-8　弱电选线控制并在返回屏上设断路器模拟灯的信号电路

二、CJ1 型冲击继电器构成的弱电中央信号电路

（一）CJ1 型冲击继电器的内部接线及工作原理

CJ1 型冲击继电器是由变流器（U）和双位置极化继电器（K）组成，其内部接线如图 8-9所示。

CJ1 型冲击继电器的工作原理与第五章中介绍的 JC-2 型冲击继电器相似：当变流器 U 一次侧（端子 6、8）按图 8-9 所示极性接通直流电源时，二次侧感应出脉冲电动势，此电动势使极化继电器 K 因工作线圈 1 中流过脉冲电流而动作，使其动合触点 1—3 闭合，动断触点 3—5 断开。当在极化继电器复归线圈 2（端子 2—4）中按图 8-9 所示极性加直流电源时，继电器 K 复归。此外，CJ1 型冲击继电器还具有冲击自动复归特性。

（二）弱电中央信号电路

由 CJ1 型冲击继电器构成的中央信号电路如图 8-10 所示。

图中，SB1～SB3 为试验按钮；SB4～SB6 为音响解除按钮；SB7～SB8 为自复式按钮；SB 为自保持线圈按钮；SM 为转换开关；K1～K3 为冲击继电器；KC1～KC9、KC11～KC15 为中间继电器；K 为闪光继电器；KCA、KCR 为事故、预告信号继电器；F1～F4 为热线轴；HB 为蜂鸣器；HA 为警铃。

1. 事故信号电路

事故信号电路如图 8-10（a）所示。当断路器事故跳闸时，事故信号启动回路接通（即弱电事故小母线弱 WS708 或弱 WS808 接入正电源）；或事故信号继电器 KCA1 或 KCA2 动作，

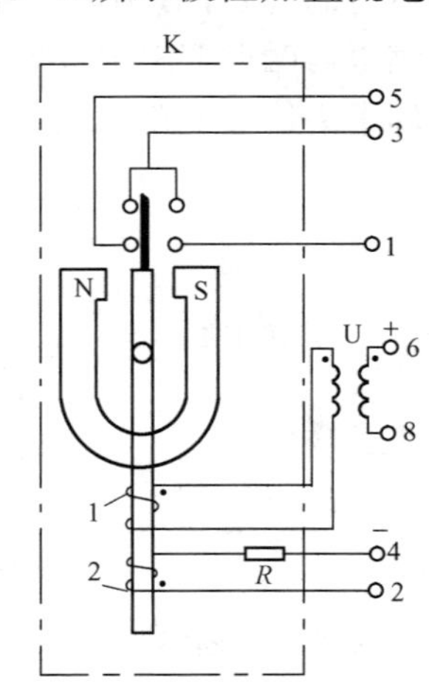

图 8-9　CJ1 型冲击继电器内部接线

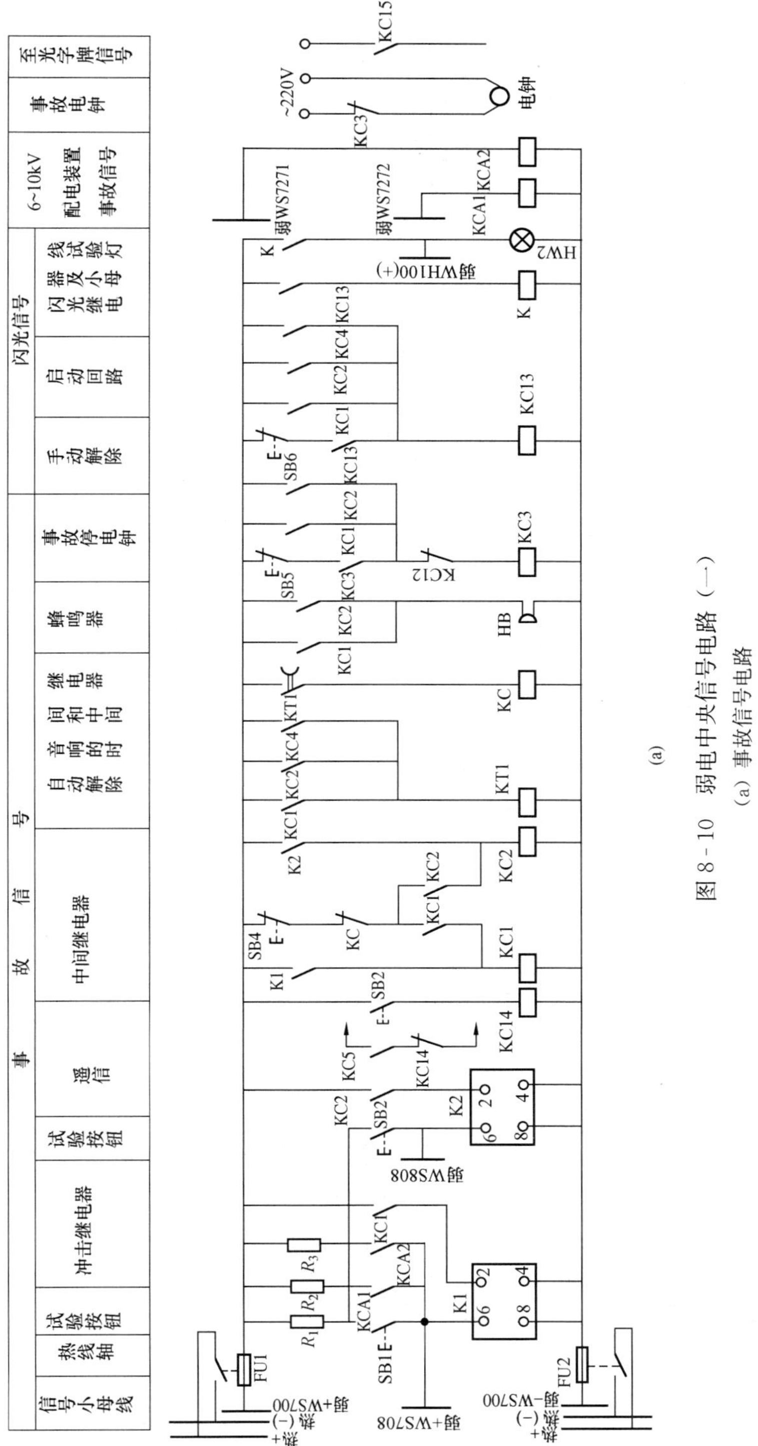

(a)

图 8 - 10 弱电中央信号电路（一）

(a) 事故信号电路

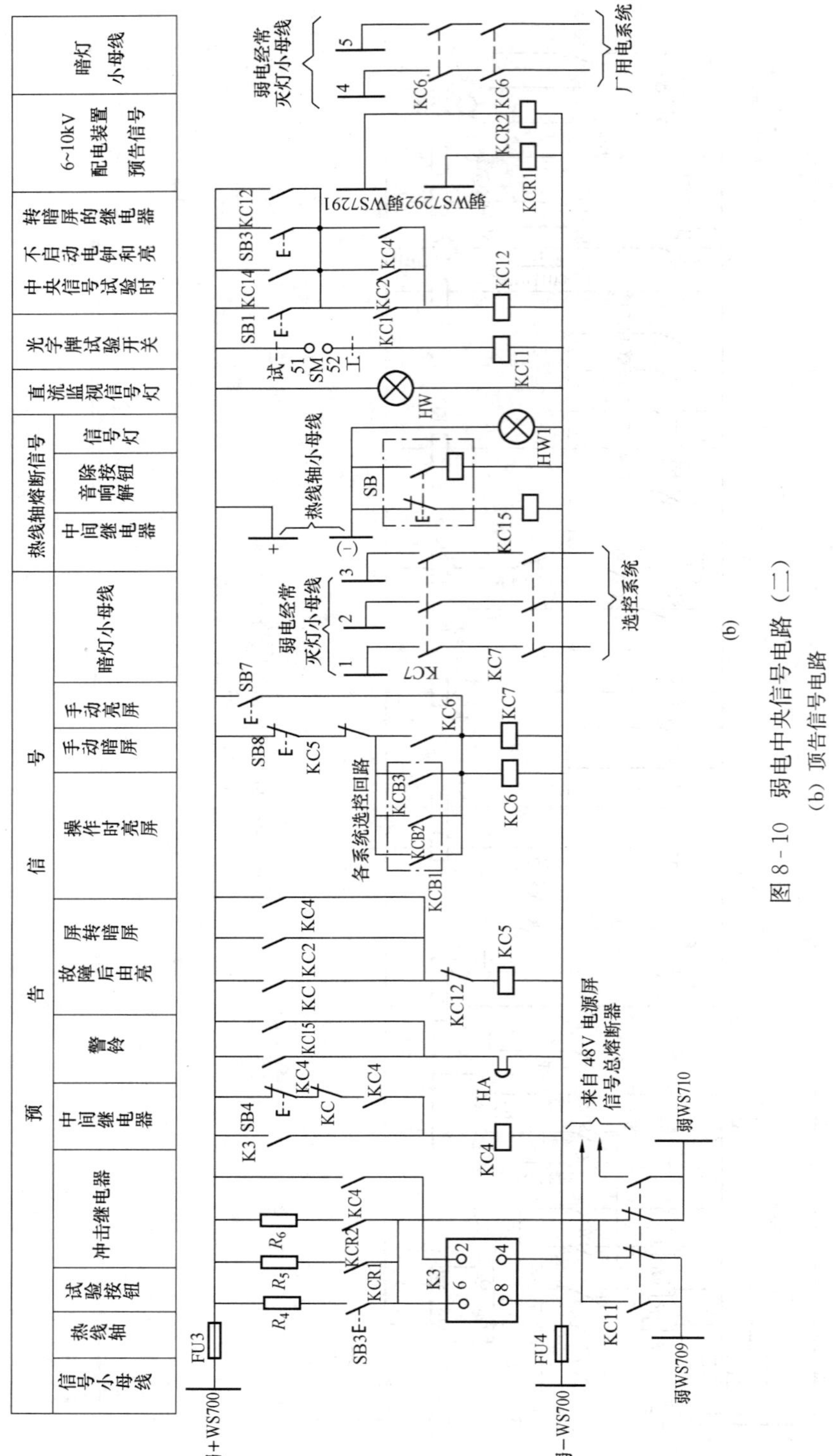

图 8-10 弱电中央信号电路（二）

（b）预告信号电路

其动合触点闭合，使冲击继电器 K1 或 K2 启动，其动合触点闭合，启动中间继电器 KC1 或 KC2，KC1 或 KC2 的第一对触点闭合，启动蜂鸣器 HB 发出音响；第二对动合触点闭合，接通冲击继电器端子 2 和 4 之间的线圈，使其复归；第三对动合触点用于自保持；第四对动合触点闭合，启动时间继电器 KT1，KT1 的动合触点经延时后启动中间继电器 KC，切断 KC1 或 KC2 的自保持回路，音响停止。

2. 预告信号电路

预告信号电路如图 8-10（b）所示。当设备发生故障或不正常情况时，预告信号启动回路接通（即弱电预告信号小母线弱 WS709 或弱 WS710 接入正电源）；或预告信号继电器 KCR1 或 KCR2 动作，其动合触点闭合，使冲击继电器 K3 启动，其动合触点闭合，启动中间继电器 KC4，KC4 的第一对动合触点闭合，启动警铃 HA，发出音响；第二对动合触点闭合，接通冲击继电器端子 2 和 4 之间的线圈，将其复归；第三对动合触点用于自保持；第四对动合触点［在图 8-10（a）中］闭合，启动时间继电器 KT1，经延时后又启动中间继电器 KC，切除中间继电器 KC4 的自保持回路，音响停止。

3. 闪光信号回路

闪光信号回路［见图 8-10（a）］由 DX-3 型闪光继电器 K 和中间继电器 KC13 构成。当发生事故或故障时，KC13 被启动，则闪光继电器 K 线圈加电压（详见图 2-11），内附电容 C 通过电阻的不断充、放电，使闪光继电器 K 处于动作—返回—动作的重复过程中，从而使闪光小母线 WH100（+）成为闪光电源，并使白色信号灯 HW2 闪光。

4. 亮屏转暗屏或暗屏转亮屏的运行方式

断路器模拟信号灯的亮屏和暗屏运行有以下几种：

（1）选控操作转亮屏。为能在操作前了解全厂（站）的运行工况，选控操作时通过各系统的选控回路的闭锁继电器 KCB1 或 KCB2 或 KCB3，使中间继电器 KC6、KC7 线圈带电，KC6 的一对动合触点形成自保持回路，KC6、KC7 的其余动合触点闭合，接通经常灭灯小母线，使其带电，实现亮屏运行。

为了减轻继电器触点的负担，经常灭灯小母线设三根或两根为各选控系统或厂用电系统使用。为提高触点的切断能力，中间继电器 KC6、KC7 均用两对触点串联来接通经常灭灯小母线。

（2）手动转亮屏或暗屏。手动按下按钮 SB7，可使原暗屏运行转为亮屏运行；手动按下按钮 SB8，可使原亮屏运行转为暗屏运行。

（3）故障转暗屏。发生故障时，冲击继电器 K3 启动，随之启动中间继电器 KC4 及 KC5，其动断触点断开，切断 KC6 和 KC7 的自保持回路，使原亮屏运行转暗屏，此时，相应断路器模拟灯闪光（见图 8-8），故障元件明显表示出来，及时发现处理故障。

5. 自动停电钟

当事故跳闸时，冲击继电器 K1 或 K2 动作启动中间继电器 KC1 或 KC2，其第五对动合触点闭合启动中间继电器 KC3。KC3 的动合触点闭合形成自保持回路，动断触点切断电钟电源，电钟停转的时间等于事故发生的时间。

在事故和预告信号试验时，不要求启动电钟，也不要求改变断路器模拟灯的运行状态，故在“事故停电钟”回路和“故障后由亮屏转暗屏”回路中，分别串入由试验按钮 SB1、SB3 启动的中间继电器 KC12 的动断触点。

6. 电源保护和监视

直流电源由热线轴来保护。当回路发生短路或过负载时，热线轴动作切断直流电源，同时热线轴动合触点闭合，接通热线轴信号小母线，启动中间继电器 KC15，其触点接通光字牌信号回路及警铃。光字牌和警铃解除可通过按钮 SB。

第三节　微机监控系统的基本构成及原理

一、发电厂和变电站的监控系统

发电厂和变电站的二次回路对一次回路进行控制、测量、调节和保护，实际上是对一次回路进行变换、传输和处理信息的过程。图 8-11 所示为变电站的信息流程图（发电厂的信息流程与此相似），它由保护及调节系统和监控系统两部分组成。

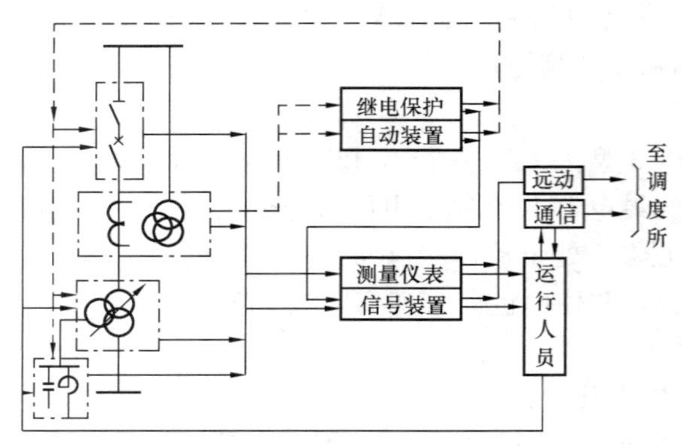

图 8-11　变电站的信息流程图

保护和调节系统如图 8-11 中虚线所示。在此系统中，变电站一次系统的信息（电流、电压、功率及一次设备的工作状态）通过电流互感器、电压互感器变换后送至继电保护和自动装置，由继电保护和自动装置对一次系统进行保护和调节。

监控系统如图 8-11 中实线所示。在此系统中，经电流互感器、电压互感器获得的一次信息及继电保护和自动装置产生的二次信息（如继电保护和自动装置动作情况、二次回路的完好性等）经测量仪表和信号装置变成人的感官所能接收的信号形式（如仪表指示、声、光等），运行人员收到这些信息后经分析判断并作出处理的决定，再由人工操作各种控制开关，发出各种控制命令，作用于一次系统。

从图 8-11 可以看出，传统的监控系统有以下缺点：

（1）人作为监控系统的核心进行信息处理，不可避免地要出现错误的判断和处理，因而使现有的监控系统的准确性和可靠性不高。

（2）测量仪表和常规的信号装置进行信息变换，不可避免地存在误差，如测量仪表指示与被测量之间的误差；人观察仪表的误差；音响和灯光信号不能准确表明事故发生的时间、顺序等，因而不能正确地处理事故和全面了解一次设备运行情况。

（3）现有监控系统的信息是通过控制电缆用强电传输的，因而使得传输通道功率损耗大，传输费用高，不利于远距离传输。

对大型发电厂和变电站，需要监视和处理的信息量多；线路传输的容量大；主控制室与配电装置距离远等，使得上述缺点更加突出。而微机监控系统解决了上述问题，并使监控系统更完善、更准确和更可靠。

二、微型计算机监控系统的基本构成

目前，微型计算机监控系统已在我国各级变电站和大中型发电厂的监控系统中投入使用。如发电厂中以热工为主的微机“分散控制系统”（DCS）和与电网有关的“网络计算机

监控系统”（NCS），变电站综合自动化系统中的“监控子系统”。微型计算机监控系统（简称微机监控系统）由微型计算机系统（以下简称微机或主机）和监控对象（即生产过程）两大部分组成，其组成框图如图 8-12 所示。

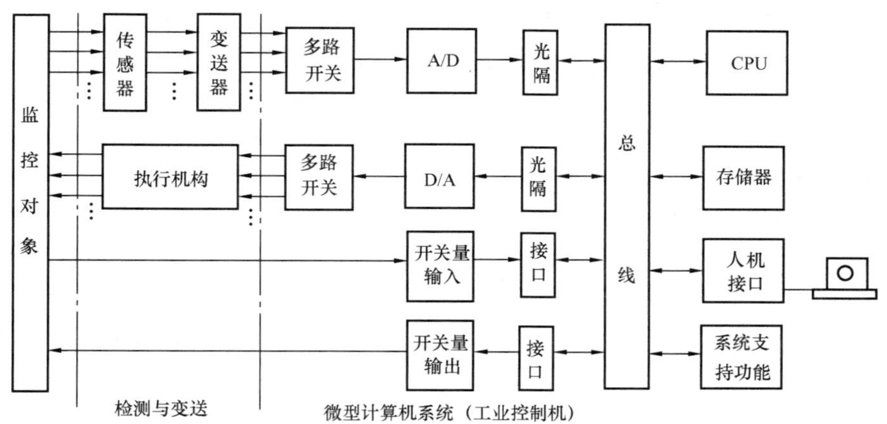

图 8-12　微机监控系统组成框图

微机监控系统包括硬件和软件。硬件是指微机本身的各器件、外围设备及总线。软件是指系统程序以及过程控制应用程序。微机系统本身是通过总线和各种接口及外围设备与监控对象进行联系，并对监控对象进行监视和控制。

图 8-12 中，被测参数经传感器、变送器转换成统一的标准信号，再经多路开关送到模/数转换器 A/D，转换后的数字量通过光电隔离器和总线送入微机，这就是模拟量输入通道。在计算机内部，用软件对采集到的数据进行处理和计算，然后经输出通道将输出的数字量通过数/模转换器 D/A 转换成模拟量，再经多路开关与相应执行机构相连，以便对被测参数进行控制。

（一）硬件

微机监控系统的硬件由主机、接口、总线和外部设备组成。由于监控系统完成的功能不同，组成微机监控系统的硬件也不同，一般可根据监控系统的需要随意扩展。

1. 主机

主机主要包括中央处理机（CPU）和存储器，是整个监控系统的核心。它通过总线向系统各个部分发出各种命令，并对系统的各参数进行巡回检测、数据处理、控制计算、报警处理和逻辑判断等。

2. 接口与输入输出通道

接口与输入输出通道是主机与监控对象进行信息交流的纽带。无论监控对象向主机输入数据或是主机向外部发出命令都是通过输入输出通道和接口进行的。在信息传输过程中，由于微机只接受数字量，而实际生产过程中使用的是模拟量，所以要经模/数转换器 A/D 或数/模转换器 D/A。根据功能和传输数据的方法，接口和输入输出通道有串行和并行两种。

3. 人机接口

人机接口是为扩大主机功能而设置的，主要有显示器终端（CRT）、打印机、磁盘驱动器和键盘等，用来显示、打印、存储和传输数据。

4. 其他系统支持功能模块

系统支持功能包括程序运行监视系统（Watch Dog）、电源掉电保护和实时日历钟。

当监控系统因干扰或其他原因出现某些异常情况，如程序脱离正常流程进入死循环时，整个系统完全处于瘫痪状态，此时程序运行监视系统能自行动作，强制系统复位，摆脱死循环；当系统出现电源掉电故障时，为了防止微型计算机系统丢失主要数据，通常采用掉电保护。掉电保护由相应的硬件电路构成，当检测到掉电信号后，该硬件电路启动微型计算机的外部中断，把当时的重要参数、数据、专用寄存器内容和中间结果暂存入计算机内部数据存储器中，以便上电后，系统能从中断点处继续运行。

5. 检测与变送设备

各种检测与变送设备是为收集和测量各种参数而设置的。它们的主要功能是把较大的交流电信号变成正比于被测量的直流电压信号和把非电量的检测参数变为电信号，如压力变送器把压力变为电信号，温度变送器把温度变为电信号等。这些电信号变成统一的计算机标准电压后，送入微机。

6. 总线

微机监控系统的总线是数据总线、地址总线和控制总线的统称，是传送规定信息的通道。微型机监控系统的主机板和各种外围功能板（功能板有很多类型，如I/O接口板，A/D、D/A转换板，打印机接口板等）之间通过系统总线联系起来，使系统内各种数据和命令通过总线送到各自要去的地方。此外，系统与系统之间的联系通过通信总线实现。

（二）软件

微机的软件是指能完成各种功能的程序。微机通过软件可实现对监控对象的监视、控制、计算、管理等功能。软件按功能可分为系统软件、应用软件和数据库。

系统软件是厂家提供的基本服务性程序和管理程序，主要包括：

（1）对语言的汇编、解释和编译程序。

（2）对微机进行管理调度的操作系统、其他服务性的程序，如调试程序、故障诊断程序。

（3）开发系统。

应用软件是用户根据功能需要编制的程序，主要包括数据采集、滤波程序，监视控制和计算程序，经济和安全运行程序等。

数据库（支持软件）是建立数据的表格和型式的数据管理程序，用以显示、查询、修改和调用数据。

三、微机监控系统的基本原理

现以变电站综合自动化系统中的监控子系统为例，介绍微机监控系统（即监测、控制系统）在变电站中的应用。

（一）微机监控系统的组成

（1）终端台和微机屏。在微机室的终端台上装有显示器、键盘和打印机，微机屏上装有监控主机、各种I/O板与电源。它包括：

1）监控主机，有工业控制机和微型计算机。

2）各种I/O板，有带光电隔离的A/D转换板、带光电隔离的开关量输入板及开关量输出板、带光电隔离的脉冲量输入板、热电阻信号调理板和打印机接口板。

3）彩色显示器、报表打印机、随机打印机、微机键盘、鼠标及机箱等。

4）逆变电源（主机电源与光隔电源）。

（2）变送器屏。

1）当模拟量输入为直流采样时，变送器屏上装有：电流、电压、功率、直流电压变送器；测温、测频用变换器；有功和无功脉冲电能表；零序电流、电压互感器（1A/0.05A，100V/5V）。

2）当模拟量输入为交流采样时，变送器屏上装有：弱电精密电流、电压互感器（5A/0.05A，100V/5V）；直流电压变送器及测温、测频用变换器；有功和无功脉冲电能表。

（3）继电器屏。继电器屏上装设信号转换用继电器、操作用中间继电器及音响设备。

1）信号转换用继电器主要有：①开关量输入转换继电器：用作断路器和隔离开关辅助触点位置的转换，其线圈在220V（或110V）直流控制回路中，其触点在微机的弱电回路中，用来提高抗干扰能力和检测可靠性；②开关量输出转换继电器：由微机启动，再用其触点去控制强电回路的合、跳闸继电器、音响设备、灯光设备，并接通打印机电源。

2）操作用中间继电器主要有跳、合闸继电器，位置继电器，防跳继电器等。

3）音响设备有蜂鸣器、警铃等。

（4）所用电交流屏。

（5）直流电源屏。直流电源屏可采用镉镍蓄电池屏，也可采用铅酸蓄电池屏。

（6）模拟屏。模拟屏上装设模拟信号灯、模拟线路、仪表、光字牌及手动后备选控按键。

（7）系统电缆。系统电缆采用多芯弱电用屏蔽电缆。

（二）原理简介

本系统由双主机（即上位机和下位机）、信号转换设备和电源组成，其原理方框如图8-13所示。系统各部分的工作原理简述如下。

1. 信号转换设备

（1）模拟量输入：模拟量输入回路如图8-14所示。

图8-14中，UA、U2、UV、U1分别为电流、功率、电压、直流电压变送器；TA、TV为电流互感器、电压互感器；TA1、TV1为弱电电流互感器和弱电电压互感器；Z为滤波器；A为断相检测器。

当采用直流采样方式时，如图8-14（a）所示，被测设备的电流、电压经电流、电压互感器（TA和TV）输入到电流、电压及功率变送器，将它们变成正比于被测量的直流电压。此电压经滤波器Z滤波后，经多路开关依次送入A/D转换板，变成数字量，再经光电隔离（实现模拟信号与微机数字系统之间的完全电隔离，以避免相互间的电磁干扰）送入总线。直流电压经直流电压变送器U1变成正比于输入电压（220V或110V）的0～5V的电压，也送至总线。

当采用交流采样方式时，如图8-14（b）所示，被测量的电流、电压经互感器（TA和TV）输入到弱电精密电流、电压互感器TA1和TV1及电阻中，变成幅值小于5V的正比于被测量的交流电压u_i和u_u。此电压经滤波器Z滤波后经多路开关依次送入A/D转换板，变成数字量经光电隔离送入总线，由微机算出电流、电压、有功及无功功率有效

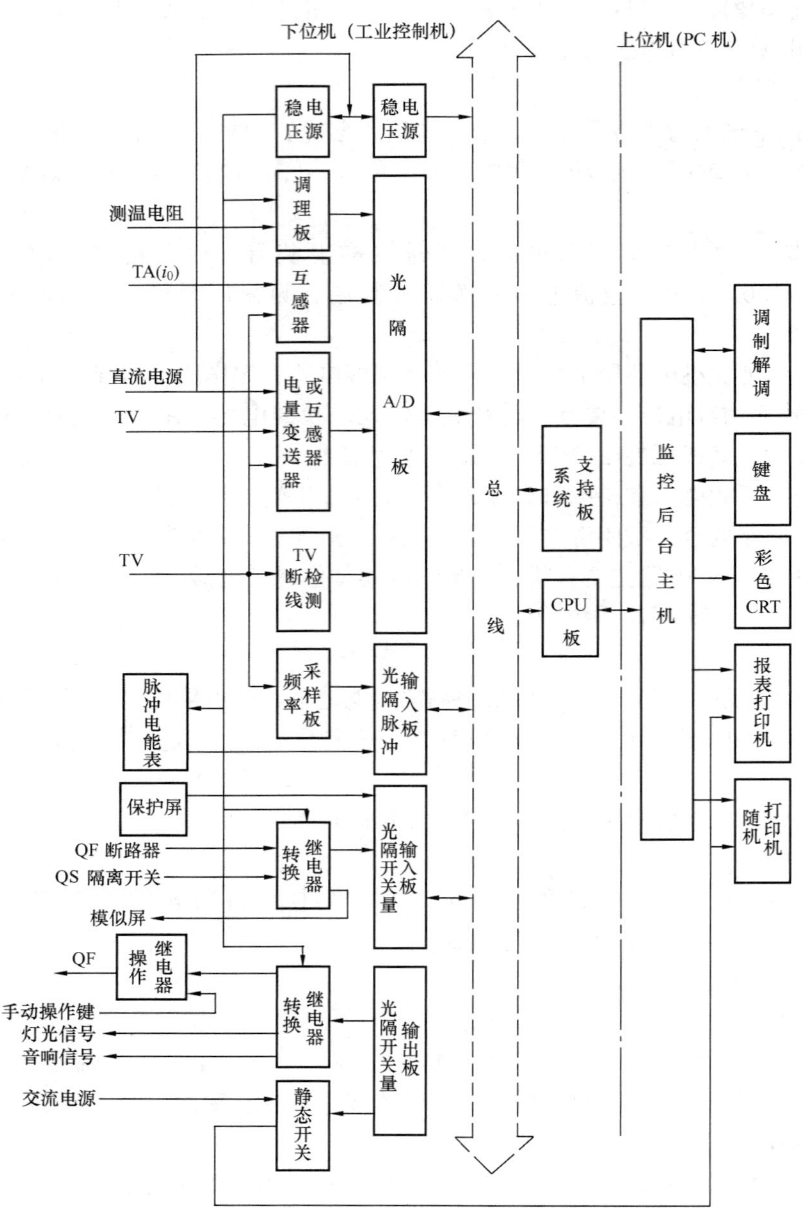

图 8-13　双主机微机监控系统原理方框图

值等。接地检测用的零序电流 i_0，零序电压 u_0 也通过弱电用精密电流、电压互感器变成交流电压 u_{i0} 和 u_{u0}。此电压经滤波器滤波后也经多路开关依次送入 A/D 的转换板，变成数字量，经光电隔离，送入总线，由微机算出零序电压和零序电流 $\dot{U}_0$ 和 $\dot{I}_0$，确定接地故障在哪条线路上。

电压回路断线检测是通过断相检测器 A 实现的，如图 8-14（c）所示。正常时，检测器输入的三相电压平衡，输出为零。当一次系统发生短路故障时，由于电压互感器 TV 主二次绕组和辅助二次绕组中均有零序电压，在变压器 T 中合成磁动势为零，使检测器输出仍为零。只有当出现一相或两相断线时，A 的三相输入电压 u_U、u_V、u_W 不平衡，产生零序电压，故检测器 A 输出一个 5V 的直流电压，经多路开关、A/D 转换后，送入总线，由微机判断出哪相断线。

被测温度经传感器变成测温电阻信号，此测温电阻需经热电阻信号调理板进行信号调理（如放大、滤波等），变成 A/D 能适用的信号，再送入 A/D 的转换板变成数字量，送入总线，如图 8-14（d）所示。

（2）开关量输入：开关量输入回路如图 8-15 所示。

图 8-15 中，KC 为转换继电器；QF、QS1、QS2 为断路器与隔离开关辅助触点；KA、KD、KS 为继电保护装置 AP 中的继电器触点。

开关量输入分为两类：一类为隔离开关 QS、断路器 QF 的辅助触点（包括断路器压力监察继电器触点 KVP 等）用来反映隔离开关和断路器的状态；另一类为继电保护装置 AP 的输出触点反映保护的动作情况。

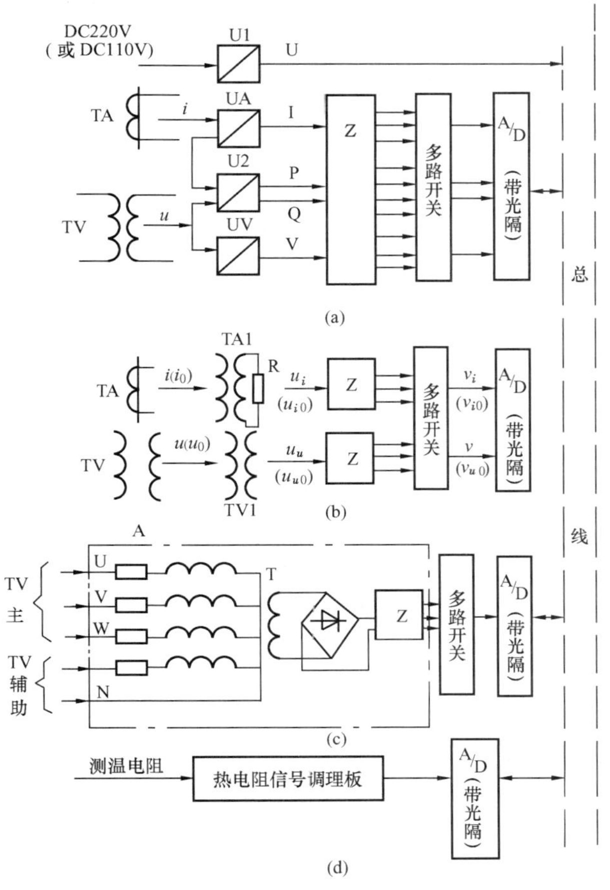

图 8-14　模拟量输入回路

（a）直流采样；（b）交流采样及接地检测；（c）电压回路断线检测；（d）温度检测

在图 8-15 中，转换继电器 KC 的线圈、断路器 QF 和隔离开关 QS1、QS2 的辅助触点，均接在直流 220V（或 110V）控制回路中，KC 的触点在弱电回路中经光电隔离开关量输入板送入总线，反映断路器和隔离开关的状态。

保护继电器触点一般为银质，接触电阻较小，不经转换继电器，在弱电回路中直接经光电隔离开关量输入板，送入总线。

（3）开关量输出：开关量输出回路如图 8-16 所示。

图 8-16 中，KC 为转换继电器，K 为位置继电器（每台断路器配置一只），KC1、KC2 为合闸和跳闸继电器（公用），S 为静态开关。

微机监控系统操作及信号输出是经过光电隔离开关量输出板。在弱电回路中启动转换继电器 KC，其触点再在强电回路中接通控制与信号回路。

在控制回路中，转换继电器 KC 启动合（跳）闸继电器和位置继电器，由位置继电器触点和合（跳）继电器触点串联接通断路器的合（跳闸）回路（图中未画出），实现自动跳、合闸。此外，也可用手动（后备）选控按键，启动跳、合闸继电器实现手动跳、合闸。

在信号回路中，转换继电器 KC 直接接通音响和灯光回路，实现报警。

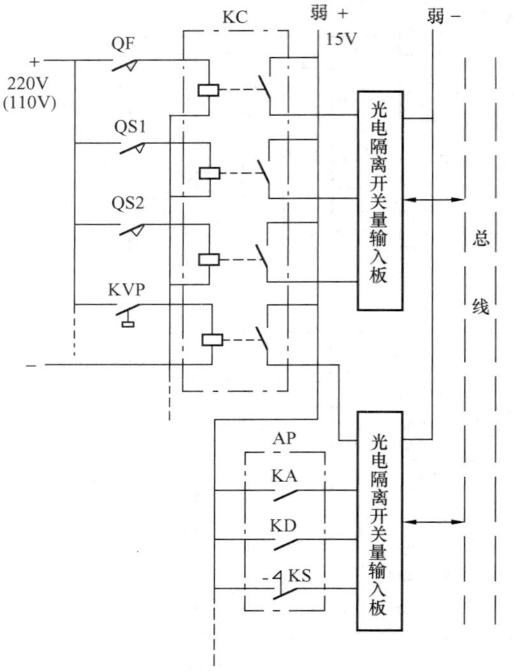

图 8-15　开关量输入回路

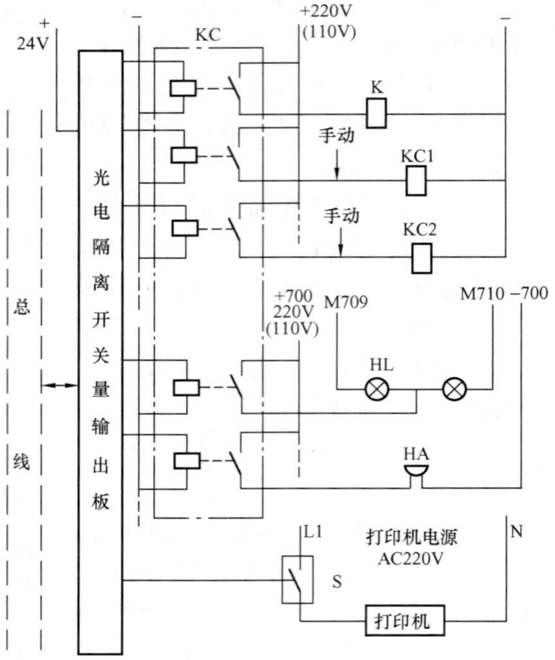

图 8-16　开关量输出回路

在打印机电源回路中，光电隔离输出板直接控制静态开关 S，使其接通或断开打印机回路。

(4) 脉冲量输入：电能表脉冲输出的脉冲数正比于该回路的电量，此脉冲经光电隔离脉冲输入板送到总线。

频率的测量是将电压互感器二次侧输出的电压，经频率采样板中的变压器变成 5V 的交流电压，再经采样板中的过零检测器变成方波电压信号。此信号经倍频后，再经光电隔离脉冲输入板送入总线。

2. 微机硬件系统

(1) 下位机：下位机为工业控制机，主要由 CPU、总线、A/D 转换板、开关量输入板、开关量输出板、脉冲输入板、系统支持板和热电阻信号调理板组成。下面主要介绍 CPU 板。

CPU 板上有程序存储器 ROM 和数据存储器 RAM 及中断控制器进行中断管理。所谓中断，即计算机正常执行的程序被打断，转而去执行一段专门的中断处理程序，将这段程序执行完后，再返回执行原来被中断的程序，从而提高了运行的实时性，减少了主机等待的时间。此外，CPU 板还配有标准通信接口 RS232 与上位机联系。

下位机 CPU 板的主要功能是完成全部模拟量、开关量、脉冲量的采集，进行越限判断，并实时地将所有采集量和越限报警量值通过通信接口送到上位机。通信接口还可将上位机的断路器操作信号由总线经开关量输出板输出，实现断路器的跳、合闸，同时启动中央信号系统，实现灯光显示及音响报警。

（2）上位机：上位机可选用通用型微机，并配置有显示器、打印机、标准键盘等。

该机的主要功能是通过与下位机通信接口，得到下位机实时采集的全部数据，进行分析、计算和判断；实时显示和定时打印全站设备的所有运行参数；通过键盘按编号选择被操作的断路器，进行跳、合闸操作。操作方法由屏幕提示，操作信号送入总线，通过开关量输出板和继电器实现断路器跳、合闸；实时显示事故与故障，并打印记录和报警；动态显示负载曲线；与上级调度通信，实现遥信、遥测与遥控。

3. 软件系统

该系统分为上位机软件和下位机软件，主要完成变电站的数据采集与处理、图形显示、打印记录、对断路器进行操作及通信功能。其框图如图 8 - 17 所示。

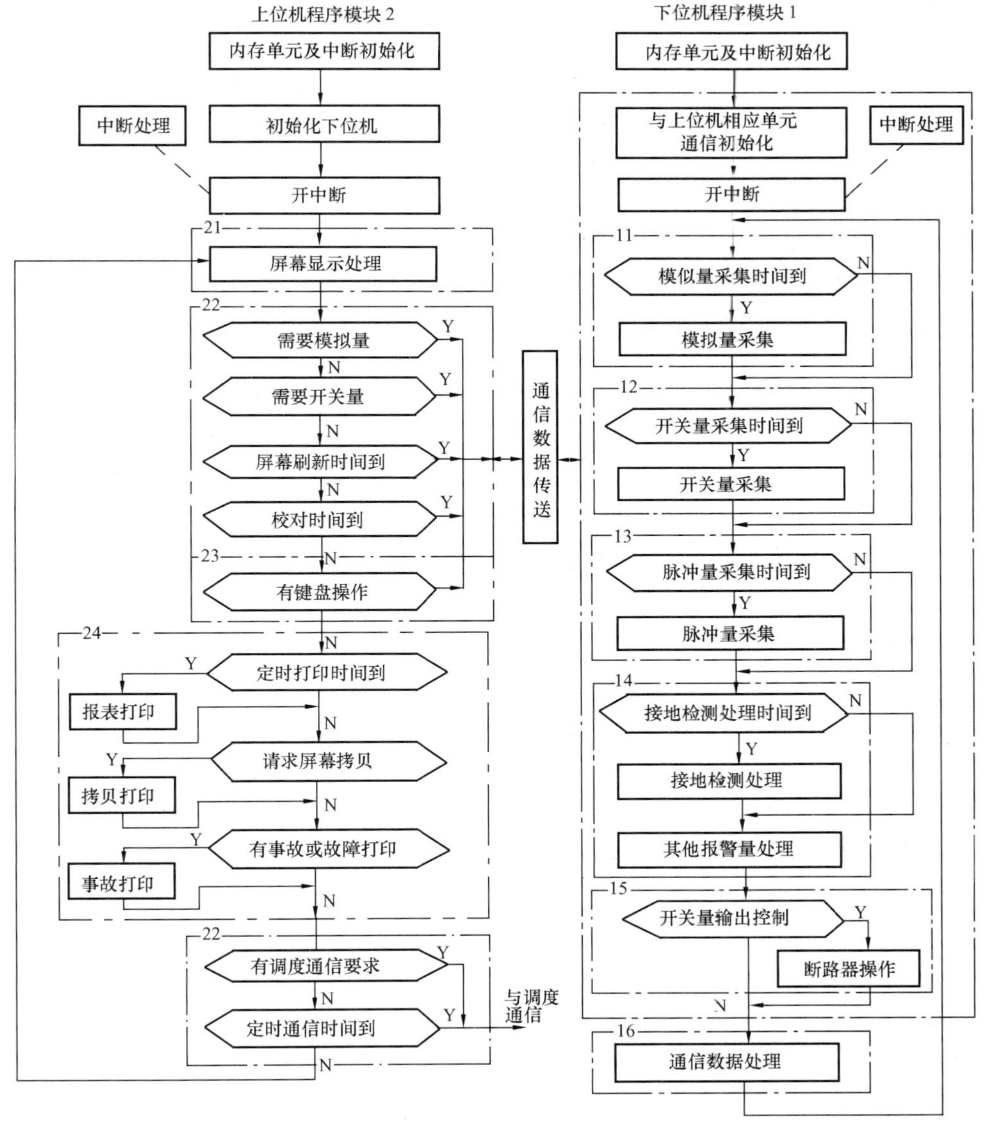

图 8 - 17　微机监控软件系统框图

(1) 下位机软件：下位机软件主要完成模拟量、开关量、脉冲量的采集（输入），开关量的输出控制（断路器跳、合闸操作与信号输出），向上位机传输数据等功能。

该软件为模块化软件，每块模块完成各自的功能，如模拟量采集模块 11 完成的是模拟量的采集；开关量采集模块 12 完成的是开关量采集；控制模块 15 及通信模块 16，则完成的是断路器操作控制、信号输出及与上位机的通信等。这样便于程序修改与维护，扩充也很容易。

(2) 上位机软件：上位机软件主要完成图像显示、打印记录、对断路器进行操作、远方通信及与下位机之间的数据传送。该软件也是模块化结构，不同的程序模块完成各自的功能。

图像显示程序模块 21 可显示变电站运行主系统图、隔离开关和断路器的位置及操作过程、各种运行参数表格和负载曲线及故障内容。

打印程序模块 24 主要完成报表打印及事故打印功能。报表打印机可完成定时打印制表，其定时时间可随意整定，表格形式也可随意修改。随机打印机则在事故与故障发生或继电保护动作时，自动打印故障或保护动作时间、地点、性质及顺序，同时还打印断路器及隔离开关变位的时间、性质及顺序。

通信程序模块 22 一方面将采集到的数据及开关状态实时地送至远方调度所，另一方面通过 RS232 通信接口与下位机进行实时通信，进行数据交换。其方式是上位机根据需要向下位机申请传送数据。下位机则按上位机的要求将所需数据送入上位机。

操作程序模块 23 主要通过键盘完成各种功能的操作。在进行断路器跳、合闸操作时，需自动加入各种闭锁条件，如：隔离开关未合、断路器未合，并在屏幕上显示“隔离开关未合”；接地开关未断开、断路器未合，并显示“接地开关未断开”；断路器操动机构压力异常闭锁等。

从以上对整个微机监控系统的分析，可看出本系统具有以下优点：

(1) 用微机进行编码操作并有事先确定的闭锁功能，整个操作过程均在 CRT 主系统画面上显示，避免了误操作。

(2) 连续实时地进行数据测量和分析计算，并且在屏幕显示、定时打印、记录，减轻了运行人员的负担。

(3) 准确及时地检测出各种故障、断路器和隔离开关的状态及保护动作情况，并显示、打印、记录和报警，从而准确及时地分析和处理事故，提高了变电站运行的可靠性。

(4) 硬、软件均为模块化结构，使用灵活，简单可靠，易于扩充，便于批量生产。

(5) 大大减少了屏台数，主控制室面积减少，节省投资。

第四节　计算机控制系统的应用

一、发电厂的计算机控制系统应用

目前，随着电气自动化系统全部纳入分散控制系统（DCS），发电厂的电气控制、测量、信号、保护、调节等功能全部由计算机控制系统完成。图 8-18 为某 2×300MW 火力发电厂 DCS 控制系统图。

图 8-18 中，控制系统分为分散控制系统 DCS 和网络微机监控系统 NCS。其中单元机

组的电气自动化控制系统 ECMS 作为 DCS 的一个子系统，完成从主变压器到电厂侧的所有主厂房内的电气设备的监测和控制。监控内容包括单元机组断路器、高压启动/备用变压器断路器、厂用电电源断路器的控制及相关电压、电流、功率、频率、开关状态、报警等电气参数和设备状态的监测。而对厂用电动机只进行监测不做控制，电动机的控制由 DCS 完成。网络微机监控系统 NCS 完成电厂公用电气设备和升压站电气设备的监控。监控内容包括系统中的断路器、隔离开关的控制及相关开关状态、报警等电气参数和设备状态的监测。

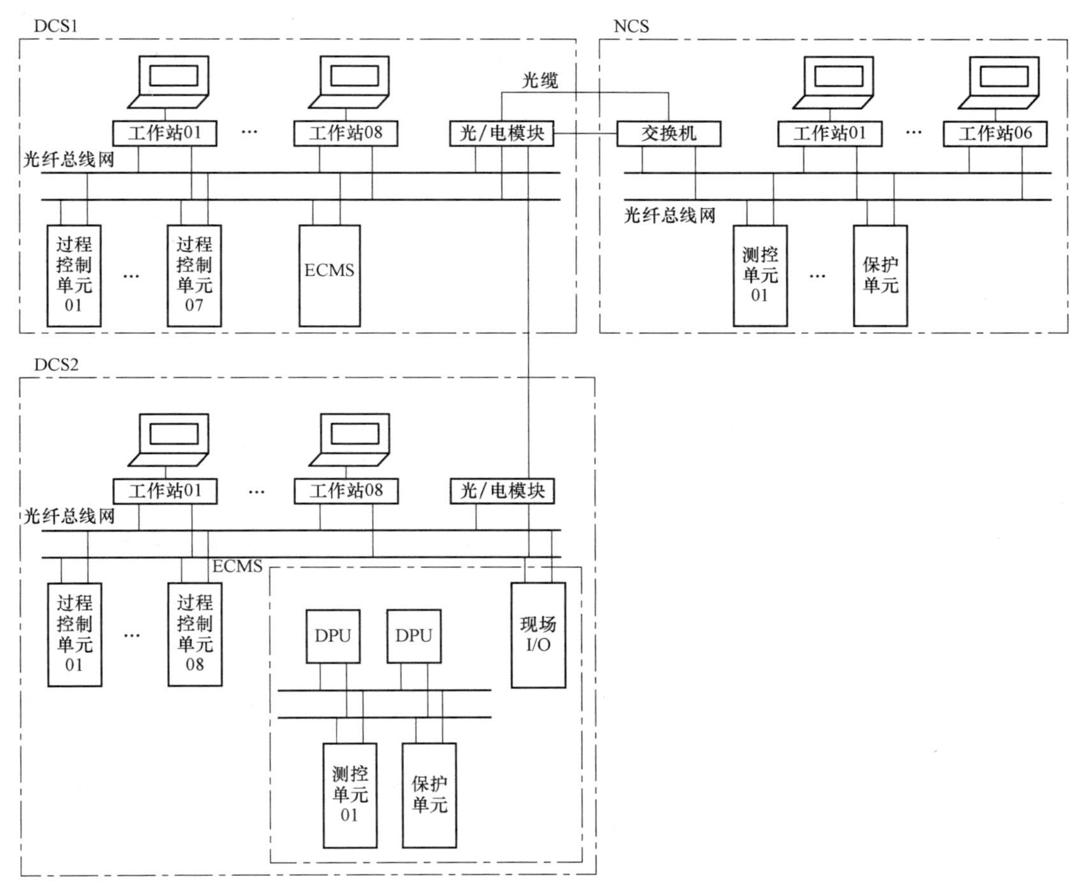

图 8-18　发电厂 DCS 系统图

控制系统按单元机组各设一套 DCS 系统，全厂设一套公用的 NCS 系统。各系统相对独立，并通过光纤总线网经交换机、光/电模块相连接，实现数据共享。

（一）NCS 构成及功能

NCS 自成一独立系统，主网采用冗余配置的双光纤以太网，系统设有中央层和间隔层。间隔层通过冗余的通信光缆直接与中央层进行信息交换。

中央层设备包括操作员工作站（作为人机接口，完成实时监控与管理），工程师工作站（监护人机接口，完成软件的维护与管理），数据处理与通信装置（建立实时数据库，完成全厂信息网通信），五防工作站（由测控装置取得断路器、隔离开关、接地开关的位置信号，利用计算机软件逻辑闭锁实现五防闭锁功能）。

间隔层包括智能测控装置、保护装置、同期装置等。

NCS 主要完成以下功能：

（1）控制功能。对升压站断路器、隔离开关、接地开关、母线等进行控制和操作闭锁。

（2）数据采集。对升压站系统各模拟量（电压、电流、功率、频率），开关量（断路器、隔离开关、接地开关的位置信号，继电保护和自动装置的动作信号），脉冲量（有功电能、无功电能）等数据进行采集。

（3）显示及报警。对升压站系统各模拟量和开关量进行显示和报警，正常时显示升压站系统运行状态的实时信息，通过键盘调用各种画面供运行人员使用，并可打印各种运行参数及报表；事故时实时显示事故画面及状态，如模拟量越限及开关量事故变位，发出音响报警信号，进行事故记录及追忆记录，并调用事故处理专家指导系统进行事故处理指导。

（4）计算及系统实时自诊断。对电能脉冲量的分时累加及设备连续运行时间等进行计算；对主机过程通道进行自诊断，以便及时发现故障。

（5）网络通信。中央层与全厂信息网通信，实现 NCS 与各单元机组 DCS 信息交换。

（二）ECMS 构成及功能

单元机组 ECMS 是单元机组 DCS 的一个电气专用子系统，它是由现场控制站、端子柜、发电机—变压器测控柜、保护柜和专用的 DPU（系统操作员窗口）组成，DPU 是一个以模件为基础的机柜单元，包括机柜、冗余电源、功能处理器、通信卡、各种功能卡件和机箱，可组态生成不同的页面，如端子板组态页面、卡件监测组态页面、报警光字牌组态页面、控制回路组态页面、监视系统组态页面等，完成单元机组控制操作和保护闭锁、数据采集、信息显示、报警及记录，信息通信等。其中，ECMS 在 DCS 中实现的监控功能为：

（1）利用程序控制和软手操控制使发电机升速、升压到并网带初始负荷。

（2）厂用电电源能按启动/停止阶段和正常运行阶段的要求通过程序和软手操进行控制。

（3）能实时显示和记录发电机—变压器组和厂用电系统的正常运行、异常运行和事故状态下的各种数据和状态，并提供操作指导和应急处理措施。

（4）单元机组实现全 CRT 监控。

（三）DCS 与电气专用装置的连接

单元机组的继电保护装置、厂用电快切装置及备用电源自动投入装置、故障录波装置、自动准同步装置、励磁调节装置等，均采用微机型独立装置，与 DCS 之间采用硬连接，使整个机组的监控与保护成为一个有机的整体。

1. 与继电保护的连接

继电保护装置的保护出口触点信号作为开关量的输入通过通信接口送入 DCS 的全局数据库，通过监视系统组态建立保护系统报警画面，将各保护系统的动作情况在 NCS 和 ECMS 操作员站显示出来。

2. 与厂用电快切装置及备用电源自动投入装置的连接

高压厂用电源配备的快切装置和低压厂用电源配备的备用电源自动投入装置通过通信接

口与 DCS 连接，在进行工作电源和启动/备用电源双向切换时，可由 DCS 控制启动或软手操实现启动。

3. 与自动准同步装置的连接

全厂每单元机组配一套自动准同步装置，通过通信接口与 DCS 连接，可由 DCS 程序控制启动，由自动准同步装置实现同步条件控制，同步合闸可由 DCS 实现或自动准同步装置实现。

4. 与励磁调节装置的连接

单元机组配备了双通道、互为备用的自动励磁调节器 AVR，通过通信接口与 DCS 连接，励磁系统磁场开关的投入与退出，AVR 的手动、自动、投入、退出、增磁、减磁等操作，均由 DCS 中的 ECMS 实现并进行状态监视。

二、变电站计算机监控系统的应用

随着计算机技术、信息技术、网络技术的不断发展，变电站综合自动化系统中的监控系统也在不断地发展和更新。如图 8－19 所示为 220kV 常规无人值班变电站计算机监控系统图。图中，系统分为两层，即站控层和间隔层，可综合实现电气控制与操作闭锁、数据的采集、报警处理、远动、事件顺序记录、制表打印等功能。

（一）站控层的构成及功能

站控层主要由主机兼操作员工作站（双机）、远动通信装置（双机）、电力数据网接入设备、保护及故障信息管理子站、时钟同步装置、打印设备和网络设备组成。

（1）主机兼操作员工作站。主机兼操作员工作站是变电站监控系统的信息处理中心。作为主要的人机界面，在正常情况下无人值班时，通过远动通信装置接受调度下达的指令，完成变电站的各种信息采集和操作；在有人值班时，站控层通过主机兼操作员工作站不仅可以下达电气设备的控制命令，包括各开关设备的一对一或选择操作及操作闭锁、操作权限管理、操作指导、记录及操作票生成管理，还可以完成在线画面和报表生成及打印、报警处理、电压和无功的自动调节、事故顺序记录及追忆、数据库存储与管理、系统时钟管理等整个系统的功能。

（2）远动通信装置。远动通信装置直接采集来自间隔层的实时数据，接受调度下达的指令，完成变电站远动信息的采集和操作命令的传送，实现变电站的无人值班。

（3）时钟同步装置。变电站的信息采集、传输和处理必须在统一的时标下进行，因此，全站设置一套统一的时钟同步装置，为计算机监控系统提供统一的时标（授时）。

（4）打印设备。打印设备双套配置，完成变电站正常运行需要的各种报表、图表的打印。监控系统对各采样点的数据进行在线工程化计算，并按设定的标度给出各种报表需要的量值。包括实时值（如电流、电压、功率）、统计值（如电压合格率、变压器负荷率）、累计值（如电能量、断路器正常操作及事故跳闸次数）。报表中应有时间标度，如年、月、日、时、分、秒等。

（5）保护与故障录波的信息管理。变电站设置独立的继电保护和故障信息管理子站，负责采集站内继电保护和故障录波信息，并上传至系统的相关管理部门。需要说明的是，新建 220kV 变电站多采用不设独立的保护与故障录波的信息管理子站，而将该功能归入主机兼操作员工作站，以简化系统结构。

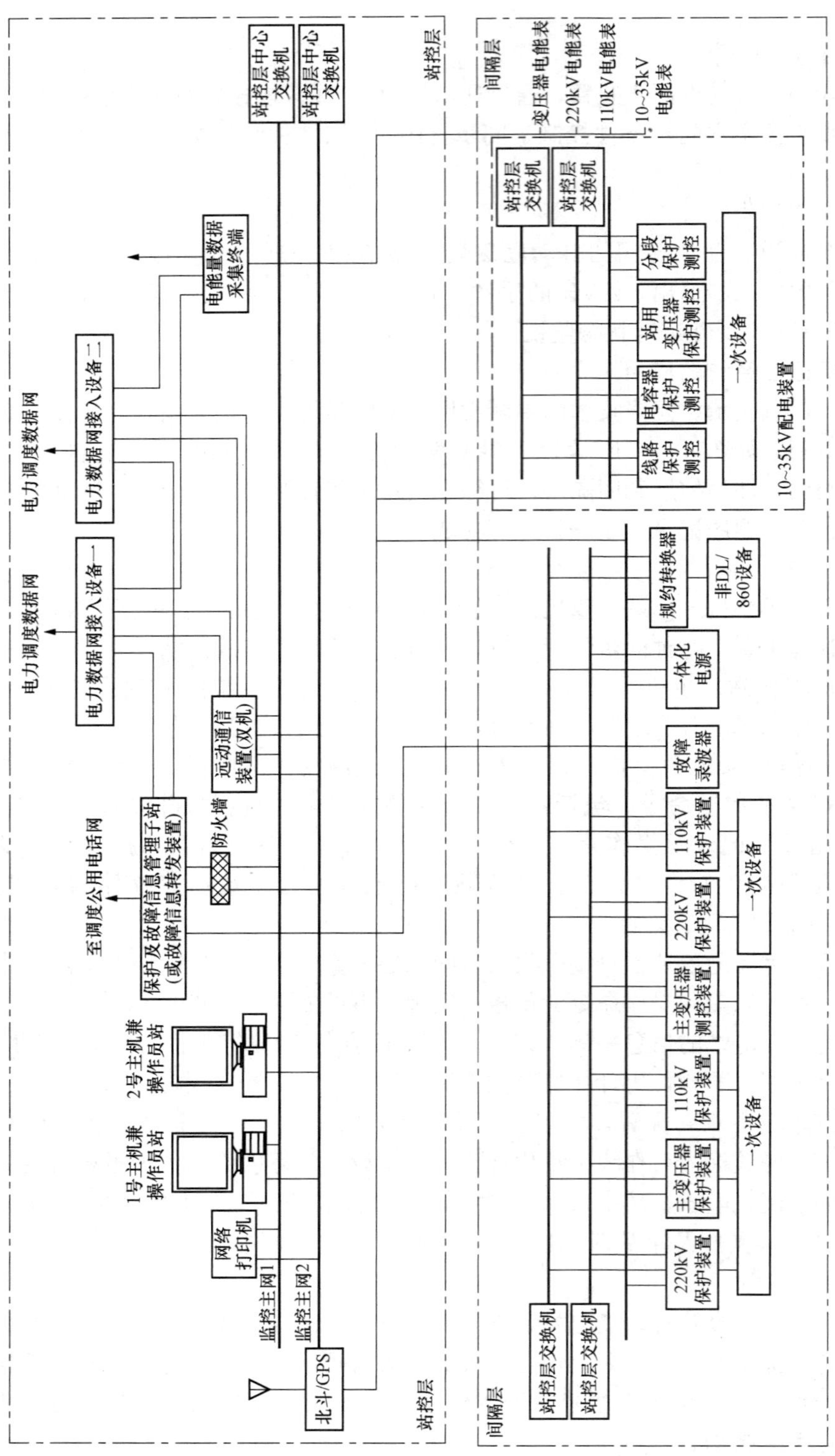

图8-19 220kV常规无人值班变电站计算机监控系统图

（二）间隔层的构成及功能

间隔层由继电保护装置、测控装置、故障录波装置、网络记录分析仪及安稳控制装置组成。

（1）测控装置。测控装置执行站控层主机发出的控制命令（当站控系统故障时，测控装置可独立工作，如通过面板上的就地控制命令对开关设备实现一对一操作，实现间隔操作闭锁功能，实现同期合闸功能，实现有载调压功能等）。测控装置具有各间隔实时数据采集和处理功能。采集的实时数据包括来自各间隔的电流互感器、电压互感器、断路器、保护装置、直流及站用电系统、通信设备等一次设备的模拟量、开关量、温度量等。

（2）保护装置。保护装置独立设置，除满足规程要求的保护功能外，还具有与站控层设备通信的功能。

（3）故障录波装置。故障录波装置能自动记录因系统短路故障、振荡、频率崩溃、电压崩溃等大扰动引起的系统电流、电压、有功、无功及频率变化全过程，从而检测继电保护和自动装置的动作行为，了解暂态过程各电参量的变化规律，校核电力系统计算程序及模型参数的正确性。

第五节　测控装置及其二次回路

测控装置作为一次设备与计算机监控主机的连接设备，完成上送测量量和保护信息、下达控制命令和定值参数的功能。

一、测控装置构成及功能

图 8-20 所示为测控装置的系统框图。图中测控装置主要包括交直流测量单元、独立遥控单元、状态量采集单元、遥调单元、脉冲累计计算单元、网络接口等。

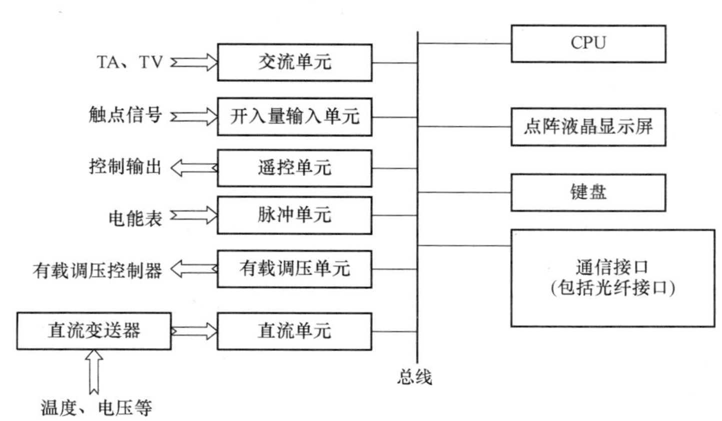

图 8-20　测控装置的系统框图

测控装置主要完成以下功能：

（1）多路开关量变位遥信。开关量输入为 220V/110V 光电隔离输入，每组开入可以定义成多种输入类型，如状态输入（重要信号可双位置输入）、告警输入、事件顺序记录（SOE）、脉冲累积输入、主变压器分接头输入（BCD 或 HEX）等，并具有防抖动功能。

（2）电压电流的模拟量输入。根据不同电压等级要求能上送所采集间隔电流有效值、电压有效值、$3U_0$、$3I_0$、电能计算、频率、多次谐波、功率及功率因数等。

（3）断路器遥控分合，空触点输出。可接受主站下发的遥控命令，完成控制断路器及其相关隔离开关、复归收发信机、操作箱等的操作（出口动作保持时间可由程序设定）。有些厂家的设备还提供了就地操作功能，有权限的用户可通过按钮直接对主接线图上对应的断路器及其相关隔离开关进行分合操作。

（4）电能量采集。它能完成脉冲电能量采集功能。

（5）直流、温度采集。装置通过内置或外置的温度变送器，可采集多种直流量，如DC220V、DC110V、DC24V、DC0～5V、DC4～20mA等，还能完成主变压器温度的采集上送。

（6）有载调压。可采集上送主变压器分接头挡位（BCD码或十六进制码），能响应当地主站发出的遥控命令（升、降、停），调节变压器分接头位置。

（7）同期功能。可根据需要选择检无压、检同期或自动捕捉同期方式，完成同期功能。

（8）小电流接地选线。有的厂家生产的测控装置带有小电流接地选线功能，可上送 $3U_0$ 越限告警报文给接地选线主站，并转发接地选线主站发出的召唤命令，由接地选线主站判断出是哪一路接地。

二、测控装置的二次回路

图 8-21～图 8-23 为 110kV 变电站的 110kV 线路 3 号间隔的测控装置二次电路图。

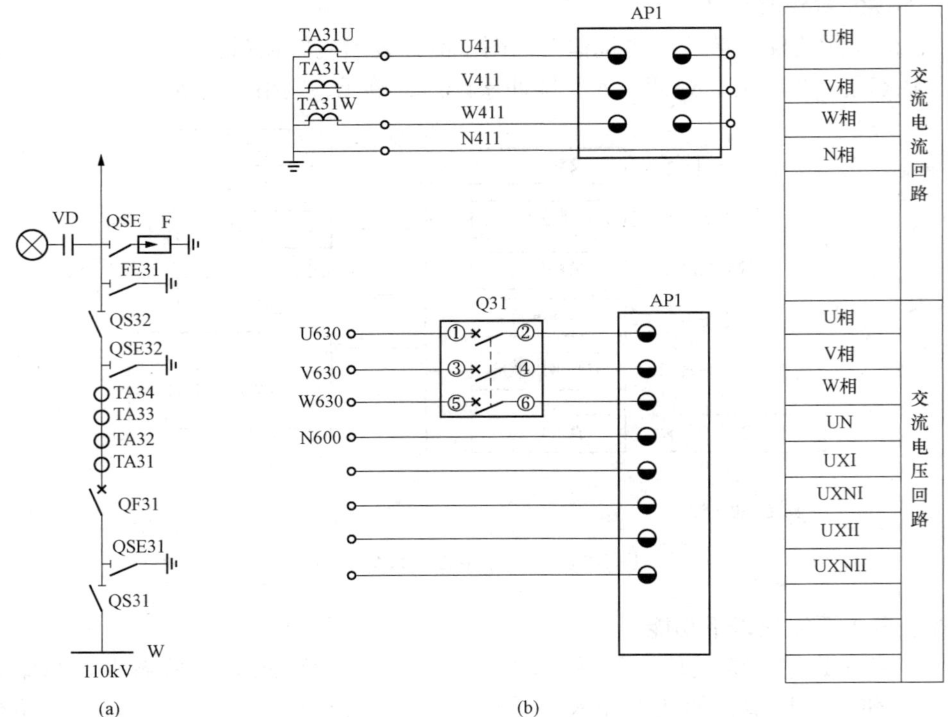

图 8-21 110kV 线路测控装置交流回路

（a）一次系统；（b）测控装置交流电压、电流回路

图 8-21 测控装置的交流电流电压回路。交流电流回路接在电流互感器 TA31 上，交流电压回路接在 110kV 母线电压互感器上。电压回路经空气断路器 Q31 接入，该断路器既作为交流电压回路的保护设备，也作为检验测控装置时切断交流电压用。测控装置的其他交流电压回路视具体需要接入。接入测控装置的交流电流、电压经过软件计算可以得到交流电流、电压的有效值及有功功率、无功功率和频率等值。

图 8-22 为测控装置遥控开出回路。测控装置的直流电源一般从控制电源小母线（L+，L—）接入，经过抗干扰元件 EM3 接到测控装置中。对于线路间隔的遥控，一般只考虑断路器、隔离开关及故障关合接地开关（线路接地开关）。图中对应 3 号间隔将断路器 QF31，隔离开关 QS31，QS32，QS33，故障关合接地开关 FE31 的跳、合闸回路分别接入。测控装置的遥控开出回路中，合闸与跳闸各占一对开出触点。对断路器的遥控开出触点是接在断路器的操作回路中（如图 3-14 中测控装置 AP1 的中间继电器触点 K11 和 K22）。对隔离开关和故障关合接地开关的遥控开出触点是接在它们的操动机构上。

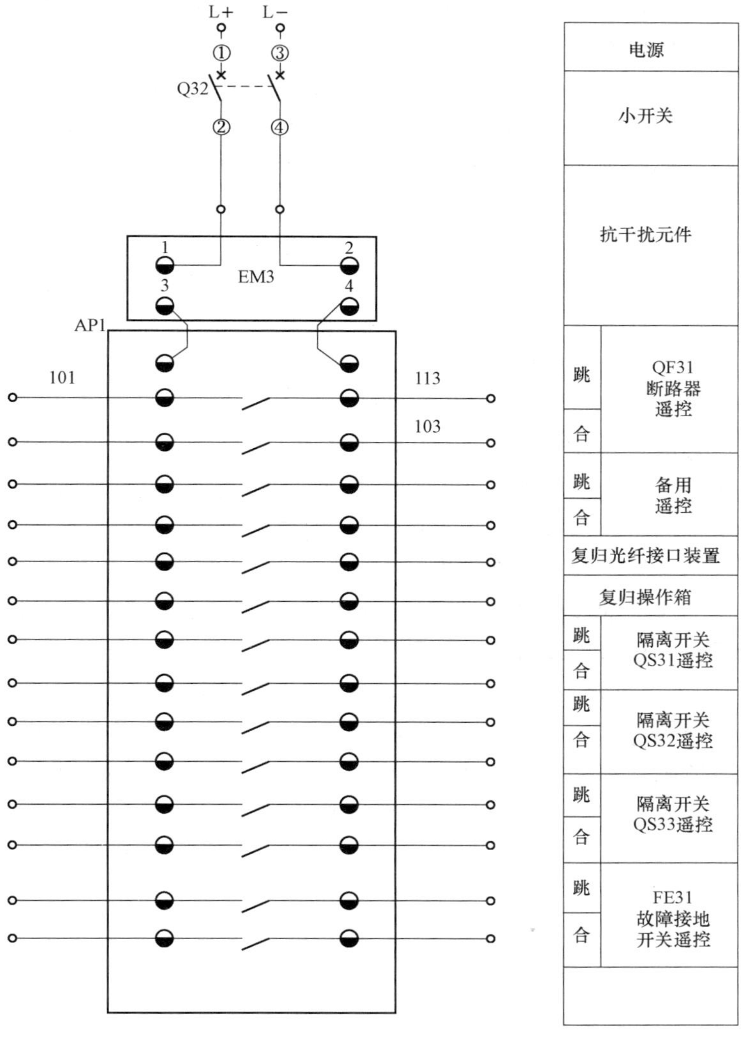

图 8-22　测控装置遥控开出回路

图 8-23 是 110kV 线路测控装置信号开入回路。接入测控装置的信号分为两部分，一部分是从本屏其他装置直接接入，另一部分是从配电装置经电缆接入。本屏直接接入的开入回路从测控装置上取 24V 信号电源，直接接入测控装置的背板端子，进入测控装置后经光电隔离后送入 CPU。从屏外经电缆接入的开入回路，先经外设的光电隔离继电器进行一次隔离，之后再接入测控装置的背板端子，即经过两级光电隔离后再送入 CPU。一般规定直流 24V 电源不出屏，从屏外引入的信号必须经过强弱电转换后才能接入装置。

从本屏直接接入的信号有：

（1）本保护屏上断路器操作把手的远方/就地位置，图中显示的是远方遥控位置。

（2）从操作箱接入的开入信号。当控制回路失电后，KCC 与 KCT 同时返回，其动断触点接通，发出控制回路断线信号；KS1 发出的重合闸出口信号；KS2 发出的保护跳闸出口信号。

（3）从光纤接口装置接入的开入信号。有光纤装置动作信号、光纤装置告警信号。

从配电装置经电缆接入的信号有：

（1）线路间隔断路器（QF31），隔离开关（QS31、QS32、QS33），接地开关（QSE31、QSE32），故障关合接地开关（FE31）的位置信号。图中接入的是它们的辅助触点。

（2）线路间隔就地控制柜 LCP 中，对本间隔的断路器、隔离开关、接地开关、故障关合接地开关进行远方/就地操作的切换信号显示。图中接入的是 LCP 柜中远方/就地切换开关 SA1 的触点 1—3，当触点闭合反映的是就地操作信号。

（3）接入本间隔断路器的报警信号，将图 8-23 的报警信号触点接入测控装置的信号开入回路。这些信号有断路器 SF_6 气体压力降低；断路器 SF_6 气体压力闭锁操作；断路器弹簧储能电机运转中过电流过时报警；隔离开关、接地开关、故障关合接地开关的操作电机运转中过电流报警；LCP 柜中的电源空气断路器跳闸。

这些开入量信号，在软件编程中可以以报文形式出现，也可以在模拟图对应的图符中以变色或变位的形式出现，用以反映这些电气设备运行中的实际位置。一般断路器位置变位在监控主机显示器上，以主接线图中图符的红、绿色变化及闪烁来表示，并同时出现事件报文。隔离开关、接地开关、故障关合接地开关的位置变化以图符变位的形式表示，并同时出现事件报文。其他的保护动作信号、告警信号均以事件报文的形式出现。每路开关量均可设置为长延时或短延时，还可以设置为一般状态量或 SOE 状态量（变位的同时也产生状态量信息）。每路信号开入量可定义当开关量变位时，是否响警铃或蜂鸣器。常规变电站的中央信号系统，出现事故信号时响蜂鸣器，出现预告信号时响警铃。在变电站综合自动化系统中，仍然遵循这一原则，当出现断路器跳位变位时（事故信号）定义响蜂鸣器，当出现保护动作或告警信号的开入量变位时（预告信号）定义响警铃。

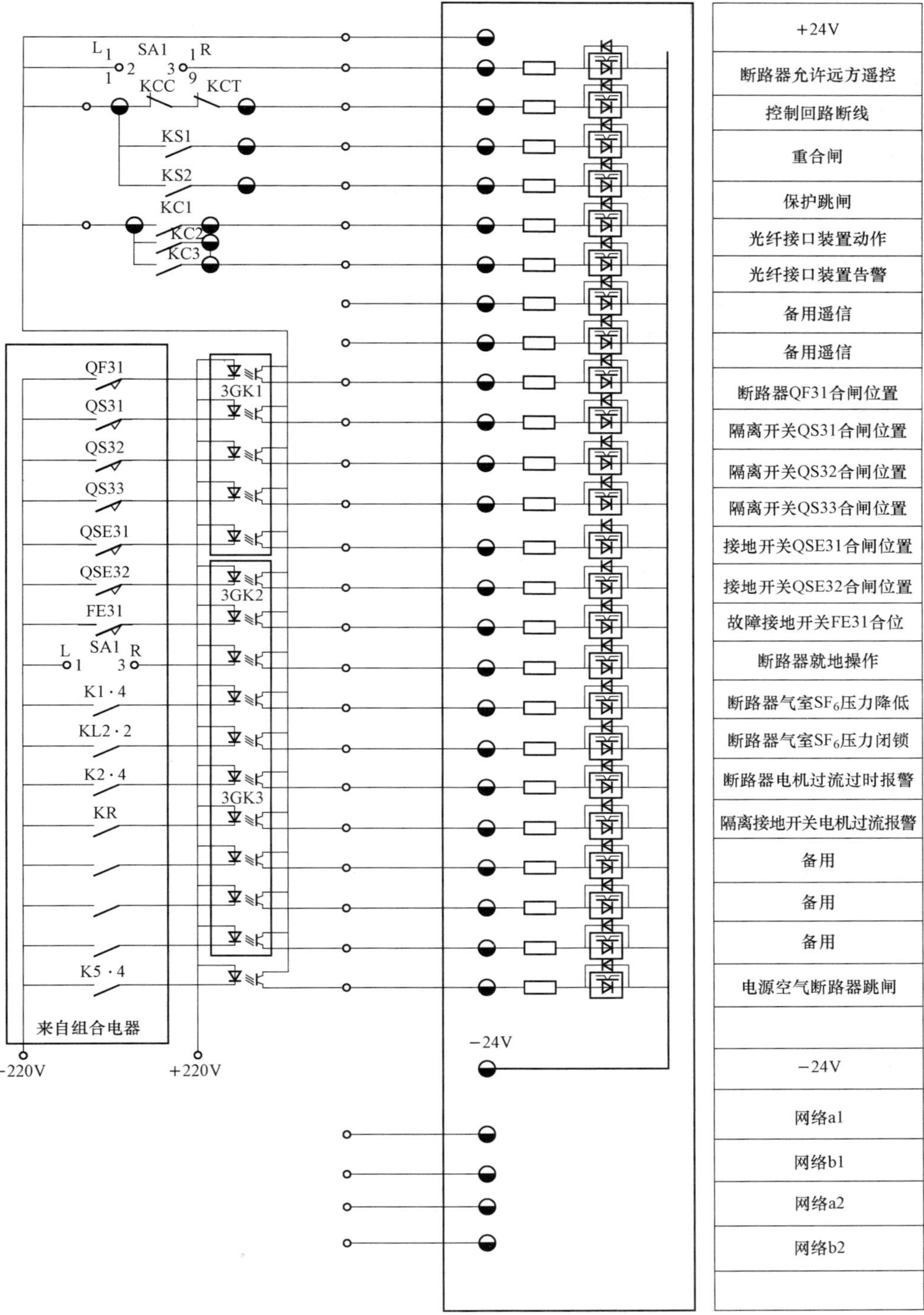

图 8-23　110kV 线路测控装置信号开入回路

复习思考题

1. 断路器的控制、信号回路采用弱电方式，有何优越性?

2. 断路器采用弱电一对一控制或选线控制（均设有信号返回屏）时，发生事故跳闸伴随有哪些弱电信号发生?

3. 微机监控系统主要由哪些设备构成?试说明微机监控系统的主要特点并分析断路器手动及自动跳、合闸时整个微机监控系统的动作情况。

4. 根据图 8-17 所示电路，回答下列问题：

(1) 什么叫断路器亮屏和暗屏运行?有哪几种方式?是如何实现的?

(2) 如何实现事故、预告音响信号的手动复归?

(3) 经常灭灯小母线为何设三根或两根，并且需两对触点串联去接通?

(4) 事故跳闸时信号电路如何动作?

(5) 如何进行光字牌检查来证明其完好?

第二篇　发电厂及变电站二次回路设计

第九章　电气图的基本知识

为了使电气制图标准及图形符号国家标准在发电厂及变电站二次回路中得到正确应用和理解，本章将对国家标准中有关电气图的基本知识作一介绍。

第一节　电气图基本概念

电气图是一种简图，它是由图形符号、带注释的围框或简化的外形表示系统或设备中各组成部分之间相互关系及其连接关系的一种图。

一、电气图的表示方法

（一）图形符号

图形符号是电气图的主体，用于表示电气图中电气设备、装置、元器件的一种图形和符号。电气简图用图形符号见附录 A。下文介绍图形符号的主要使用规则。

1. 图形符号的方位

标准中给出的绝大多数图形符号的方位取向是任意的，即图形符号可根据布图需要旋转放置（符号中的文字标记和指示方向均不得倒置），但对在电气图中占重要地位的各类开关、触点需要特别注意。标准中的各类开关和触点符号都是在连接线为竖向布置的形式中给出，当需要以水平形式布置时，必须将符号按逆时针方向旋转 90°后画出，即必须画成“左开右闭”或“下开上闭”的形式。

2. 图形符号的引线

对大多数正方形和圆形图形符号，其引线一般不加限制，可根据电路布局确定其引线位置，但当变更引线的位置会影响符号本身的含义时，标准中的引线位置就不能改变了，像大多数的矩形和三角形图形符号，如电阻器、继电器线圈、二极管、二进制逻辑单元。

3. 图形符号的状态

标准中的图形符号都是按无电压、无外力作用的正常状态画成。具有可动部分的元器件（如具有触点的继电器和开关设备）通常按以下状态表示：

（1）单稳态的机电元件，如继电器、接触器在不带电状态。

（2）隔离开关和断路器在断开位置。

具有可动部分元器件的动作方向，在水平布置的电路中，元件可动部分的动作方向一律向上；在垂直布置的电路中，元件可动部分的动作方向一律向右。

4. 图形符号的布置

对于在驱动部分和被驱动部分之间只有机械连接关系的元器件，特别是被驱动部分包含有多组触点的继电器、接触器等，在电气图中有下列表示方法。

(1) 集中表示法：把一个元件的各组成部分的图形符号，在图上绘制在一起，如图 9-1 所示。

(2) 分开表示法：把一个元件的各组成部分的图形符号在图上分开表示，并用项目代号（见后）表示它们之间的关系，如图 9-2 所示。其目的是得到清晰的电路布局。

示例
集中表示法
名称
附注
1
−K1
A1
A2
13
14
23
24
继电器
可用半集中表示法(图 1−6) 或分开表示法(图 1−5)表示
2
23 −SB 24
21
13
14
按钮开关
同上
3
−T1
11
12
13
14
21
22
三绕组变压器
可用分开表示法(图 1−5)表示

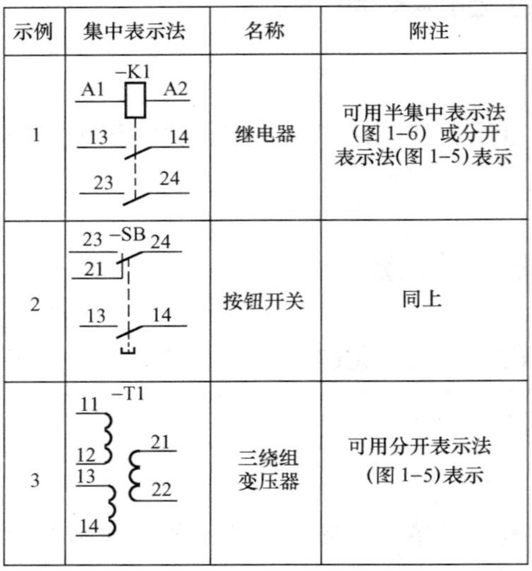

图 9-1　集中表示法

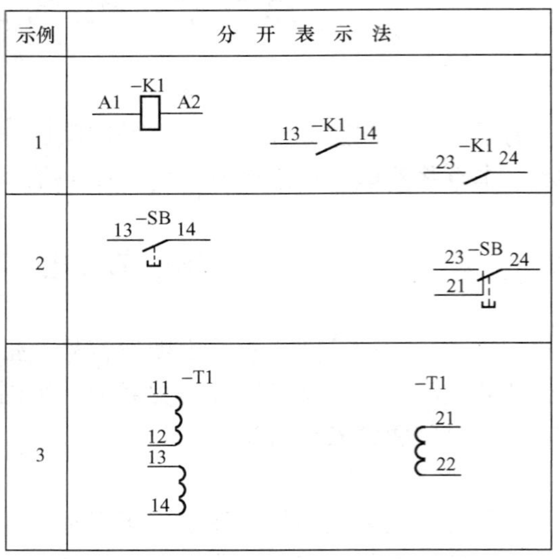

示例
分 开 表 示 法
1
−K1
A1
A2
13 −K1 14
23 −K1 24
2
13 −SB 14
23 −SB 24
21
3
−T1
11
12
13
14
−T1
21
22

图 9-2　分开表示法

示例
半 集 中 表 示 法
1
−K1
A1
A2
13
14
23
24
2
13 −SB 14
23 −SB 24
21

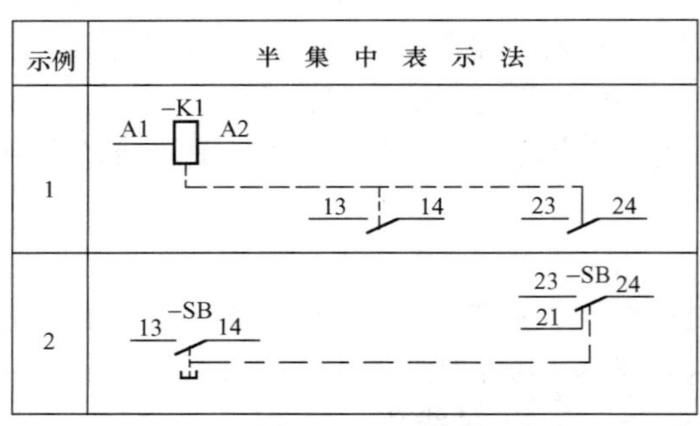

图 9-3　半集中表示法

(3) 半集中表示法：把一个元件的某些组成部分的图形符号在图上分开布置，并用机械连接线表示它们之间的关系，如图 9-3 所示。其目的也是得到清晰的电路布局。

(二) 文字符号

文字符号是电气图中的电气设备、装置、元器件的种类字母代码和功能字母代码。文字符号的字母应采用大写拉丁字母。文字符号分为基本文字符号和辅助文字符号两种。

(1) 基本文字符号。基本文字符号可采用单字母符号或双字母符号。单字母符号可按电气设备、装置、元器件的种类划分为 24 类，见表 9-1。双字母符号是由一个表示种类的单字母符号与另一个表示功能或状态特性的辅助文字符号组成，其排列顺序是单字母符号在前，辅助文字符号在后。基本文字符号不应超过 2 个字母，如附录 B 所示。

(2) 辅助文字符号。辅助文字符号既可用来组成基本文字符号，也可单独使用。单独使用不应超过 3 个字母。常用的辅助文字符号见表 9-2。

表 9-1　表示种类的单字母符号

字母符号	项目种类	举　　例
A	组件 部件	分立元件放大器、磁放大器、激光器、微波激射器、印刷电路板，本表其他地方未提及的组件、部件
B	变换器（从非电量到电量或相反）	热电传感器、热电池、光电池、测功计、晶体换能器、送话器、拾音器、扬声器、耳机、自整角机、旋转变压器
C	电容器	
D	二进制单元延时器件存储器件	数字集成电路和器件、延迟线、双稳态元件、单稳态文件、磁芯存储器、寄存器、磁带记录机、盘式记录机
E	杂项	光器件、热器件、本表其他地方未提及的元件
F	保护器件	熔断器、过电压放电器件、避雷器
G	发电机电源	旋转发电机、旋转变频机、电池、振荡器、石英晶体振荡器
H	信号器件	光指示器，声指示器
J	用于软件	程序单元、程序、模块
K	继电器	
L	电感器 电抗器	感应线圈、线路陷波器 电抗器（并联和串联）
M	电动机	
N	模拟集成电路	
P	测量设备	测量设备、指示器件、记录器件
Q	电力电路的开关	断路器、隔离开关
R	电阻器	可变电阻器、电位器、变阻器、分流器、热敏电阻
S	控制电路的开关选择器	控制开关、按钮、限制开关、选择开关
T	变压器	变压器、电压互感器、电流互感器
U	调制器 变换器	鉴频器、解调器、变频器、编码器、逆变器、整流器、电报译码器、无功补偿器
V	电真空器件 半导体器件	电子管、晶体管、晶闸管（VT）、二极管（VD）、三极管、半导体器件
W	传输通道波导、天线	导线、电缆、母线、波导、波导定向耦合器、偶极天线、抛物面天线
X	端子 插头 插座	插头和插座、测试塞孔、端子板、焊接端子片、连接片、电缆封端和接头
Y	电气操作的机械装置	制动器、离合器、气阀、操作线圈
Z	终端设备 混合变压器 滤波器、均衡器 限幅器	电缆平衡网络 压缩扩展器 晶体滤波器 衰减器、阻波器

表 9-2　　常用辅助文字符号

序号	文字符号	名　称	英文名称	序号	文字符号	名　称	英文名称
1	A	电流	Current	34	L	限制	Limiting
2	A	模拟	Analog	35	L	低	Low
3	AC	交流	Alternating current	36	LA	闭锁	Latching
4	A AUT	自动	Automatic	37	M	主	Main
				38	M	中	Medium
5	ACC	加速	Accelerating	39	M	中间线	Mid-wire
6	ADD	附加	Add	40	M MAN	手动	Manual
7	ADJ	可调	Adjustability				
8	AUX	辅助	Auxiliary	41	N	中性线	Neutral
9	ASY	异步	Asynchronizing	42	OFF	断开	Open，off
10	B BRK	制动	Braking	43	ON	闭合	Close，on
				44	OUT	输出	Output
11	BK	黑	Black	45	P	压力	Pressure
12	BL	蓝	Blue	46	P	保护	Protection
13	BW	向后	Backward	47	PE	保护接地	Protective earthing
14	C	控制	Control	48	PEN	保护接地与中性线共用	Protective earthing neutral
15	CW	顺时针	Clockwise				
16	CCW	逆时针	Counter clockwise	49	PU	不接地保护	Protective unearthing
17	D	延时（延迟）	Delay	50	R	记录	Recording
18	D	差动	Differential	51	R	右	Right
19	D	数字	Digital	52	R	反	Reverse
20	D	降	Down，Lower	53	RD	红	Red
21	DC	直流	Direct current	54	R RST	复位	Reset
22	DEC	减	Decrease				
23	E	接地	Earthing	55	RES	备用	Reservation
24	EM	紧急	Emergency	56	RUN	运转	Run
25	F	快速	Fast	57	S	信号	Signal
26	FB	反馈	Feedback	58	ST	起动	Start
27	FW	正，向前	Forward	59	S SET	置位，定位	Setting
28	GN	绿	Green				
29	H	高	High	60	SAT	饱和	Saturate
30	IN	输入	Input	61	STE	步进	Stepping
31	INC	增	Increase	62	STP	停止	Stop
32	IND	感应	Induction	63	SYN	同步	Synchronizing
33	L	左	Left	64	T	温度	Temperature

续表

序号	文字符号	名　称	英文名称	序号	文字符号	名　称	英文名称
65	T	时间	Time	68	V	速度	Velocity
66	TE	无噪声（防干扰）接地	Noiseless earthing	69	V	电压	Voltage
				70	WH	白	White
67	V	真空	Vacuum	71	YE	黄	Yellow

（三）电气图的表示方法

1. 图幅分区

对于幅面大而内容复杂的电气图，在读图过程中，为了迅速找到图上的内容，需利用图幅分区法确定图上的位置。

图幅分区法即在各种幅图的图纸上分区，如图 9-4 所示。图中将图纸的两对边各自等分加以分区，分区的数目应为偶数。每一分区的长度一般在 25～75mm。每个分区内竖边方向用大写拉丁字母，横边方向用阿拉伯数字分别编号。编号的顺序应从标题栏相对的左上角开始。分区代号用字母和数字表示，如 B3、C5 等。

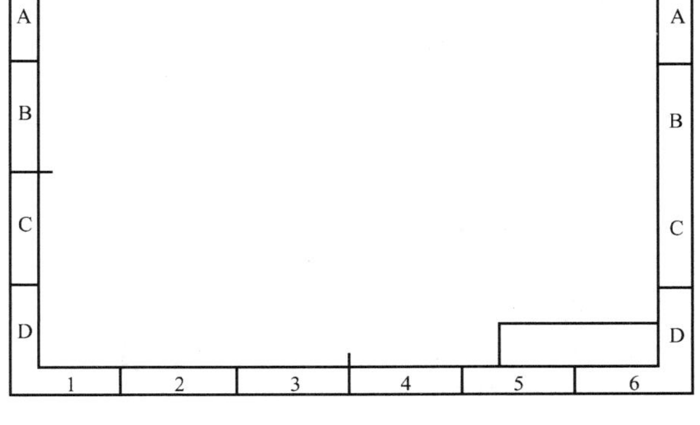

图 9-4　图幅分区法示例

2. 图线

绘制电气图所用的各种线条统称为图线。国家标准对图线的型式、宽度、间距都做了明确的规定。

图线的型式如表 9-3 所示。

图线的宽度一般从以下系数中选取：0.25、0.35、0.5、0.7、1.0、1.4mm。

通常，在一张图纸上只选其中两种宽度的图线，并且粗线为细线的两倍。当在某些图中需要两种宽度以上的图线时，线的宽度应以 2 倍数依次递增，例如选 0.35、0.7、1.4mm。

图线的间距规定最小间距不小于粗线宽度的两倍。

表 9-3　　图　线　型　式

图线名称	图线型式	一　般　应　用
实线	————————	基本线，简图主要用线，可见轮廓线，可见导线
虚线	----------	辅助线，屏蔽线，机械连接线，不可见轮廓线，不可见导线，计划扩展内容用线
点划线	-·-·-·-·	分界线，结构围框线，分组围框线
双点划线	-··-··-··	辅助围框线

3. 连接线

导线电缆符号、信号通路及元器件和设备的引线统称为连接线。在各种电气图中，就其连接线和导线的表示而言，可分为：

（1）多线表示法，指每根连接线或导线各用一条图线表示，如图 9-5 所示。

（2）单线表示法，指两根或两根以上的连接线或导线在图上只用一条图线表示的方法，如图 9-6 所示。

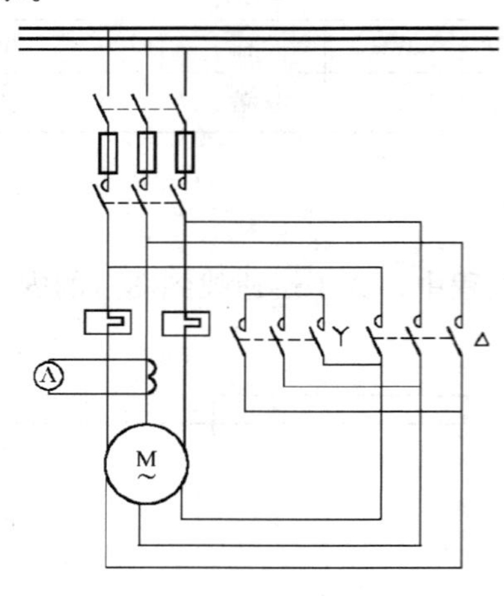

图 9-5　多线表示法

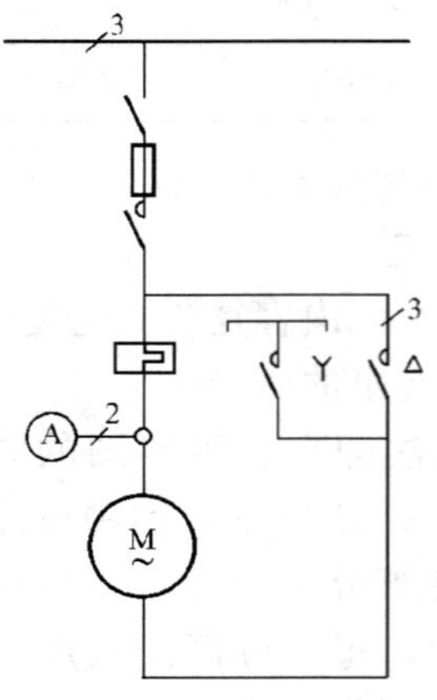

图 9-6　单线表示法

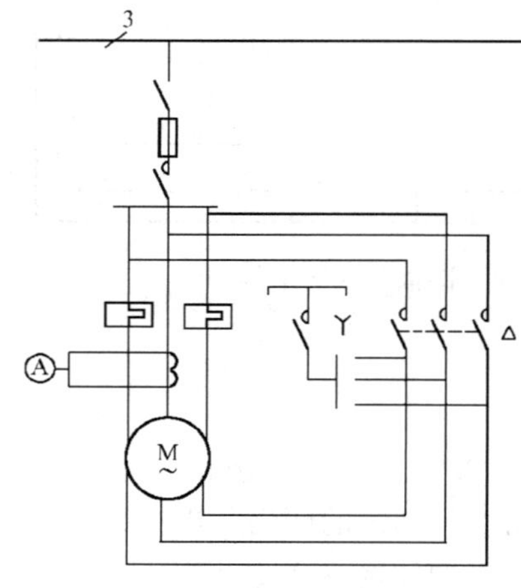

图 9-7　单线和多线表示法

（3）单线和多线表示法，在同一图中，必要时单线表示法和多线表示法可组合使用，如图 9-7 所示。

4. 中断线

连接线中断用于以下三种情况：

（1）当穿越图面的连接线较长或穿越稠密区域时，允许将连接线中断，且在中断处加相应标记，如图 9-8（a）所示。

（2）去向相同的线组可中断，且在中断处加适当标记，如图 9-8（b）所示。

（3）连到另一张图上的连接线，应中断，且在中断处注明图号、张次、图幅分区代号等标记，如图 9-8（c）所示。

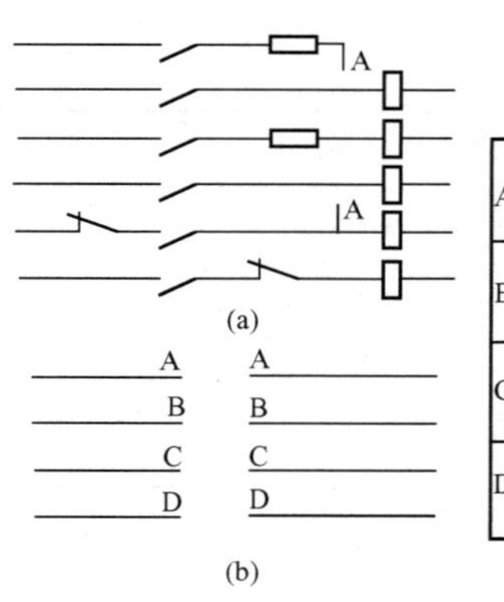

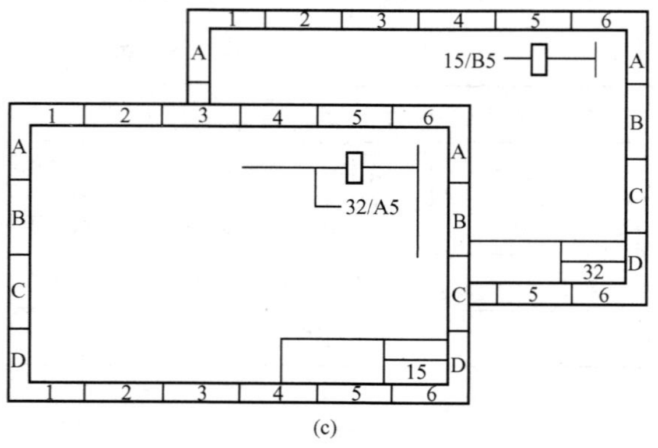

图 9-8　中断线标记

5. 电气图的布局

电气图就其布局而言可分为功能布局法和位置布局法两种。

(1) 功能布局法。功能布局法是指简图中元件符号的布置，只考虑它们之间的功能关系，而不考虑实际位置的布局方法。如系统图和框图、电路图、逻辑图均采用这种布局法。

功能布局法的布局原则是按照信号流或能源流的因果关系由左向右或由上至下布局。如果信号流或能源流是由右至左或由下至上，以及流向不明显时，应在连接线上加开口箭头。开口箭头不应与其他任何符号相靠近。

在闭合回路中，前向通路上的信号流方向应由左至右或由上至下，反馈通路上的方向则与此相反。

(2) 位置布局法。位置布局法是指简图中的元器件符号按元器件的实际位置布置的布局方法。如屏面布置图、接线图、断面图和安装图等就是采用这种布局法。

二、电气图的分类

(一) 表示功能关系的电气图

1. 系统图和框图

系统图和框图是用图形符号或带注释的框构成的简图，用来概略表示系统或分系统的基本组成、相互关系及其主要特征。它是绘制逻辑图、电路图的依据，也是运行和检修必不可少的技术文件。

系统图和框图根据所表达的内容可分为电气系统图、电气测量和保护框图、同步系统图、调度自动化系统框图等。

系统图和框图可在不同的层次上绘制，并参照绘制对象的逐级分解来划分层次。较高层次的系统图和框图可反映对象的概况，较低层次的系统图和框图可将对象表达得较为详细。

2. 电路图

电路图是采用图形符号并按其工作顺序排列构成的一种简图，用来详细表示电路、设备或成套装置的全部基本组成和连接关系，而不考虑它们的实际位置。电路图可用来详细理解表达对象的工作原理，分析和计算电路特性，并为绘制接线图提供依据。

常见的电路图有断路器和隔离开关控制信号电路、互感器二次电路、中央信号电路等。

3. 功能图

功能图是表示理论的或理想的电路而不涉及实现方法的一种简图，用来详细表示系统、分系统、成套装置或设备等的应用功能。它既可为绘制电路图和其他简图提供依据，也可用于说明电路的工作原理和工作人员的技术培训。

常见的功能图有等效电路图等。

4. 功能表图

功能表图是采用图形符号和文字说明相结合的一种表图，用来全面描述电气控制系统(如一个供电过程或一个生产过程的控制系统) 的控制过程、作用和状态。它只是提供原则和方法，而不提供具体执行过程所采用的技术。

5. 逻辑图

逻辑图是用二进制逻辑单元符号绘制的一种简图。它分为纯逻辑图和详细逻辑图。纯逻辑图只表示功能而不涉及其实现方法，因此是一种功能图；详细逻辑图不仅表示功能，而且表示实现方法，因此是一种电路图。

逻辑图是数控系统中一种重要的技术文件。它不仅表示设备的逻辑功能和工作原理，而且也是绘制接线图和其他简图的依据。因此逻辑图在数控系统的设计、调试和生产中起着重要的作用。

电气工程图中常见的逻辑图，如保护逻辑图和控制逻辑图。

（二）表示位置关系的电气图

1. 布置图

布置图是表示各电气设备、装置或元器件在现场、厂房或装置中的位置关系的一种简图。它可根据表达的内容和要求采用简图按比例绘制。

电气工程图中常见的布置图，如控制室平面布置图、开关室布置图及屏（台）正面布置图等。

2. 安装图

安装图是详细表示电气设备、装置或元器件的空间位置和组合关系的一种简图。安装图也应按比例绘制。

常见的安装图有变压器安装图等。

（三）表示连接关系的电气图

接线图是表示电气设备、装置连接关系的一种简图，用来进行接线、检查及故障处理。接线图可分为单元接线图、互连接线图、端子接线图和电缆连系图四种。

1. 单元接线图

单元接线图是表示设备或装置中一个结构单元内部连接关系的一种接线图。

所谓“结构单元”是指在各种情况下可独立运用的组件或由零件、部件和组件构成的组合体，例如电动机、发电机、稳压电源等。

2. 互连接线图

互连接线图是表示设备或装置的不同结构单元之间连接关系的一种接线图。

3. 端子接线图

端子接线图是表示设备或装置中的一个结构单元的端子以及接在端子上的外部接线的一种接线图。

4. 电缆连系图

电缆连系图是表示各独立单元之间的电缆连接关系的一种接线图。电缆连系图中应标注电缆编号、电缆型号规格和各独立单元的项目代号。它是电缆敷设的基本依据。

第二节　项　目　代　号

在电气图中，为了便于查找、区分各种图形符号所表示的设备、装置、元器件等，需采用一种称作“项目代号”的特定代码，将其标注在各个图形符号近旁，以便在图形符号和实物之间建立起明确的一一对应关系。

一、有关术语

（一）有关项目的术语

1. 基本件

基本件是具有基本功能的、结构简单和不可分解的一个零件、元件或器件的总称。

2. 部件

部件是指两个或更多的基本件构成的组件的一部分，可以整个地替换也可以分别替换其中一个或几个基本件，如过电流保护继电器、端子排等。

3. 组件

组件是指由若干基本件或若干部件或是若干基本件和若干部件组装在一起，用以完成某一特定功能的组合体，如发电机、开关设备等。

4. 项目

项目是指电气图上通常用一个图形符号表示的基本件、部件、组件、功能单元、设备、系统等，如电抗器、继电器、发电机、开关设备、电源装置、配电系统等。

（二）有关项目代号的术语

1. 种类代号

种类代号是用以识别项目种类的代号。项目的种类和项目在电路中的功能无关，例如各种电阻可视为同一种类的项目。对于某些组件，可按其在电路中的作用分类，例如开关，在电气一次回路和二次回路可视作不同种类的项目。

2. 位置代号

位置代号是指项目在组件、设备、系统或建筑物中的实际位置的代号。

3. 高层代号

高层代号是指系统或设备中任何较高层次项目的代号。

4. 端子代号

端子代号是用以同外电路进行电气连接的导电件的代号。

5. 项目代号

项目代号是用以识别简图、表图、表格中项目的一种特定代码，并反映项目的层次关系、实际位置等。

6. 代号段

代号段是指具有相关信息的项目代号的一部分。项目代号包括高层代号、位置代号、种类代号和端子代号 4 个代号段。

7. 前缀符号

前缀符号是用以区别各个代号段的符号。其中，符号“＝”为高层代号的前缀符号；加号“＋”为位置代号的前缀符号；减号“－”为种类代号的前缀符号；冒号“:”为端子代号的前缀符号。

二、项目代号的构成

一个完整的项目代号包括 4 个代号段，各个代号段以规定的前缀符号区分，且以固定的注写顺序标记，例如：

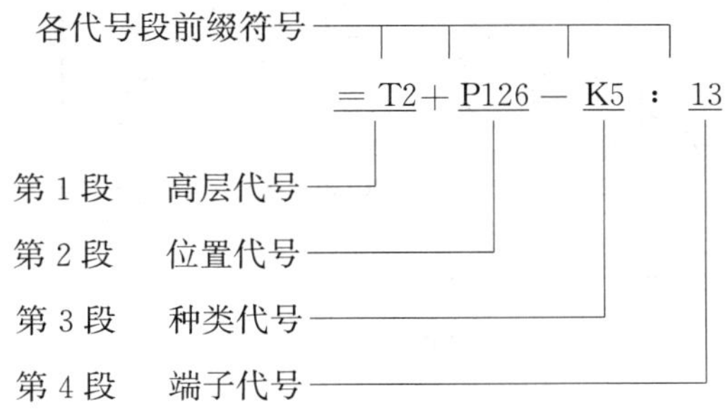

（一）高层代号

一个完整的系统或成套设备可以依次分为几部分，其中较高层次的部分都分别给出高层代号，从而可清楚地表明某个项目在系统中属于哪一部分，或者表明项目和它在内的更大单元之间的关系。

由于各类系统或成套设备的划分方法不同，而且结构单元本身差别很大，所以国家标准没有规定字母的代码，而是根据实际情况按各系统的简化名称或特征选定英文缩写字母，并用英文缩写字母或数字，或用英文缩写字母和数字组合构成代号。例如：

= P1

第 1 号清水泵装置

高层代号也可以由两组或多组代码复合，复合时要将较高层次的高层代号注写在前。例如：

此例表明 P1、A、TBE1 均为较高层次项目，且 P1 隶属于 A，A 隶属于 TBE1。

（二）位置代号

对于复杂的系统、成套设备，可通过位置代号迅速找到项目。新标准规定，位置代号可根据实际情况，按项目所在区室的简化名称选定英文缩写字母，并用英文缩写字母和数字组成。例如：

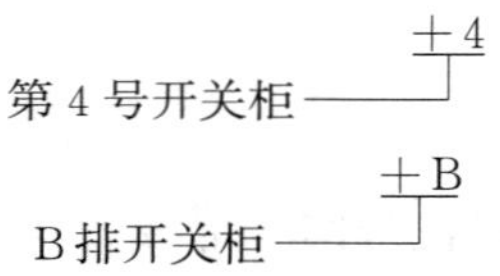

位置代号也可以由两组或多组代号复合，如图 9-9 所示。

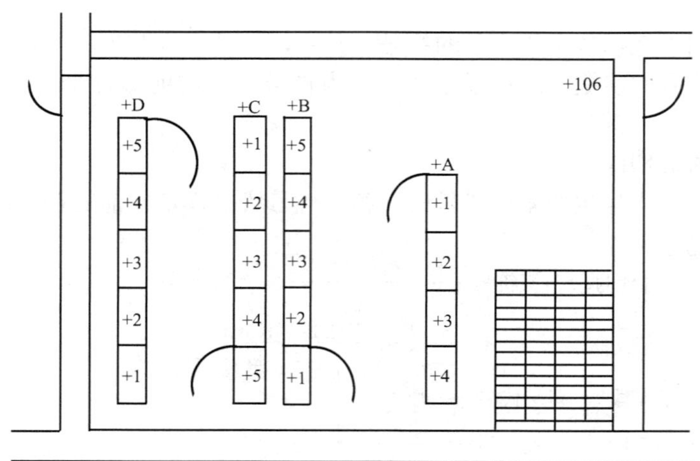

图 9-9 设备的位置代号

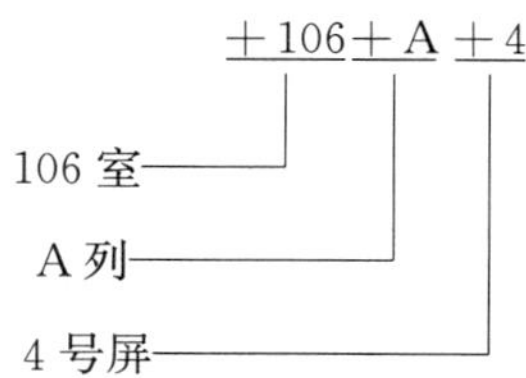

常用的英文缩写字母见表 9-4。

表 9-4 常用的英文缩写字母

1. 电力工程各部门的缩写符号（以火力发电厂为例）

符号	中文名称	英文名称
B	锅炉	Boiler
T	汽轮机	Turbine
E	电气	Electricity
H	水工	Hydraulic Engineering
F	燃料	Fuel
A	除灰	Ash
C	化学	Chemistry
V	暖通	Ventilating
P	公用	Public
M	维修	Maintenance
Z	其他	Unassigned

2. 电力工程各区室的缩写符号（以火力发电厂为例）

符号	中文名称	英文名称
C	控制室	Control Room
S	配电装置（开关室）	Switch Gear
R	继电器室	Relay Room
L	就地（设备装设的地点）	Local（the Place of Machine Installed）
M	管理机构所在地点	the Place of Management

3. 电力工程屏缩写符号

符号	中文名称	英文名称
MC	中压开关柜	Metal Clad Switch Gear
PC	动力中心	Power Centre
MCC	电动机控制中心	Motor Control Centre
BTG	锅炉、汽轮机、发电机屏	Boiler Turbine Generator
CP	控制屏	Control Panel
PRP	保护继电器屏	Protection Relay Panel
ARP	辅助继电器屏	Auxiliary Relay Panel
PCP	程控器屏	Programmable Controller Panel
DAS	数据采集系统	Data Acquisition System
MARC	监控计算机	Monitor and Results Computer
LB	就地箱	Local Box
TB	端子箱	Terminal Box
ZP	其他屏	Unassigned Panel

续表

4. 变压器的缩写符号举例		
符　号	中　文　名　称	英　文　名　称
AT	低压厂用变压器	Auxiliary Transformer
ET	励磁变压器	Exciting Transformer
GT	接地变压器	Grounding Transformer
MT	主变压器	Main Transformer
ST	高压启动/备用变压器	Start - up/Stand - by Transformer
UT	高压厂用变压器	Unit Auxiliary Transformer

5. 继电保护及自动装置缩写符号举例		
符　号	中　文　名　称	英　文　名　称
AD	加速式距离保护	Accelerated Distance Protection
ALS	自动减负载	Automatic Load Shedding
AR	自动重合闸	Automatic Reclosing
ASU	自动同期装置	Automatic Synchronizing Unit
ATS	备用电源自动投入	Automatic Transfer to Stand-by Supply
AER	自动励磁调节器	Automatic Excitation Regulator
BOD	闭锁式超范围距离保护	Blocking Overreach Distance Protection
CBFP	断路器失灵保护	Circuit - Breaker failure Protection
BB	母线保护	Bus Bar Protection
CAR	综合重合闸	Complex Automatic Reclosing
COC	复合过电流保护	Complex Over Current Protection
DC	方向比较保护	Directional Comparison Protection
DP	数字保护、距离保护	Digital Protection
EF	接地保护	Earth-Fault Protection
DR	故障记录	Disturbance Recorder
ISC	匝间短路保护	Interturn-Short-Circuit Protection
ITT	联锁（远方）跳闸	Inter Tripping (Transfer Tripping)
LD	纵差保护	Longitudinal Differential Protection
LE	失磁保护	Loss of Field Protection
MWP	微波纵联保护	Microwave Pilot Protection
NC	负序电流保护	Negative-Sequence Current Protection
NV	负序电压保护	Negative-Sequence Voltage Protection
OC	过电流保护	Over Current Protection
OE	过励磁保护	Over Excitation Protection
OL	过负荷保护	Over Load Protection
OLP	光纤纵联保护	Optical Link Pilot Protection
OP	过功率保护	Over Power Protection

续表

符　号	中　文　名　称	英　文　名　称
OS	失步保护	Out of Step Protection
OV	过电压保护	Over Voltage Protection
PC	相位比较保护	Phase Comparison Protection
PD	功率方向保护	Power Directional Protection
PLC	电力线载波保护	Power Line Carrier Pilot Protection
POD	允许式超范围距离保护	Permissive Overreach Distance Protection
PP	纵联保护	Pilot Protection
PUD	允许式欠范围距离保护	Permissive Underreach Distance Protection
PW	导引线保护	Pilot Wire Protection
RP	逆功率保护	Reverse Power Protection
TD	横联差动保护	Transverse Differential Protection
TEV	快控汽门	Turbine Fast Valving
VT	电压抽出	Voltage Tapping
ZC	零序电流保护	Zero-Sequence Current Protection
ZCD	零序电流方向保护	Zero-Sequence Current Directional Protection
ZV	零序电压保护	Zero-Sequence Voltage Protection

（三）种类代号

在电气图中种类代号的主要作用是识别项目的种类。众所周知，种类代号应用得最为广泛，出现得也最多。种类代号可由一个或几个字母组成，字母必须选用附录 B 的文字符号。其构成方法是采用附录 B 中的字母代码，其后加上每个项目规定的数字序号，其形式如下。

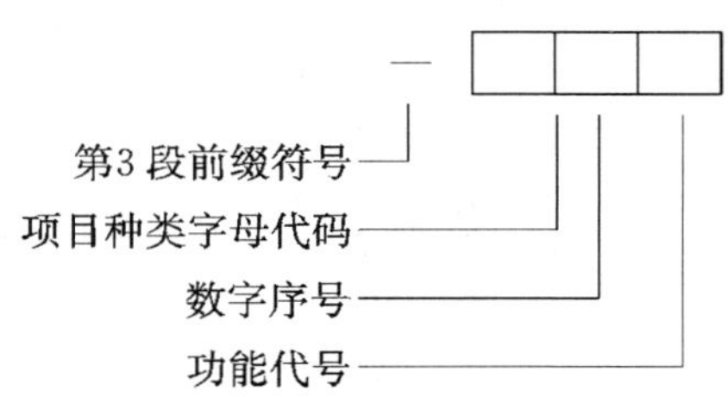

关于种类代号的构成，需注意以下三点：

(1)同一项目相似部分的代号表示法。在一张图上分开表示的同一项目的相似部分(如继电器和接触器触点)可在种类代号之后用圆点(・)隔开的数字来区分。例如在一张图上继电器—K1 有三个分开布置的触点，则三个触点分别表示为—K1・1、—K1・2、—K1・3。

(2) 功能代号的表示法。在一张图上需要说明某项目的功能，可在某种类代号后面补充一个后缀。该后缀是代表项目功能的字母代码，功能字母代码应选用表 9 - 2 中的辅助文字符号，例如在继电器—K3 后加一字母 M，即—K3M，M 表示—K3 为测量继电器。

(3) 复合项目的种类代号表示法。在系统图或电路图中，由若干项目组成的复合项目(如组件或部件) 都用虚线或点划线围框包围起来，同时在各个围框外标明其种类代号。对于复合项目内的项目，则按各自的顺序分别编写种类代号，而与其他复合项目中的项目无关。采用这种方法可清楚反映出项目之间的层次关系。

种类代号构成示例如图 9 - 10 所示。

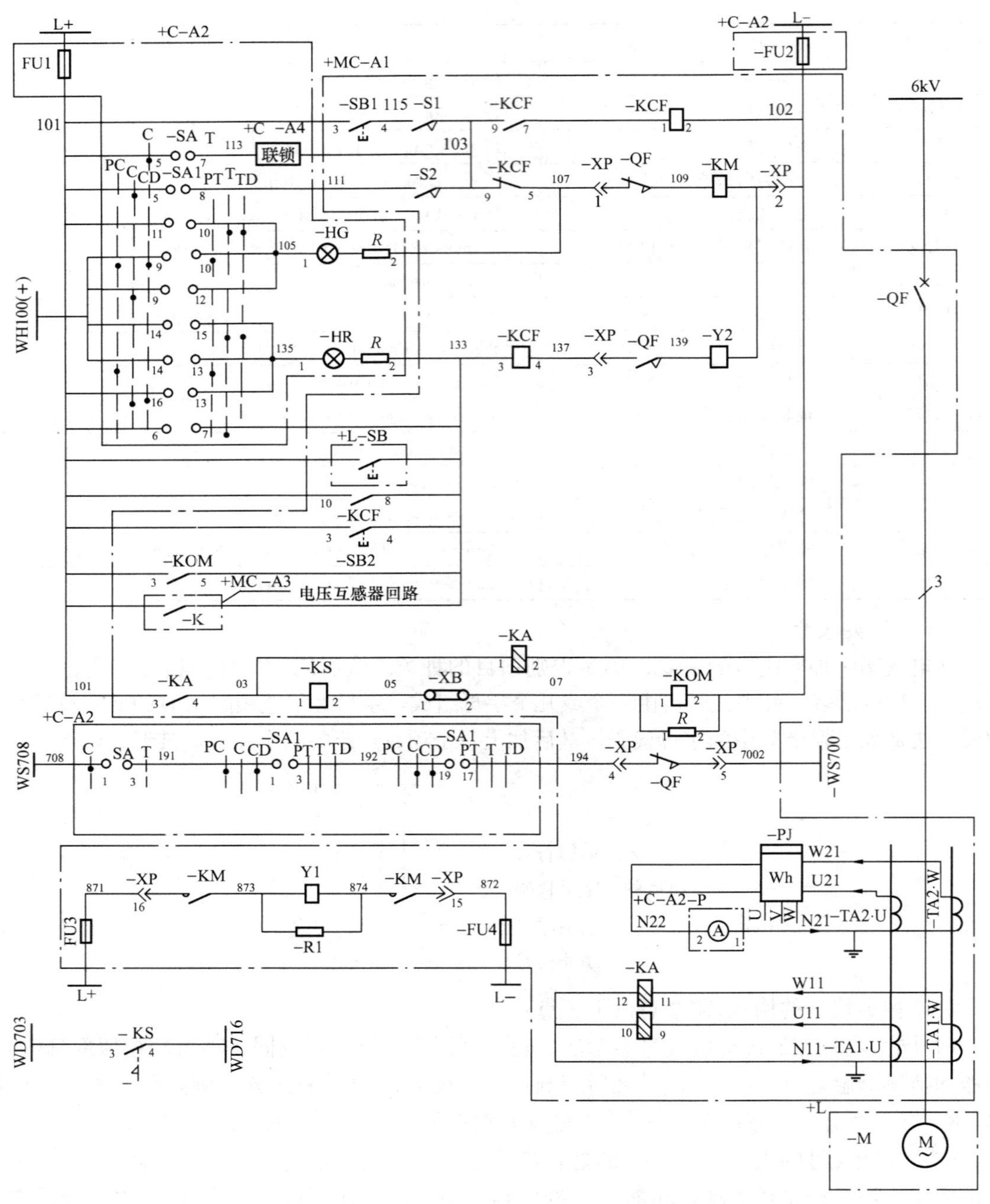

图 9-10 清水泵电动机控制保护回路

＝TBE1＝A＝P1

图中共有下列项目：

—A1 6kV 开关柜

—A2 控制室 2 号控制台

—A3 6kV 电压互感器柜

—A4　联锁信号屏
—M　电动机
—SB　事故按钮
其中：
1）6kV 开关柜 A1 复合项目，由下列项目组成。
—QF　断路器
—Y1　断路器合闸线圈
—Y2　断路器跳闸线圈
—KM　合闸接触器
—KCF　防跳继电器
—KA　反时限电流继电器
—KS　信号继电器
—KOM　保护出口中间继电器
—R、—R1　电阻
—PJ　有功电能表
—TA　电流互感器
—FU3、—FU4　熔断器
—S1、—S2　开关柜的位置开关
—SB1、—SB2　按钮开关
2）控制室 2 号控制台（+C—A2）由下列项目组成。
—P　电流表
—SA1　控制开关
—SA　联锁开关
—HL1　合闸位置指示灯（红色）
—HL2　跳闸位置指示灯（绿色）
—FU1、—FU2　熔断器
上述项目的种类代号表示法如下。

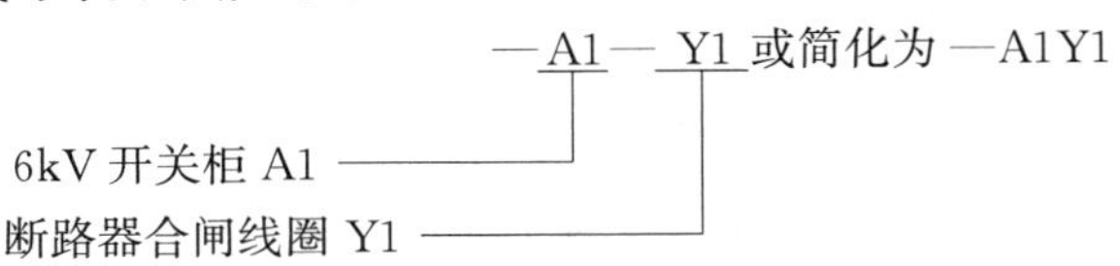

使用功能代号时，不宜使用简化形式。

（四）端子代号

端子代号是项目代号的一部分，常用于表示接线端子、插头、插座、连接片等类元件上的端子。当项目端子有标记时，端子代号必须与此标记相一致；如没有标记，则应在图上自行设定。端子代号采用数字或大写拉丁字母构成，也可采用大写字母与数字组合。例如，+MC—A1—X1：3，表示位于 6kV 配电装置（+MC）的 1 号开关柜的 1 号端子排（X1）第 3 号端子。

（五）项目代号的构成

项目代号是用来识别项目的特定代码。它由上述四种代号段组成。在构成项目代号时，必须对系统、成套设备进行依次分解，参见表 11 - 1，从而反映各个项目的层次关系，作为编制各个代号段的依据。分解方法有两种：一种是按功能分解，反映项目功能上的层次关系；另一种是按结构分解，反映项目结构上的层次关系。

项目代号的构成，有以下三种情况。

1. 只有一个代号段

(1) 只用种类代号。对比较简单的电路图，如果仅需表示电路的工作原理而不强调电路组成部分之间的层次关系，可以在图上各项目附近标注只由种类代号段构成的项目代号。

(2) 只用高层代号。由于系统图和框图只概略表示系统或分系统的基本组成、相互关系和主要特征，不反映构成电路的各个基本件、部件和组件，所以在某些系统图和框图中只标注由高层代号段构成的项目代号。

(3) 只用位置代号。在某些安装图和电缆联系图中，只需要提供项目的位置信息。此时可只标注由位置代号段构成的项目代号。

2. 用两个或两个以上的代号段

(1) 第 1 段高层代号和第 3 段种类代号组合。设备中任一项目均可用第 1 段和第 3 段代号组合成一个项目代号。例如图 9 - 10 的项目可表示为：

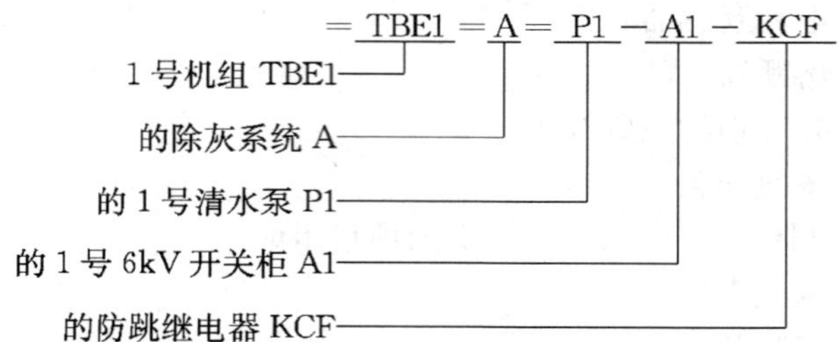

(2) 第 2 段位置代号和第 3 段种类代号组合。设备的项目也可用第 2 段和第 3 段代号组合成一个项目代号。例如图 9 - 10 中的项目可表示为：

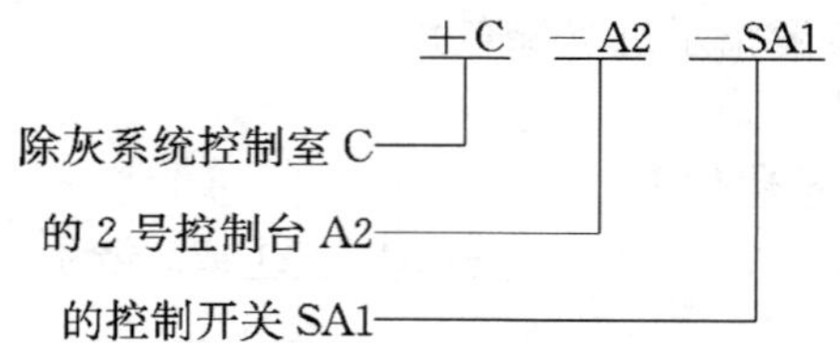

(3) 第 1 段高层代号和第 3 段种类代号及第 2 段位置代号组合。对于复杂的系统和成套设备，先将第 1 段和第 3 段组合，用以识别项目，在其后再加上第 2 段，以提供关于位置的信息，从而组合成包括三段的项目代号，例如图 9-10 中项目的完整形式为：

=TBE1=A=P1－A2－SA1+C

(4) 第 3 段种类代号和第 4 段端子代号组合（或第 1 段加第 3 段再和第 4 段组合；或第 2 段加第 3 段再和第 4 段组合）。

在接线图中，多用这种组合表示项目的端子代号，例如，－X1∶1、=P1－KCF∶9 等。

总之，在设备的项目代号中，种类代号用得最多。它既可单独使用，又可组合使用。在图 9 - 10 中，首先给每个基本件和复合组件编写了种类代号；再根据它们的构成，用点划线围框表示了三个较复杂的组件，并分别编写了相应的项目代号（+L－M、+MC－A1、

+C—A2)，同时这三个项目代号标注在框的上部；最后在图的下方空白处加了一个注，说明图中所有项目的高层代号均为=TBE1=A=P1。此外，在图中有一项目（—K）用双点划线围框围起来，表明该项目功能上属于该单元，但结构上不属于本单元，它是6kV母线电压互感器二次电路（+MC—A3）的低电压中间继电器的动合触点。整个图简洁、清晰地表明了项目的层次关系，使人对整个设备一目了然。

复习思考题

1. 电气图中项目的图形符号是对应其什么状态画成的？对于继电器、接触器、断路器、隔离开关，图形符号分别表示什么状态？

2. 单字母文字符号表示什么？双字母文字符号的两个字母各表示什么？用文字符号表示下列元器件：

(1) 第1个电压继电器。

(2) 第2个隔离开关。

(3) 第1个同步发电机。

(4) 第4个断路器。

3. 电气图中的中断线在中断处应加标记，如何标记？

4. 电气图有几种布局方法？接线图和电路图一般采用何种布局方法？

5. 表示连接关系的接线图有几种？各有何应用？

6. 项目代号有哪几个代号段？它们的作用各是什么？并写出各代号段的前缀符号。

7. 写出下列项目的项目代号：

(1) 电力系统S的第1个变电站P中第2台断路器。

(2) 发电厂F的主控制室C的A列第3个保护屏中的第4个中间继电器。

第十章　二次设备的选择

第一节　二次回路保护设备的选择

二次回路的保护设备用来切除二次回路的短路故障，并作为回路检修和调试时断开交、直流电源之用。保护设备一般采用熔断器，也可以采用自动开关。对于二次交流回路的保护设备在第一章中已经介绍，下面只介绍二次直流回路保护设备的配置与选择。

一、熔断器的配置

1. 熔断器的配置原则

（1）当二次回路发生短路故障时，应尽量缩小其影响范围。

（2）当直流回路发生接地时，应便于寻找接地点。

（3）应使接线简化，电缆芯数较少。

2. 控制和保护回路熔断器的配置

控制和保护回路的控制电源一般是从控制小母线经过熔断器接至二次设备。熔断器配置的一般原则是：

（1）同一安装单元（或同一高层系统）的控制、保护和自动装置一般合用一组熔断器。当一个安装单元（如35kV和110kV馈线）内只有一台断路器时，只装一组熔断器；当一个安装单元（如三绕组变压器或自耦变压器）有几台断路器时，各侧断路器的控制回路分别装设熔断器，对其公用的保护回路，应根据主系统运行方式和反事故措施的要求，决定接于电源侧断路器的熔断器上或另行设置熔断器。

对于大型机组，联络变压器和超高压输电线路，当装有两套主保护以及断路器具有双跳闸线圈时，控制和保护的熔断器宜分别装设，各自的组数可根据主系统确定。

（2）发电机出口断路器和自动灭磁装置的控制回路一般合用一组熔断器。但对于发电机三绕组（或自耦）变压器组，当发电机出口不装设断路器时，自动灭磁装置的控制回路应单独设置熔断器。

（3）两个及以上安装单元的公用保护和自动装置（如母线保护等），应装设单独的熔断器。对于双回线路的公用保护也应装设单独的熔断器。

（4）控制、保护和自动装置用的熔断器均应加以监视，一般用断路器控制回路的监视装置来完成。对于单独装设熔断器的回路，一般用继电器进行监视，其发信号的触点应接至另外的电源。

3. 信号回路熔断器的配置

（1）每个安装单元的信号回路（包括隔离开关的位置信号、事故和预告信号、指挥信号等）一般用一组熔断器。

（2）公用的信号回路（如中央信号等）应装设单独的熔断器。

（3）厂用电源和母线设备信号回路一般分别装设公用的熔断器。

（4）闪光小母线WH100（+）的分支线上，一般不装设熔断器。

（5）信号回路用的熔断器均应加以监视，一般用隔离开关的位置指示器进行监视，也可以用继电器或信号灯来监视。

二、熔断器的选择

熔断器应按二次回路最大负载电流选择，并应满足选择性的要求。

1. 控制、信号和保护回路熔断器的选择

控制、信号和保护回路的熔断器，通常根据所采用的断路器及操动机构、控制及保护回路直流电源的电压等级来选择，当控制电压为220V时，可参照表10-1进行选择。目前一般选用RM10型和RL1型熔断器。由于RL1型熔断器具有熔断显示信号以及更换操作安全方便等特点，因而得到了较多的选用。

各级熔断器应相互配合，要求上一级熔断器熔件的额定电流比下一级熔件电流大2～3倍。

2. 合闸及电动机回路熔断器的选择

断路器合闸回路熔断器的作用主要是防止合闸线圈因长时间带电而被烧毁。因此，熔断器的额定电流一般选为额定合闸电流的0.25～0.3倍，其熔断时间（t）应大于断路器固有合闸时间（t_{QF}），即

$$t \geqslant K_{rel} \cdot t_{QF} \tag{10-1}$$

式中：K_{rel}为可靠系数，取1.2～1.5。

对于弹簧操作的直流电动机回路，其熔断器的额定电流（I_N）应躲过电动机启动电流（I_{St}），即

$$I_N = \frac{I_{St}}{K_{co}} \tag{10-2}$$

式中：K_{co}为熔断器配合系数，$K_{co} \geqslant 3$；I_{St}为电动机的启动电流。

根据上述原则，220V合闸回路熔断器，可参照表10-2进行选择。

表10-1　220V控制信号回路熔断器选择

序号	回路名称	操动机构型式	额定电流（A）	熔断器型式	备注
1	控制回路	CT6-X	5	RL1-15/6 RM10-15/6	三相操作
2	控制回路	CT6-X	3×5	RL1-15/15 RM10-15/15	分相操作
3	控制回路	CY	2	RL1-15/6 RM10-15/6	
4	控制回路	电磁式	5	RL1-15/6 RM10-15/6	
5	信号回路			RL1-15/6 RM10-15/6	
6	母差保护回路			RL1-15/6 RM10-15/6	

续表

序号	回路名称	操动机构型式	额定电流（A）	熔断器型式	备注
7	分屏信号电源			RL1-15/6 RM10-15/6	
8	中央预告信号			RL1-60/15	
9	中央瞬时信号			RL1-15/6 RM10-15/6	
10	隔离开关闭锁			RL1-15/6 RM10-15/6	
11	发电机变压器组公用保护回路总熔断器			RL1-15/15 RM10-15/15	

表 10-2　　　　220V 合闸回路熔断器选择

序号	操动机构型式	额定功率（kW）	额定电流（A）	熔断器型式	备注	
1	CT6-X	1.1	6.5	RL1-15/15	分相装设	弹簧型
2	CT6-X	3×1.1	19.5	RL1-60/50	三相公用	
3	CT2-X	0.6	3.77	RL1-15/10		
4	CT7	0.369	5	RL1-15/6	制造厂提供电流值	
5	CY3（CY3-Ⅰ）	0.6	3.77	RL1-15/10		液压型
6	CY3-Ⅲ	1.1	6.5	RL1-15/15		
7	CY4、CY5、CY12	1.5	8.73	RL1-60/20		
8	CD10-Ⅰ		98	RL1-60/25		电磁型
9	CD5-X		235	RL1-75/60		
10	CD5-XG		84	RL1-60/25	分相操作	
11	CD2-40		97.5	RL1-60/25		
12	CD3-346		78.5	RL1-60/25		
13	CD3-XG		143	RL1-60/40		
14	CD8-370		244	RL1-75/60		
15	CD3-XG		165，170	RL1-60/50		
16	CD11-XG		78.5	RL1-60/25		

第二节　控制和信号回路设备的选择

一、控制开关的选择

控制开关应根据回路需要的触点数、回路的额定电压、额定电流和分断容量，操作回路及操作的频繁程度进行选择。

二、信号灯及附加电阻的选择

灯光监视控制回路的信号灯及附加电阻按下列条件进行选择：

（1）当灯泡引出线上短路时，通过跳、合闸操作线圈回路的电流 I_y 应小于其回路最小动作电流及长期热稳定电流，一般不大于操作线圈额定电流 $I_{N\cdot y}$的 10%。

（2）当直流母线电压为其额定电压（$U_{N\cdot m}$）的 95%时，加在信号灯上的电压（U_h）不应低于信号灯额定电压（$U_{N\cdot h}$）的 60%～70%，以便保证适当的亮度。

根据条件（1）得 $$I_y \leqslant 0.1 I_{N\cdot y} \tag{10-3}$$

根据条件（2）得 $$U_h \geqslant 0.6 U_{N\cdot h} \tag{10-4}$$

因此，附加电阻 R 值可由下式导出，即

$$I_y = \frac{U_{N\cdot m}}{R+R_y} \tag{10-5}$$

式中：R_y 为操作线圈的直流电阻，Ω。

将式（10-3）代入式（10-5）可得附加电阻 R 为

$$R \geqslant \frac{U_{N\cdot m} - 0.1 R_y I_{N\cdot y}}{0.1 I_{N\cdot y}} = \frac{10 U_{N\cdot m}}{I_{N\cdot y}} - R_y \tag{10-6}$$

信号灯上的电压 U_h 为

$$U_h = \frac{U_{N\cdot m} R_h}{R+R_y+R_h} \geqslant 0.6 U_{N\cdot h} \tag{10-7}$$

式中：R_h 为信号灯电阻值，Ω。

将式（10-6）代入式（10-7）得信号灯电阻 R_h 为

$$R_h \geqslant \frac{0.6 U_{N\cdot h}(R+R_y)}{U_{N\cdot m} - 0.6 U_{N\cdot h}} = \frac{6 U_{N\cdot h} U_{N\cdot m}}{I_{N\cdot y}(U_{N\cdot m} - 0.6 U_{N\cdot h})} \tag{10-8}$$

信号灯功率的计算式为

$$W_h = \frac{U_{N\cdot h}^2}{R_h} \tag{10-9}$$

音响监视的控制回路中，信号灯可只按第（2）条件选择。

【例 10-1】 试求 CD2 型操动机构的控制回路中信号灯及附加电阻的参数。已知直流操作额定电压为 220V，信号灯的额定电压为 110V，跳闸线圈的额定电流为 2.5A，其直流电阻为 88Ω，合闸接触器的额定电流为 1A，其直流电阻为 224Ω。

解 为了在跳、合闸回路中选择同样的灯泡及附加电阻，由于合闸接触器动作电流及允许长期流过的电流均较小，故按合闸接触器回路进行选择。

由式（10-8）求得信号灯电阻及功率为

$$R_h \geqslant \frac{6\times110\times220}{1\times(220-0.6\times110)} = 943\ (\Omega)$$

$$W_h = \frac{110^2}{943} = 12.8\ (\mathrm{W})$$

当选用 110V、8W 标准灯泡时，由式（10-9）求得信号灯电阻 R_h 为

$$R_h = \frac{110^2}{8} = 1510\ (\Omega)$$

由式（10-6）求得附加电阻为

$$R \geqslant \frac{10 \times 220}{1} - 224 = 1976\ (\Omega)$$

选用标准电阻：$R=2500$（Ω）。

根据式（10-7）校验在跳、合闸回路中，信号灯泡上的电压值：

在跳闸回路中

$$U_h = \frac{220 \times 1510}{2500+88+1510} = 81\ (\text{V})$$

或

$$U_h = 0.73U_{N \cdot h} \geqslant 0.6U_{N \cdot h}$$

在合闸回路中

$$U_h = \frac{220 \times 1510}{2500+224+1510} = 79\ (\text{V})$$

或

$$U_h = 0.72U_{N \cdot h} \geqslant 0.6U_{N \cdot h}$$

选择结果如表 10-3 所示。

表 10-3　　　　控制和信号回路信号灯及附加电阻

控制接线方式	直流母线额定电压（V）	信号灯型式	灯电压（V）	灯功率（W）	附加电阻	
					型号	阻值（Ω）
灯光监视接线	110	XD2	110	8	ZG11	1000
	220	XD2	110	8	ZG11	2500
音响监视接线	110	LW2-YZ 把手灯 A-5 型	115	8	ZG11	1000
	220	LW2-YZ 把手灯 A-5 型	115	8	ZG11	2500

三、继电器和接触器的选择

1. 跳、合闸回路中的中间继电器和合闸接触器的选择

跳、合闸中间继电器电流（自保持）线圈的额定电流，按断路器跳、合闸线圈的额定电流来选择，并保证灵敏系数不小于 1.5。

用于 220kV 及以上断路器的分相控制回路的跳、合闸继电器通常采用 DZB-257、DZB-12B、YZJ1-5、DZB-11B 型和 DZK-135 型等中间继电器。

对于电磁操动机构的断路器，由于合闸电流较大，不能直接由控制开关或继电器的触点接通断路器的合闸线圈回路，因此，在合闸回路中设有中间转换设备——合闸（直流）接触器。目前，主要采用 CZ0-40C 型（代替 CZ9 或 CZ6）和 CZ0-100C 型（代替 CZ9-50 型）等直流接触器，它们能与各种信号灯相配合。各种操动机构所配用的合闸接触器见表 10-4。当控制回路需要接触器带有辅助触点时，则选用 CZ0-40CA 型或 CZ0-100CA 型直流接触器。

表 10 - 4　**操动机构配用的合闸接触器**

CZ0-40C		
操动机构型式	断路器型式	制造厂
CD11-XG	DW8-35 DW8-35W	西安高压 开关厂
CD5-X（二）	SW2-110Ⅱ 单相操作	沈阳高压 开关厂
CD2-40（X）	SN1-10G SN2-10G DN4-10G	
CD3-346	SN3-10	
CD10Ⅰ	SN10-10Ⅰ	北京开关厂
CD2-1	SN10-10	华通开关厂
CD2-2	SN10-10C	
CD2-3	SN8-10	
CD2-4	LN1-35	
CD2-5	CN2-10	
CD2-6	LN1-27.5	
CD2-7	DW6-35	

CZ0-100C		
操动机构型式	断路器型式	制造厂
CD5-XG	SW3-110G 三相联动	西安高压 开关厂
CD3-X（二）	SW2-110Ⅱ 三相联动	沈阳高压 开关厂
CD8-370	SN4-10G SN4-20G	
CD10 - Ⅱ①	SN10-35 SN10-10Ⅱ	北京开关厂
CD10Ⅲ	SN10-10Ⅲ	
CD3-XG	SW2-35Ⅰ SW2-35Ⅱ	
CD6-G	SN2-10G SN2-20G	华通开关厂
CD3-XG	SW2-35	
CD10①	SN10-35 （GBC-35）	福州开关厂

① 也可配用 CZ0-40C 型的合闸接触器。

2. 跳、合闸位置继电器的选择

跳、合闸位置继电器除按直流额定电压、所需触点类型和数量进行选择外，还应满足以下两个条件：

（1）在正常情况下，通过跳、合闸操作线圈的电流不应大于操作回路最小动作电流及长期热稳定电流。

（2）当直流母线电压为其额定电压 $U_{N\cdot m}$ 的 85%时，加于继电器的电压不应小于继电器额定电压的 70%，以便保证继电器可靠动作。

目前，位置继电器通常采用 DZ-300、DZ-31B 型或 DZ-5 型中间继电器。

3. 自动重合闸继电器及其出口继电器的选择

自动重合闸及其出口继电器额定电流应与其启动元件的动作电流相配合，并保证灵敏系数不小于 1.5。例如，其出口继电器直接接至合闸接触器或合闸线圈回路时，继电器的额定电流，应按合闸接触器或断路器合闸线圈的额定电流来选择。在分相操作电路中，其出口接至合闸继电器时，应按合闸继电器电压线圈及其并联的电阻来选择。

4. “防跳”继电器的选择

（1）型式的选择。应采用电流启动电压保持的中间继电器，其动作时间应不大于断路器的固有跳闸时间。因此，对于 110kV 及以上的断路器，由于其固有跳闸时间大都在 30～50ms，通常选用 DZK-141 型快速中间继电器，而且它的 220V 自保持电压线圈采用了 110V 串接附加电阻的方法，使它不会被击穿烧毁。对于 35kV 及以下的断路器，通常采用 DZB-

513、DZB-15B 型和 DZB-284 型等的中间继电器。

（2）参数的选择与整定。参数应按以下条件进行选择与整定：

1）电流启动线圈的额定电流按断路器跳闸线圈额定电流的 1/2 来选择。它的动作电流整定为其额定电流的 80%，以便保证当直流母线电压降低到 85%时，继电器仍能可靠动作，保证其灵敏系数不小于 1.5。

2）电压自保持线圈的额定电压按直流母线的额定电压来选择，其保持电压整定为额定电压的 80%。对于 DZK-141 型 220V 中间继电器，电压线圈的额定电压是 110V，并串接 2kΩ 的附加电阻。

（3）串联电阻的选择。当保护出口回路串接有信号继电器并与“防跳”继电器自保持触点并联时，“防跳”继电器触点串联电阻的选择条件如下：

1）应保证信号继电器可靠动作。一般串联电阻值应大于信号继电器的内阻，以往的设计中常选用 1Ω 的电阻，但有的断路器跳闸电流较小（如 CT1 型和 CT2 型弹簧操动机构），若仍采用 1Ω 电阻，则有时不能保证与其并联的信号继电器可靠动作，故阻值需加大到 4Ω。

2）串联电阻的容量要满足热稳定的要求，其额定功率选为工作时消耗功率值的两倍。

3）对于 DZB-15B 型和 DZB-284 型“防跳”继电器本身的触点，已串接有电流自保持线圈，起到了“防跳”继电器触点串接电阻的作用，可不加附加电阻。

4）当保护出口继电器的触点无串接信号继电器时，“防跳”继电器触点串联的电阻可取消。

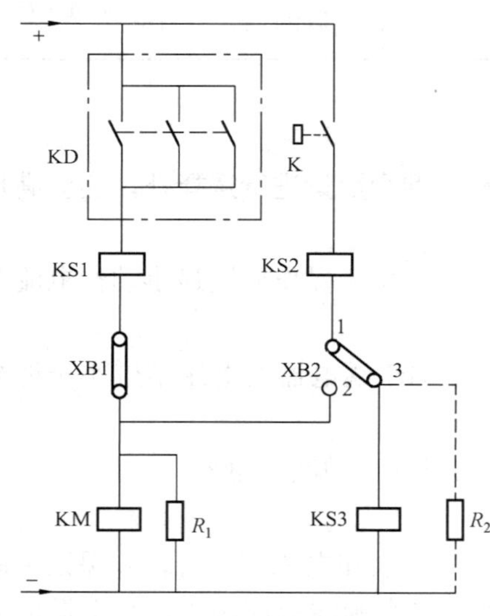

图 10-1 信号继电器的选择

5. 信号继电器及附加电阻的选择

目前较多采用的按电磁原理构成的 DX 型信号继电器，它具有机械掉牌装置，动作后信号牌落下，需要手动复归。它分为串联（或称电流）型和并联（或称电压）型两种，如图 10-1 所示。

图 10-1 中，KS1 和 KS2 为串联型信号继电器，KS3 为并联型信号继电器。

串联信号继电器串接在中间继电器 KM 线圈回路中，由于 KM 线圈电阻很大，而串联信号继电器 KS1 和 KS2 内阻很小，并要求有一定电流才能动作。为保证信号继电器和中间继电器均能正确动作，其串联信号继电器的选择条件为：

（1）要求在 0.8 倍额定电压（即考虑到直流母线最低工作电压为 90%额定电压，电缆电压降为 10%额定电压）情况下，由于信号继电器的串接而引起的电压降不应大于额定电压的 10%，以便保证中间继电器可靠动作。

（2）要求在额定电压下，信号继电器灵敏系数不小于 1.4。

（3）对于可能有两种以上保护装置同时动作（即要求两个信号继电器同时动作）时，如果选用的串联信号继电器不能满足上述两项要求可靠动作时，应选择适当的附加电阻（R_1）并联在中间继电器（KM）线圈两端。

例如，在图10-1中，若保护连接片XB2置于1—2位置，当变压器内部发生短路时，变压器的差动保护（KD）和气体保护（K）同时动作，信号继电器KS1和KS2均流过电流，在没有并入电阻R_1时，由于中间继电器KM线圈内阻很大，各支路的信号继电器可能因为流过的电流太小而不动作。并入R_1后能保证KS1、KS2和KM可靠动作。

选择并联电阻R_1，应使中间继电器（KM）回路的保护继电器（KD或K）触点断开容量不大于其允许值。

（4）应满足信号继电器热稳定要求，即在110%额定电压下，通过继电器线圈的长期电流不得超过额定动作电流的3倍。

并联信号继电器的选择条件为：

（1）并联信号继电器（KS3）应根据直流额定电压来选择。例如用在直流220V系统中的并联信号继电器，选DX-11/220型即可。

（2）当用附加电阻（R_2）代替并联信号继电器（KS3）时，附加电阻（R_2）的选择应满足上述要求，参照表10-5进行选择。

表10-5　直流220V时，重瓦斯回路的串联信号继电器与代替并联信号继电器的附加电阻的选择

信号继电器型号	附加电阻	灵敏度	最大电流倍数
DX-11/0.015	7500Ω、50W	1.72	1.9
DX-11/0.025	4000Ω、50W	2.04	2.24
DX-11/0.05	3000Ω、50W	1.43	1.58
DX-11/0.075	2000Ω、50W	1.44	1.59

第三节　控制电缆的选择

一、控制电缆型式及芯线的选择

控制电缆一般选用聚乙烯或聚氯乙烯绝缘、护套铜芯控制电缆（KYV、KVV型），也可选用橡皮绝缘聚氯乙烯护套或氯丁护套铜芯控制电缆（KXV、KXF型）。当有特殊要求时，采用有防护措施的铜芯电缆，例如：

（1）对于计算机、巡检及远动低电平传输线路、数字脉冲传输线路和其他有可能受到强烈电磁场干扰的测量、控制线路，应使用屏蔽电缆或铅包铠装电缆，一般可选用聚氯乙烯绝缘、护套控制电缆（PVV型）。当屏蔽要求较高时，可选用聚乙烯绝缘钢带绕包屏蔽塑料电缆（KYP2-22型），或选用铅包电缆（KXQ20型），或选用多芯屏蔽电子计算机电缆（DJYVP型）。

（2）敏感的低电平线路，应采取可降低干扰电压的措施，如绞线穿金属管道等。

（3）对不耐光照的绝缘电缆（如聚氯乙烯绝缘电缆），应采用其他防日照措施，以防老化。

（4）在有可能遭受油类污染腐蚀的地方，应采用耐油电缆或采用其他防油措施。

为了提高直流系统的绝缘水平，强电控制电缆的额定电压不应低于500V，弱电控制电缆的额定电压不应低于250V。控制电缆的型号及使用范围可参照表10-6进行选择。

表 10 - 6　　铜芯控制电缆的型号及使用范围

型　号	名　　称	使用范围
KYV	聚乙烯绝缘聚氯乙烯护套控制电缆	敷设在室内、电缆沟中、管道内及地下
KVV	聚氯乙烯绝缘聚氯乙烯护套控制电缆	
KXV	橡皮绝缘聚氯乙烯护套控制电缆	
KXF	橡皮绝缘氯丁护套控制电缆	
KYVD	聚乙烯绝缘耐寒塑料护套控制电缆	
KXVD	橡皮绝缘耐寒塑料护套控制电缆	
KYV29	聚乙烯绝缘聚氯乙烯护套内钢带铠装控制电缆	敷设在室内、电缆沟中、管道内及地下，并能承受较大的机械外力作用
KVV29	聚氯乙烯绝缘聚氯乙烯护套内钢带铠装控制电缆	
KXV29	橡皮绝缘聚氯乙烯护套内钢带铠装控制电缆	

注　控制电缆型号字母的含义：K—控制电缆系列；X—橡皮绝缘；Y—聚乙烯绝缘；V—聚氯乙烯绝缘或护套；F—氯丁橡皮护套；VD—耐寒护套；2—钢带铠装；9—内铠装。

为便于敷设，力求减少电缆的根数，控制电缆选用多芯电缆。当芯线截面积为 1.5mm² 时，电缆芯数不宜超过 37 芯；当芯线截面积为 2.5mm² 时，电缆芯数不宜超过 24 芯；当芯线截面积为 4～6mm² 时，电缆芯数不宜超过 10 芯。弱电电缆芯数不宜超过 50 芯。

控制电缆应留有适当的备用芯线作为设计改进或芯线拆断时用。电缆芯数及备用芯线应按下列因素，并结合电缆长度、截面及敷设条件等综合考虑：

（1）较长的控制电缆在 7 芯以上，截面积小于 4mm² 时，应留有必要的备用芯，但同一安装单位的同一起止点的控制电缆中，每根电缆不必都留有备用芯，可在同类性质的一根电缆中留用。

（2）对较长的控制电缆应尽量减少电缆根数，同时也应避免电缆芯的多次转接。

（3）一根电缆不宜有两个安装单元的电缆芯，并尽量避免一根电缆同时接至屏的两侧端子排上。在一个安装单位内交、直流回路的电缆截面相同时，必要时可共用一根电缆。

（4）强电回路和弱电回路不应共用同一根电缆，以免强电回路对弱电回路干扰。

二、控制电缆截面的选择

按机械强度要求，铜芯控制电缆芯线截面积不应小于 1.5mm²。

1. 电流回路控制电缆的选择

电流回路用的控制电缆芯线截面积不应小于 2.5mm²，由于电流互感器二次额定电流为 5A，其允许电流为 20A。因此，不需按额定电流校验电缆芯线截面，也不需要按短路电流校验其热稳定，只需按电流互感器准确度等级所允许的导线阻抗来选择电缆芯线的截面。

（1）测量仪表电流回路控制电缆的选择。测量仪表用的电流互感器二次负载阻抗，要求在正常运行时，不应大于该准确度等级下的二次额定负载阻抗 Z_{2N}（详见第一章第四节），则 Z_{2N} 可表示为

$$Z_{2N}=K_1Z_{21}+K_2Z_{23}+R$$

式中：Z_{21} 为连接导线阻抗，当忽略其电抗时 $Z_{21}=R_{21}$，Ω；Z_{23} 为测量仪表线圈阻抗，Ω；R 为接触电阻，$R=0.05\sim0.1\Omega$；K_1、K_2 为正常运行状态下的阻抗换算系数，详见表 1 - 1；Z_{2N} 为电流互感器在某一准确度等级下的二次额定负载阻抗，Ω。

由上式可得连接导线电阻 R_{21} 为

$$R_{21}=Z_{21}=\frac{Z_{2N}-K_2Z_{23}-R}{K_1} \quad (10-10)$$

则电缆芯线截面积 S 为

$$S=\frac{L}{rR_{21}}=\frac{K_1L}{r\ (Z_{2N}-K_2Z_{23}-R)} \quad (10-11)$$

式中：r 为电导系数，铜导线取 $57\text{m}/(\Omega\cdot\text{mm}^2)$；$L$ 为电缆的长度，m；S 为电缆芯线截面积，mm^2。

由式（10-11）移项得出控制电缆最大允许长度 L 为

$$L=\frac{rS}{K_1}\ (Z_{2N}-K_2Z_{23}-R) \quad (10-12)$$

则

$$L=K\ (Z_{2N}-K_2Z_{23}-R) \quad (10-13)$$

根据不同截面积 S 和不同的阻抗换算系数 K_1 所计算出的 K 值列于表 10-7 中。

表 10-7　　不同截面和不同换算系数的 *K* 值

S (mm²) \ K_1	1	$\sqrt{3}$	$2\times\sqrt{3}$	2	3
2.5	142.5	82.5	41.2	71.2	45
4	228	132	66	114	72
6	342	197	99	171	108.7
10	570	330	165	285	157

（2）继电保护电流回路控制电缆的选择。保护用电流互感器二次负载阻抗要求在短路故障时不应大于该准确度等级下的二次允许负载阻抗 Z_{2en}（详见第一章第四节）。则 Z_{2en} 可表示为

$$Z_{2en}=K_1Z_{21}+K_2Z_{24}+R$$

式中：Z_{2en} 为电流互感器二次允许负载阻抗；Z_{24} 为继电器阻抗，Ω；K_1、K_2 为短路故障状态下，二次最大负载时的阻抗换算系数，详见表 1-1。

其他符号意义同前。

由第一章第四节可见，选择控制电缆芯线截面时，首先需确定短路时一次最大短路电流倍数 m，根据 m 值再由电流互感器 10%误差曲线查出其二次允许负载阻抗 Z_{2en}（在计算 m 时，如缺乏实际系统的最大短路电流值时，可按断路器的遮断容量选取最大短路电流），然后，由上式可得连接导线允许电阻 R_{21} 为

$$R_{21}=Z_{21}=\frac{Z_{2en}-K_2Z_{24}-R}{K_1} \quad (10-14)$$

则电缆芯线截面积 S 为

$$S=\frac{L}{rR_{21}}=\frac{K_1L}{r\ (Z_{2en}-K_2Z_{24}-R)} \quad (10-15)$$

2. 电压回路控制电缆的选择

电压回路用的控制电缆按允许电压降来选择电缆芯线截面。计算时只考虑有功压降 ΔU，其算式为

$$\Delta U=\sqrt{3}K_{con}\frac{PL}{UrS} \quad (10-16)$$

式中：P 为电压互感器每相有功负载，VA；U 为电压互感器二次线电压，V；K_{con} 为电压

互感器接线系数，对于三相星形接线 $K_{con}=1$，对于两相星形接线 $K_{con}=\sqrt{3}$，对于单相接线 $K_{con}=2$；ΔU 为电压回路压降，V。

确定电压回路压降 ΔU 的原则为：

(1) 对用户计费用的 0.5 级电能表，其电压回路电压降不宜大于额定电压的 0.25%。

(2) 对电力系统内部的 0.5 级电能表，其电压回路电压降不应大于额定电压的 0.5%。

(3) 在正常情况下，至测量仪表的电压降不应超过额定电压的 1%～3%；当全部保护装置和仪表都工作（即电压互感器负载最大）时，至保护和自动装置屏的电压降不应超过额定电压的 3%。

(4) 电压互感器到自动调整励磁装置的连接电缆芯线截面也按允许电压降选择，当在最大负载电流时，其电压降不应超过额定电压的 3%。

电压互感器接有距离保护时，其电缆芯线截面除按上述条件选择外，还要根据下列原则进行校验：

(1) 当以熔断器作为二次短路保护时，其电缆芯线截面应满足在距离保护继电器端子上发生两相短路时，流经熔断器的短路电流 I 大于其额定电流的 2.5 倍。

(2) 当以自动开关作为二次短路保护时，应按下式校验电缆芯线截面

$$R_2=\frac{\Delta U}{I''_{S\cdot op}} \tag{10-17}$$

式中：R_2 为自动开关至装有距离保护的二次电压回路末端两相短路时环路电阻；$I''_{S\cdot op}$ 为自动开关瞬时动作电流；ΔU 为距离保护正常运行最低电压与其第Ⅲ段动作阻抗相对应的电压之差，一般取 19V 左右。

3. 控制回路与信号回路控制电缆的选择

控制回路与信号回路用的控制电缆，应根据其机械强度条件来选择，铜芯电缆芯线截面积不应小于 1.5mm²。但在某些情况下（如采用空气断路器时），合、跳闸操作回路流过的电流较大，产生的压降也较大，为了使断路器可靠动作，此时需要根据回路中允许电压降 $\Delta U_{y\cdot en}$ 来校验电缆芯线截面。一般按正常最大负载下，操作回路（即从控制母线至各设备）的电压降不超过额定电压的 10% 的条件来校验电缆芯线截面。

电缆允许长度 L 的计算式为

$$L\leqslant\frac{\Delta U_{y\cdot en}\%U_{N\cdot m}Sr}{2\times100\times I_{y\cdot max}} \tag{10-18}$$

式中：$\Delta U_{y\cdot en}\%$ 为操作线圈正常工作时允许的电压降，取 10%；$U_{N\cdot m}$ 为直流额定电压，取 220V；$I_{y\cdot max}$ 为流过操作线圈的最大电流，A。

其他符号意义同前。

根据不同的直流额定电压，将已知各值代入式 (10-18)，可得出不同电缆芯线截面在不同负载下的最大允许长度 L。

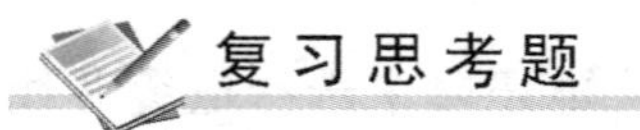

复习思考题

1. 熔断器配置的原则是什么？
2. 控制电缆型号 KVV、KXV、KYV、KXF、KVV29 中各字母的含义是什么？

第十一章　发电厂二次回路工程图

发电厂二次回路工程图是工程上实用的二次回路图。它反映了（对一次系统的）监测、控制、继电保护和自动装置各个环节的组成及其连接关系。本章以装有两台单机容量为6000～12000kW发电机的发电厂典型设计为例，分别介绍二次回路的布置图、逻辑图、电路图和接线图。为了清楚地表明二次回路与一次回路之间的相互关系，从而正确体现二次回路对一次回路的监测、控制、保护、调节的作用，首先介绍发电厂的系统图和框图。

第一节　系统图和框图

为了更好地描述发电厂机、电、炉及公用系统的基本组成、相互关系和各部分的主要特征，需要在电气工程图中反映出系统（或分系统）中的各个项目间的层次关系。为此，就必须用依次分解的方法对系统、设备或装置划分层次如表11-1所示（项目代号详见第九章第二节），再根据不同的层次绘制系统图、框图和二次回路图。

一、一次系统图

装有两台单机容量为6000～12000kW发电机的发电厂电气一次系统图如图11-1所示。发电机定子绕组直接连接于母线，母线采用单母线分段带旁路母线的接线方式。

图11-1中，＝E1＝G1和＝E2＝G2分别为1号和2号发电设备的高层代号；＝QLC1和＝QLC2分别为Ⅰ、Ⅲ段和Ⅱ、Ⅲ段母线联络设备的高层代号；＝QLF为母线分段设备的高层代号；＝WB为电力母线设备的高层代号。图中未画出母线电压互感器和6～10kV馈电线路。1号发电机设备的项目代号和安装地点由表11-1可知：发电机出口断路器＝E1＝G1－QF1为SN4-10G型户内少油断路器，安装在6～10kV配电装置室（位置代号为＋S），发电机出口电压互感器＝E1＝G1－TV1、＝E1＝G1－TV2也安装在6～10kV配电装置室（＋S）。

二、励磁系统图

6000～12000kW发电机的励磁系统如图11-2所示，其作用是调节发电机的励磁电流，从而达到调节发电机的机端电压或无功功率的目的。

图11-2中，＝E1＝GE1－GE＋L为直流励磁机，＝E1＝GE1－SD＋L为BCM-LG型灭磁开关屏，其余设备的代号、技术特性等见表11-2。

1. 励磁电流的调节回路

正常运行时，发电机的励磁电流由同轴直流励磁机＋L－GE经刀开关＋L－SD－QK1供给。励磁电流可由KFD-3型相复励自动调整励磁装置＋C－A14－AER进行自动调整或强行励磁，也可通过调节磁场变阻器＋ZP－R进行手动调整。

2. 灭磁回路

当发电机系统故障时，灭磁开关＋L－SD－SD跳闸，首先其动断触头闭合，将灭磁电阻＋L－SD－R1并接于发电机励磁绕组上进行灭磁，然后其动合触头断开，切断励磁电源。

在发电机灭磁的同时，与灭磁电阻＋L－SD－R2 并联的灭磁开关动合触头断开，将＋L－SD－R2 串接于励磁机＋L－GE 的励磁绕组中，使励磁机灭磁。

表 11 - 1　　发电厂系统层次关系

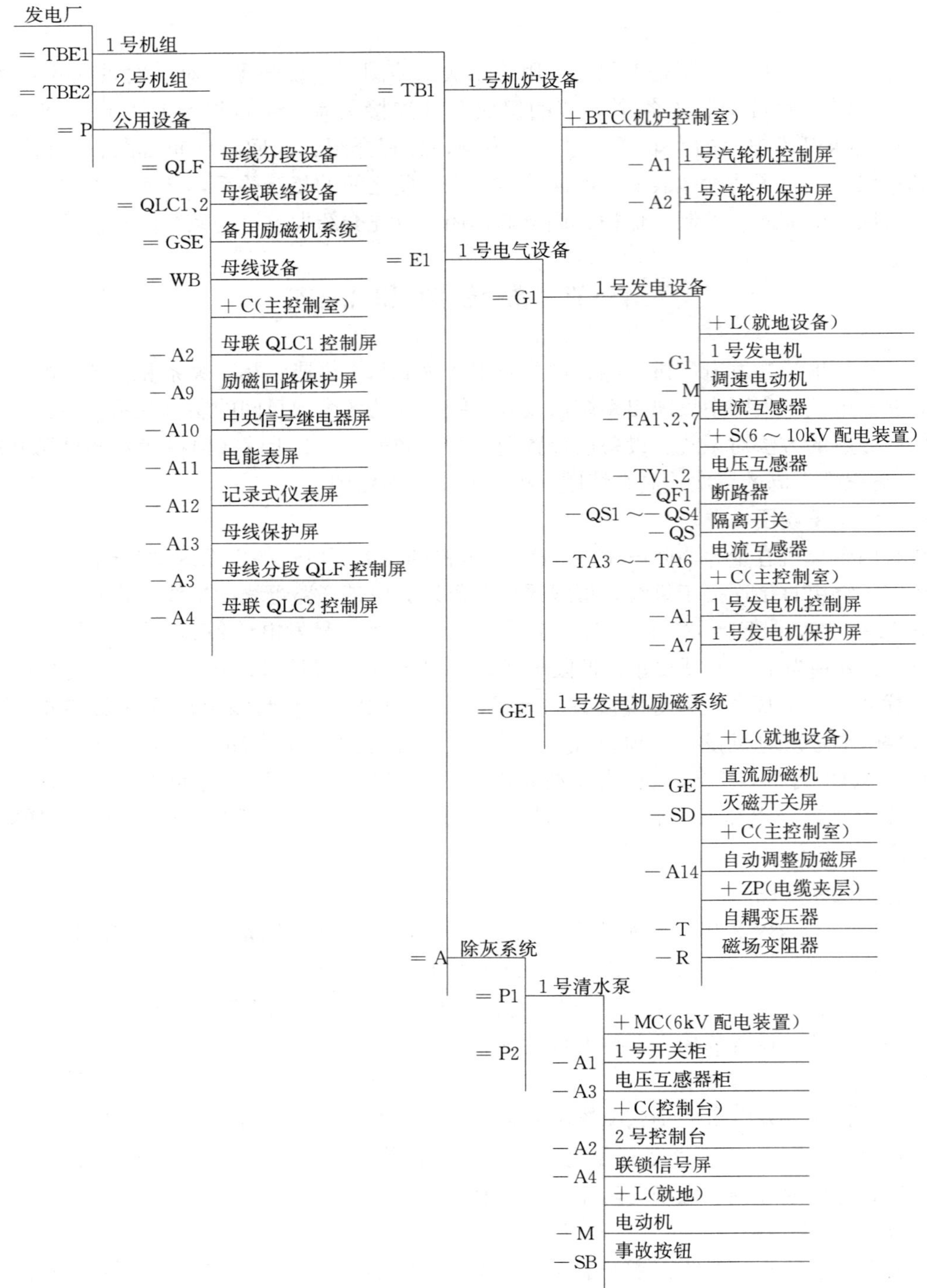

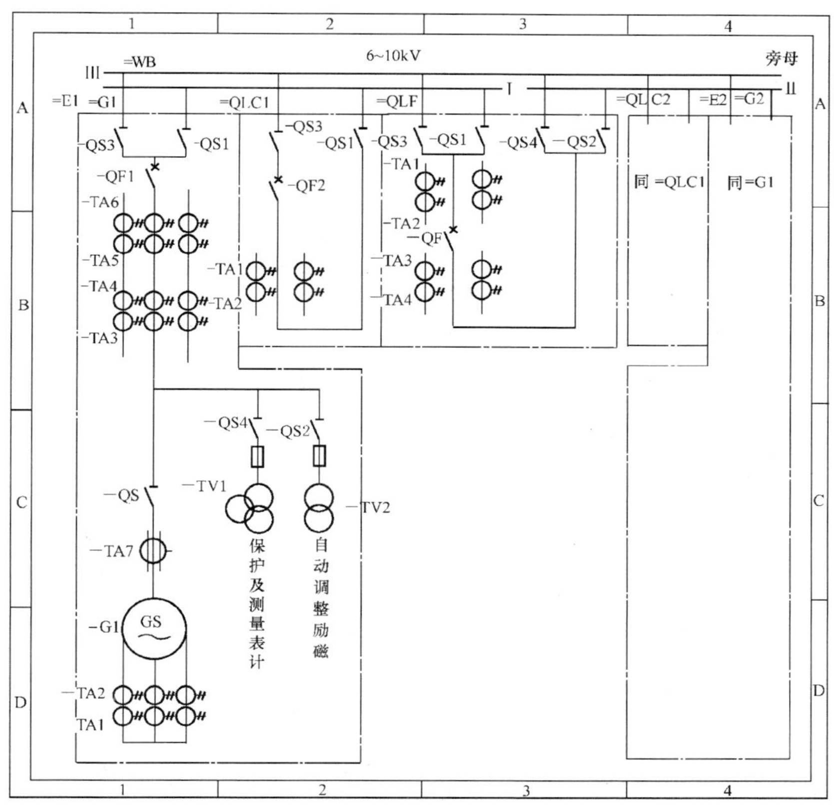

图 11-1　发电厂电气一次系统图

表 11-2　　**图 11-2 中设备表**

项目代号	名称	型式	技术特征	数量	备注
=E1=G1−A1−PA2.3+C	电流表	16C4-A		2	
=E1=G1−A1−PV2+C	电压表	16C4-V		1	
=E1=G1−A1−ST1+C	转换开关	见表注①		1	
=E1=G1−A1−ST3+C	转换开关	见表注①		1	
=E1=G1−A1−SB1.2+C	按钮	LA18-22		2	黑色
=E1=G1−A1=HL1.2+C	信号灯	XD5	灯泡，12V，1.2W	2	
=E1=G1−A1−FU61.62+C	熔断器	R1-10/6A	250V	2	
=E1=GE1−A14−KM+C	接触器	CZ0-40/20	220V	1	
=E1=GE1−A14−AER+C	自动调整励磁装置	KFD-3			与发电机配套
=E1=GE1−A14−AE1−KV+C	正序电压继电器	BZY-1	AC100V～173V，DC220V		
=E1=GE1−A14−R4+C	试验电阻	BC1～150	0～250Ω，150W	1	阻值应等于−GE励磁绕组电阻
=E1=GE1−A14−S11+C	组合开关	HZ10-10/1	250V，10A	1	
=E1=GE1−R−R3+ZP	磁场电阻			2	与发电机配套
=E1=GE1−TA+ZP	自耦变压器*			1	与 KFD 成套
=P=GSE−M	伺服电动机			1	与发电机配套
=E1=GE1−SD−PV3+L	电压表	16C4-V		1	
=E1=GE1−SD−PV4+L	电压表	16C4-V		1	

①LW2-6a，6a，6a，6a，6，6/F4-8X。

②LW2-H-2，2，2，2，2，2，2/F7-8X。

*　图 11-2 中未画出自耦变压器的电动调整回路。

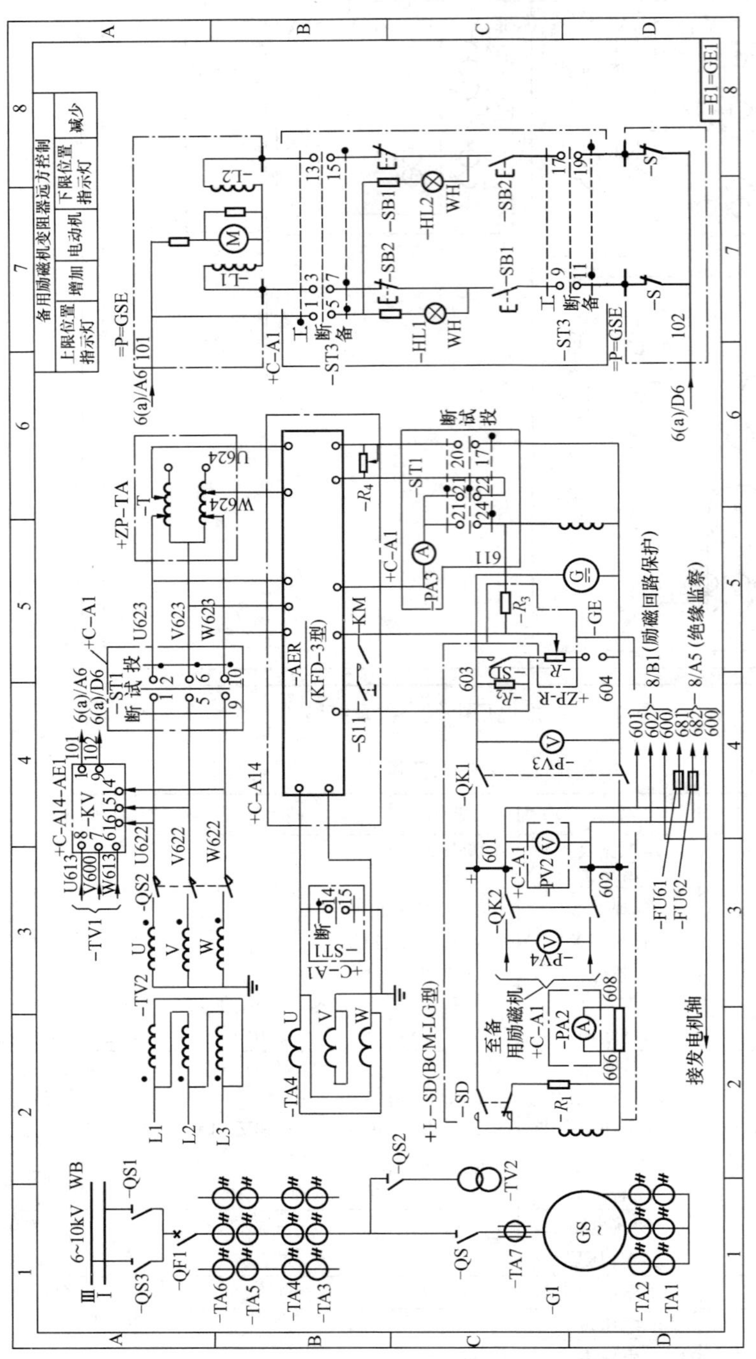

图 11-2 6000~12000kW 发电机励磁系统图

3. 继电强行励磁回路

在电力系统短路时，为提高电力系统的暂态稳定和改善电力系统的运行条件，当发电机定子电压降低到额定值的80%～85%时，除自动调整励磁装置应能迅速地强行励磁（励磁电压增加到顶值）外，还设置继电器构成的继电强励装置，即图11-2中+C-A14-AE1中KV1、KV2［见图11-6（a）］动作，再通过选择开关+C-A14-S11和强励接触器+C-A14-KM的动合触点短接磁场变阻器+ZP-R，则实现继电强行励磁。

4. 工作和备用励磁机的倒闸操作回路

当励磁系统需要由工作励磁机倒为备用励磁机运行时，首先合上刀开关+L-SD-QK2，使备用励磁机与工作励磁机并联运行，以保证不中断励磁电流，接着观察装在灭磁开关屏上的电压表+L-SD-PV3、+L-SD-PV4（分别指示工作励磁机和备用励磁机输出电压）。当+L-SD-PV4的指示略高于+L-SD-PV3的指示时，断开工作励磁机刀开关+L-SD-QK1，发电机的励磁绕组则由备用励磁机供电。

三、发电机保护和测量仪表配置框图

图11-1中，6000～12000kW1号发电机保护和测量仪表的配置框图如图11-3所示。

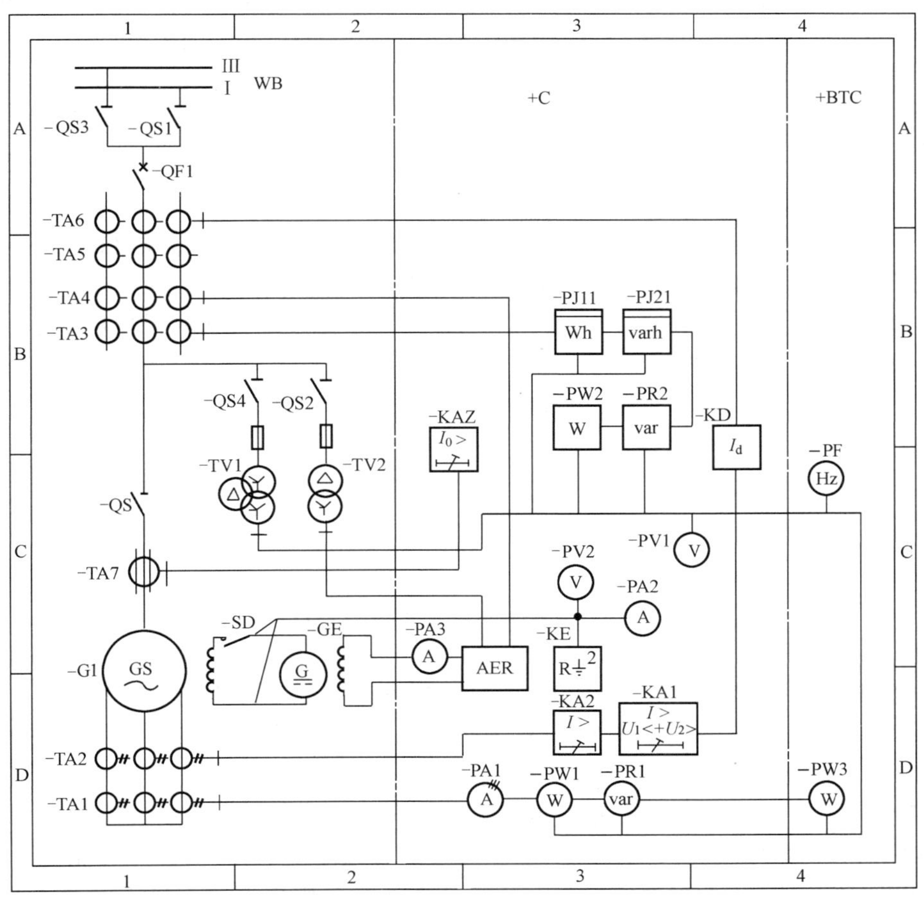

图11-3　6000～12000kW发电机保护和测量仪表配置框图

1. 保护配置

发电机是电力系统中最重要的设备之一，它的安全运行对电力系统的稳定运行和可靠供电起着决定性作用。当发电机发生故障时，若不迅速切除，可能使发电机遭到严重损坏，甚至破坏电力系统的稳定性。为了使发电机在故障时能快速而有选择性地从系统中切除，并在不正常运行时能发出相应的预告信号，因此必须针对各种不同类型故障和不正常运行状态，装设专门的继电保护装置。

从图 11-3 中看出，发电机配有以下保护装置：

(1) 对发电机定子绕组及其引出线的相间短路故障，装有纵联差动保护－KD。

(2) 对于直接连接于母线的发电机定子绕组（无消弧线圈补偿）的单相接地故障，装有零序电流保护－KAZ。

(3) 对于发电机外部短路故障引起的定子绕组过电流，装有复合电压［包括负序过电压和正序低电压（以下简称低电压）］启动的过电流保护－KA1。

(4) 对于由于对称过负载引起的发电机定子绕组过电流，装有过负载保护－KA2。

以上四种保护均装在主控制室 1 号发电机保护屏 A7 上，其项目代号为＝E1＝G1－A7＋C。

(5) 对于发电机励磁回路接地故障，装有两点接地保护－KE，它属两台发电机的公用保护装置，装在主控制室的励磁回路保护屏 A9 上，其项目代号为＝P－A9＋C。

2. 测量仪表配置

6000～12000kW 发电机测量仪表的配置，在第七章中已介绍过（参见图 7-11），配置的仪表有：定子电流表－PA1 三只；定子电压表－PV1 一只；有功和无功功率表－PW1、－PR1 各一只；励磁回路直流电压表－PV2 一只，直流电流表－PA2 和－PA3 各一只（其中－PA3 是自动调整励磁装置输出电流表），它们均装在主控制室 1 号发电机控制屏 A1 上，其项目代号为＝E1＝G1－A1＋C。有功和无功电能表－PJ11、－PJ21 各一只，装在主控制室公用电能表屏 A11 上，其项目代号为＝P－A11＋C。记录式有功和无功功率表－PW2 和－PR2 装在主控制室公用屏 A12 上，其项目代号为＝P－A12＋C。

发电机有功功率表－PW3 和频率表－PF，装在机炉控制室 1 号汽轮机控制屏 A1 上，其项目代号为＝TB1－A1＋BTC。

发电机自动调整励磁装置－AER 装在主控制室 1 号发电机自动调整励磁屏 A14 上，其项目代号为＝E1＝GE1－A14＋C。

第二节 布 置 图

布置图是表示各电气设备、装置或元器件在现场、厂房或装置中的位置关系。

装有两台单机容量为 6000～12000kW 发电机的发电厂其控制方式采用具有主控制室的电气集中控制和强电一对一控制。

图 11-1 所示的发电厂主控制室的布置如图 11-4 所示。图 11-4 中，1、5 为 1 号、2 号发电机控制屏，3 为母线分段 QLF 控制屏，2、4 为母联 QLC1、QLC2 控制屏；6 为 6～10kV 线路保护屏；7～9 为发电机保护屏；10 为中央信号继电器屏；11 为电能表屏，12 为记录式仪表屏；13 为母线保护屏；14～15 为自动调整励磁屏；16～18 为直流系统屏；19～21 为厂用电控制屏；22～24 为厂用电保护屏。

由表11-1可知：1号屏（—A1）是1号发电机控制屏，项目代号为=E1=G1—A1+C，其设备与电路见图11-6；7号屏（—A7）是1号发电机保护屏，项目代号为=E1=G1—A7+C，其设备与电路见图11-7；9号屏（—A9）是两台发电机公用的励磁回路保护屏，项目代号为=P—A9+C，其设备与电路见图11-8；10号屏（—A10）是中央信号继电器屏，项目代号为=P—A10+C，其设备与电路见图11-9。

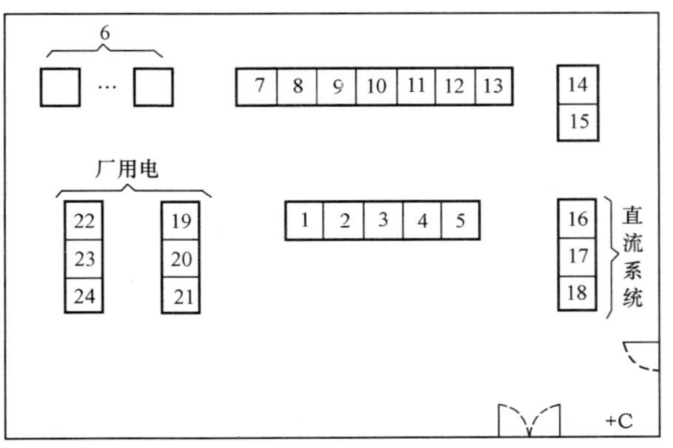

图11-4　发电厂主控制室布置图

第三节　保护逻辑图

逻辑图是用二进制逻辑单元符号表示控制系统或保护装置的逻辑功能和工作原理。

图11-1中，6000～12000kW1号发电机的保护逻辑如图11-5所示。图中各逻辑单元均采用正逻辑约定，即高（H）电平对应逻辑“1”态，低（L）电平对应逻辑“0”态，各保护装置动作时输出高（H）电平，否则输出低（L）电平。

在发电机差动保护（—KD）、转子两点接地保护（—KE）和母线保护中，任一保护动作，均使或门—D4输出“1”态，启动出口继电器—KCO1。—KCO1动作后发出停机指令T—1，跳灭磁开关=E1=GE1—SD+L、跳主断路器=E1=G1—QF1+S、关闭主汽门，并有相应的保护动作信号发出。

在复合电压继电器—KA1—KV动作的情况下，发电机定子电流超过—KA1—KA整定值时，与门—D2输出“1”态，启动时间继电器—KT1，—KT1动作后，经t_1（短时限）延时后，启动出口继电器—KCO2，—KCO2动作后通过连接片—XB4和—XB5，分别使母联断路器=QLC1—QF2和分段断路器=QLF—QF跳闸，并发出短时限过电流保护动作信号；—KT1动作后经t_2（长时限）延时后，通过连接片—XB2经或门D4启动出口继电器—KCO1，发出停机指令T—1，并发出长时限过电流保护动作信号。

在零序电流继电器—KAZ动作的情况下，发电机定子过电流继电器—KA1—KA未动作时，与门—D1输出“1”态，启动时间继电器—KT3，经t_3延时后，通过连接片—XB3启动出口继电器—KCO1，发出停机指令T—1，并发出定子接地保护动作信号。

当过负载继电器—KA2动作时，启动时间继电器—KT2，经t_4延时后发出过负载信号。

由图11-5可看出，灭磁开关=E1=GE1—SD+L跳闸途径有三个：由保护发出的停机指令T—1；由发电机控制屏=E1=G1—A1+C上的控制开关—SA发出的手动跳闸指令T—2；由汽轮机控制屏=TB1—A1+BTC上的事故按钮—SB发出的事故跳闸指令T—3。三者之一经过或门—D5使灭磁开关跳闸。发电机出口断路器=E1=G1—QF1+S的跳闸途径也有三个：由保护发出的停机指令T—1；由发电机控制屏=E1=G1—A1+C上的控制开关—SA1发出的手动跳闸指令T—4；由灭磁开关跳闸发出的联跳指令T—5。三者之一经过或门—D6，使发电机出口断路器跳闸。

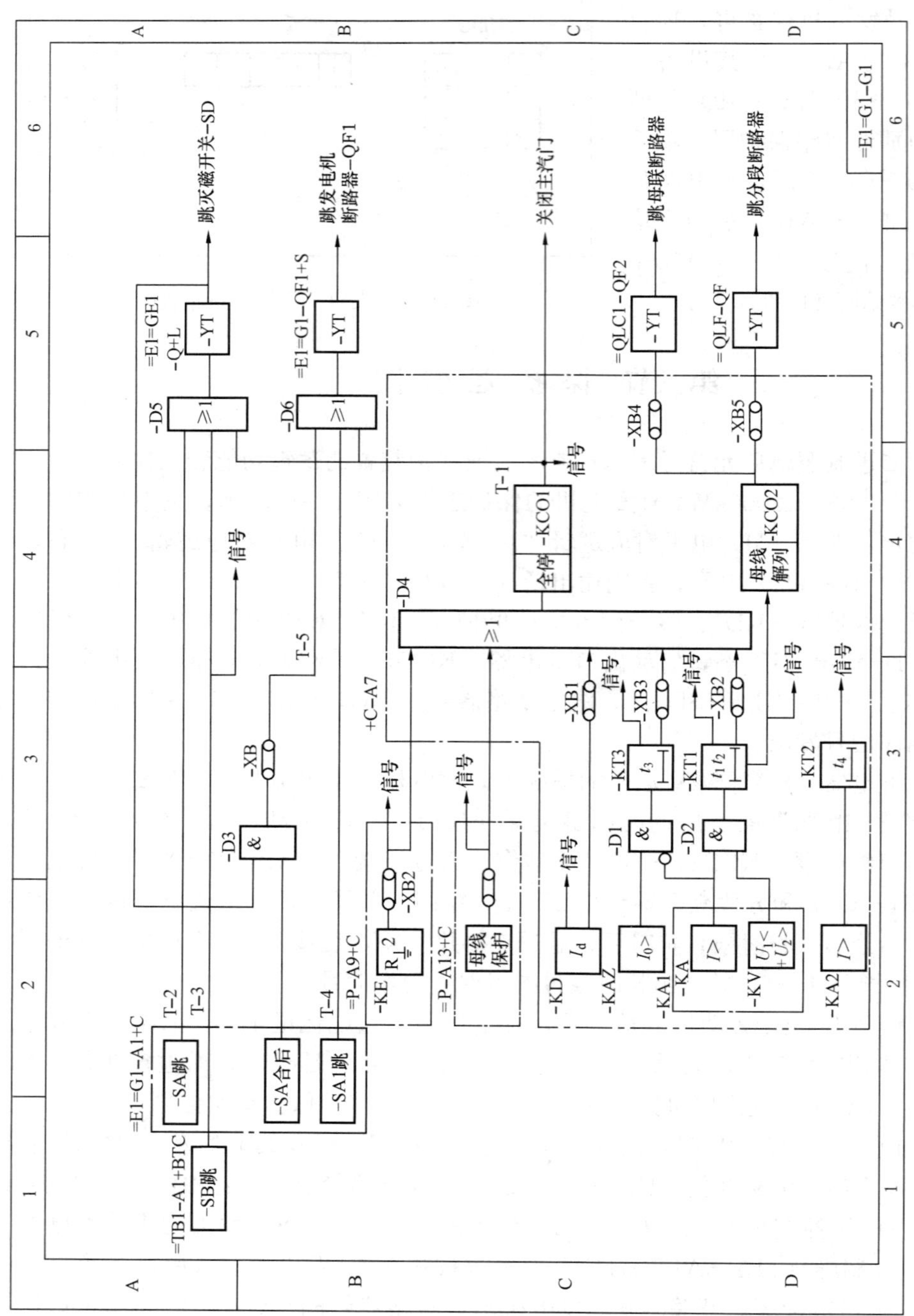

图 11-5 6000～12000kW 发电机保护逻辑图

第四节　电　路　图

一、发电机控制和信号电路

图 11-1 中，6000～12000kW1 号发电机控制和信号电路如图 11-6 所示，图中设备代号、技术特性详见表 11-3。

图 11-6 中的二次设备是发电机控制屏＝E1＝G1－A1＋C 上的设备，与其相关的其他屏上的二次设备用点划线框住，并标注其项目代号。

图 11-6（a）主要表明发电机出口断路器＝E1＝G1－QF1＋S 和灭磁开关＝E1＝GE1－SD＋L 的跳、合闸回路；隔离开关＝E1＝G1－QS＋S、＝E1＝G1－QS1＋S 和＝E1＝G1－QS3＋S 的电气闭锁回路；发电机的调速和事故信号回路。

图 11-6（b）主要表明发电机系统预告信号和指挥信号等。整个电路的工作原理已在前几章中述及，在此不再赘述。

二、发电机的保护电路

图 11-1 中，6000～12000kW1 号发电机保护电路如图 11-7 所示。

表 11-3　　图 11-6 中设备代号、技术特性表

项目代号	名称	型式	技术特性	数量	备注
＝E1＝G1－A1－SA1＋C	控制开关	见表注①		1	
＝E1＝G1－A1－SS＋C	同步开关	见表注②		1	
＝E1＝G1－A1－SA＋C	控制开关	见表注③		1	
＝E1＝G1－A1－ST1＋C	转换开关	见表注④		1	
＝E1＝G1－A1－ST2＋C	转换开关	见表注⑤		1	
＝E1＝G1－A1－ST3＋C	转换开关	见表注⑥		1	
＝E1＝G1－A1－HL1.3＋C	绿　灯	XD5-220	灯泡 12V，1.2W	2	附电阻 2200Ω
＝E1＝G1－A1－HL2.4＋C	红　灯	XD5-220	灯泡 12V，1.2W	2	附电阻 2200Ω
＝E1＝G1－A1－H11～18＋C	光字牌	XD10	220V，1.5W	8	
＝E1＝G1－A1－H1～14＋C	光字牌	XD9	110V，8W	14	
＝E1＝G1－A1－SB1～8＋C	按　钮	LA7	220V，2.5A	8	
＝E1＝G1－A1－SB11＋C	按　钮	LA18-22		1	
＝E1＝G1－A1－P1.3＋C	位置指示器	MK-9	220V	2	
＝E1＝G1－A1－K＋C	中间继电器	DZ-31B	220V	1	
＝E1＝G1－A1－FU1～4＋C	熔断器	R1-10/6A	250V	4	
＝E1＝G1－A1－R1.2＋C	电　阻	ZG11-25	1000Ω	2	
＝E1＝G1－A7－XB＋C	连接片	DZH-2		1	
＝E1＝G1－A7－KS＋C	信号继电器	DX-8		1	
＝E1＝GE1－A14－KS5＋C	信号继电器	DX-8	0.05A	1	
＝E1＝GE1－A14－KM＋C	接触器	CZO-40/20	220V	1	
＝E1＝GE1－A14－KV＋C	正序电压继电器	BZY-1	AC100～170V，DC220V	1	
＝E1＝GE1－A14－K1.2＋C	中间继电器	DZ-31B	220V	2	
＝TB1－A1－H1～14＋BTC	光字牌	DX9	110V，8W	14	
＝TB1－A1－SB9～14＋BTC	按　钮	LA7	220V，2.5A	6	
＝TB1－A1－SB＋BTC	按　钮	LA18-22		1	红　色
＝TB1－A1－SB21＋BTC	按　钮	LA18-22		1	黑　色
＝TB1－A1－HB＋BTC	蜂鸣器	DDZ1	220V，20W	1	
＝E1＝GE1－SD＋L	灭磁开关	CJ12M-600S/21	220V	1	
＝E1＝G1－QS－YA＋S	电磁锁	DSN-1	＝220V	1	户内用
＝E1＝G1－QS＋S	隔离开关	F1-6		1	辅助触点

续表

项 目 代 号	名 称	型式	技 术 特 性	数量	备注
=E1=G1-QF1+S	断路器			1	辅助触点
=E1=G1-QS1.3+S	隔离开关	F1-8		2	辅助触点
=E1=G1-QF1-FU12.13+S	熔断器	RTO-100/40A		2	
=E1=G1-QS-FU14.15+S	熔断器	R1-10/4A	250V	2	
=E1=G1-QS1.3-YA1.3+S	电磁锁	DSN-Ⅰ	=220V	2	

注 ①LW2-Z-1a，4，6a，40，20/F8。
②LW2-H-1，1，1，1，1/F7-X。
③LW2-Z-1a，4，6a，40，20，20，4/F8。
④LW2-2，2，2，2，2，2/F4-8X。
⑤LW5-15，B0971/4Q。
⑥LW2-H-2，2，2，2，2，2，2/F7-8X。

（1）发电机三相差动保护继电器－KD（BCH-2 型）接于电流互感器－TA2 和－TA6 的二次绕组差动回路中，当发电机内部发生相间短路故障且流过－KD 的电流超过其整定值时，－KD动作，其动合触点闭合，启动跳闸出口继电器－KCO1 和信号继电器－KS1。－KCO1动作后，其三对动合触点闭合发出停机指令，即跳发电机出口断路器、跳灭磁开关和关闭主汽门。信号继电器－KS1 动作并掉牌。

（2）复合电压启动过电流保护装置是由三相电流继电器－KA1－KA 和复合电压启动元件－KA1－KV 组成。复合电压启动元件由负序过电压继电器－KA1－KV－KVN（BFY-12A 型）和接入相间的低电压继电器－KA1－KV－KV1（DY-28C/160 型）组成。－KA1－KA 接于电流互感器－TA2 的二次回路中，－KA1－KV－KVN 和－KA1－KV－KV1 接于电压互感器－TV1 的二次回路中。当发电机外部发生对称（或不对称）短路故障，且流过－KA1－KA 的电流超过其整定值（一般取 1.2 倍的额定值）时，－KA1－KA 动作，当对称短路使发电机定子电压降到额定值的 50%～60%时，低电压继电器－KV1 动作［或不对称短路出现的负序电压超过定子额定电压的 6%～9%时，负序过电压继电器－KVN 动作使 KV1 线圈失电］，其动断触点闭合启动继电器－KM4 和－KT1，经－KT1 的暂时吸合触点（逻辑图中的 t_1），启动信号继电器－KS4 和跳闸出口继电器－KCO2。－KCO2 动作后，其动合触点闭合跳分段断路器和母联断路器，信号继电器－KS4 动作并掉牌，若此时故障仍未消除，再经过－KT1 的延时闭合触点（逻辑图中的 t_2），启动信号继电器－KS2 和跳闸出口继电器－KCO1，发出停机指令，信号继电器－KS2 动作并掉牌。

（3）零序电流继电器－KAZ 接于发电机出口零序电流互感器－TA7 的二次回路中，当发电机定子绕组发生单相接地故障，且流过－KAZ 的电流超过其整定值时，－KAZ 动作，在－KM3的触点闭合的情况下，经过时间继电器－KT3 延时后，启动信号继电器－KS3 和跳闸出口继电器－KCO1，发出停机指令，信号继电器－KS3 动作并掉牌。

为了定期检查发电机定子绕组绝缘状况，电路中装有绝缘检查电压表－PV，通过黑色按钮－SB 接入到发电机出口电压互感器－TV1 的辅助二次绕组回路中。

（4）过电流继电器－KA2 接于电流互感器－TA2 的二次回路中，当发电机对称过负载，且流过－KA2 的负载电流超过其整定值（一般取 1.05 倍的额定值）时，－KA2 动作，经过时间继电器－KT2 延时后，发出过负载预告信号，即点亮图 11-6（b）中 C2 区的光字牌－H12。

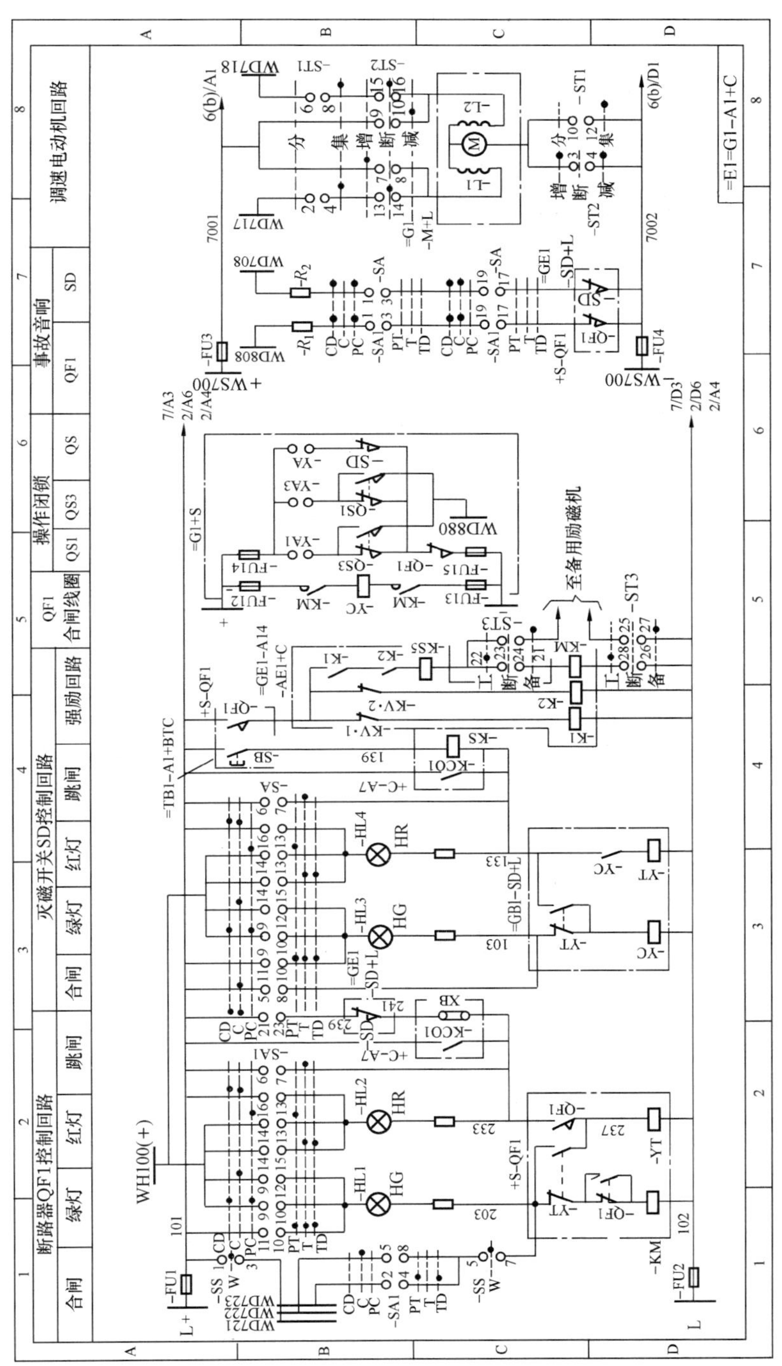

图 11-6　6000～12000kW 发电机控制和信号电路图（a）

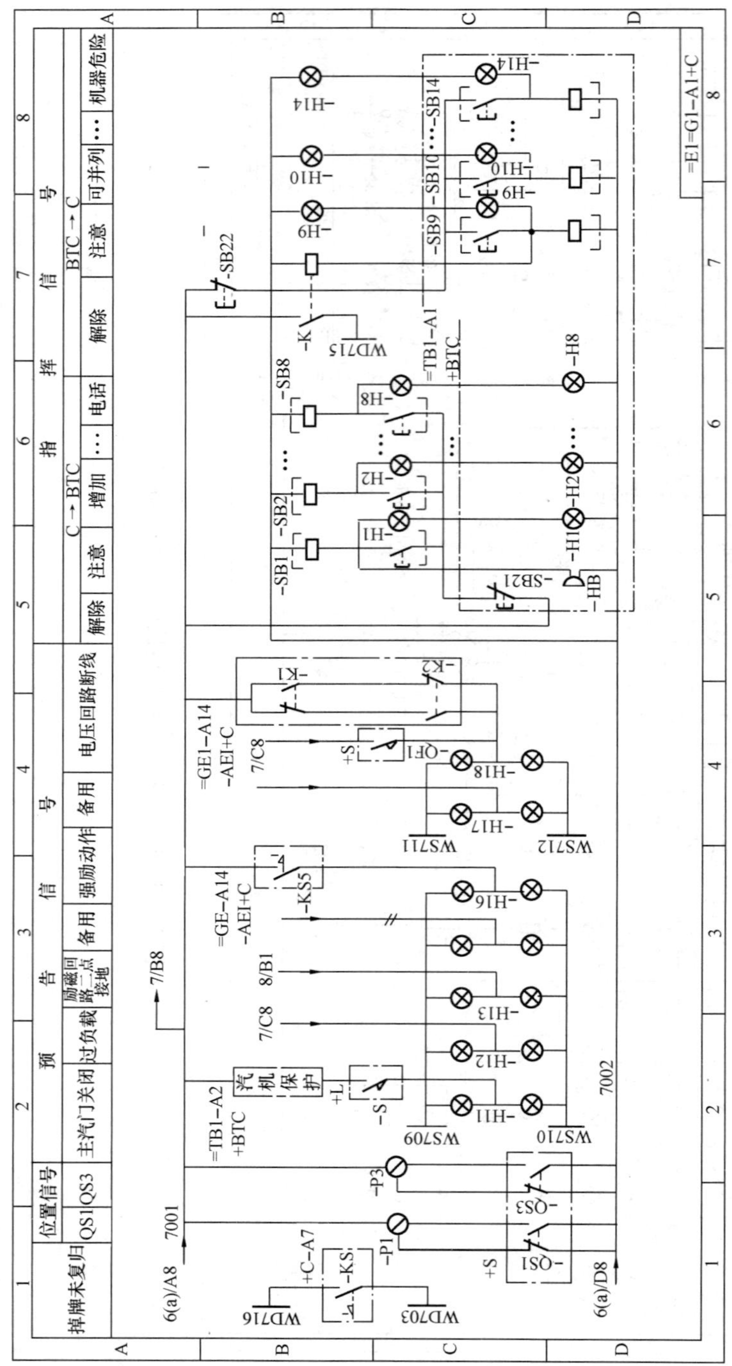

图 11-6 6000～12000kW 发电机控制和信号电路图（b）

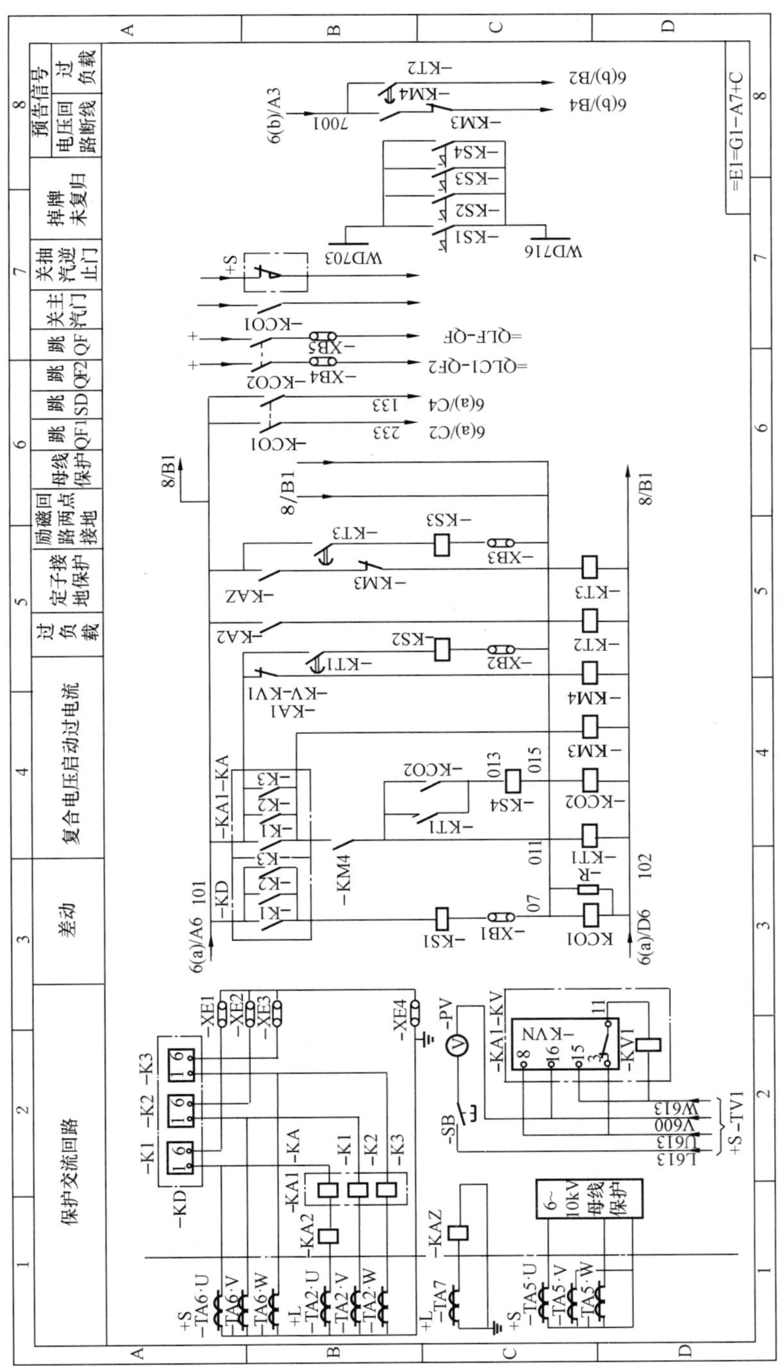

图 11-7　6000～12000kW 发电机保护电路图

信号继电器－KS1、－KS2、－KS3、－KS4 动作后，发出掉牌未复归光字信号。

三、发电机励磁回路接地保护电路

图 11-1 中，6000～12000kW 发电机励磁回路接地保护装置是两台发电机公用的保护设备，如图 11-8 所示。

1. 励磁回路绝缘监察

发电机正常运行时，转子励磁绕组对转子轴（600）之间是绝缘的。当转子励磁绕组（或励磁回路）发生一点接地时，由于不能构成通路，故障点无电流通过，励磁电压仍保持正常，因此发电机继续运行对发电机无直接危害，但已构成潜伏性隐患，应安排停机处理。所以，对于中、小型汽轮发电机，一般不装设一点接地保护，只装设可供定期监察的绝缘电压表－PV1，定期检查励磁回路绝缘情况。

当需要检查 1 号发电机励磁回路绝缘时，首先将转换开关－ST2（LW2－H－2，2，2，5，5，5/F8-X 型）置于“1 号”位置，其触点 2－4、6－8、10－12 接通，将其励磁绕组的正极（681）、负极（682）和轴（600），分别引至 581、582 和 500 端子上，然后通过转换开关－ST1（LW2－5，5/F4-X 型）和绝缘电压表－PV1，分别测量正、负母线间电压、正极对地和负极对地电压，其测量和判断方法详见第二章第三节中图 2-7 和式（2-1）。

2. 励磁回路两点接地保护

当发电机励磁回路发生两点接地故障，部分励磁绕组被短接，同时由于气隙磁动势的对称性遭到破坏，可能使发电机转子产生剧烈振动，威胁发电机和机房结构的安全。所以，在发电厂装设一套公用的（ZBZ-1 型）两点接地保护装置。它是根据直流电桥原理构成，电桥的两臂由励磁回路一点接地后电阻组成，另外两臂则由专门的电位器－R 组成。ZBZ-1 型两点接地保护装置是由电流继电器－KA、电抗器－L 和电流互感器－TA 组成。装有－L 和－TA的目的是减少交流分量对保护的影响，防止保护误动作。

当发现一点稳定性接地后，应投入两点接地保护，其投入顺序是：先断开连接片－XB1，按下按钮－SB，调整电位器－R，使电压表－PV 指示为零，电桥处于新的平衡状态，然后接通连接片－XB1。其工作原理详见第二章第三节图 2-9（b）。

若两点接地故障需要跳闸，接通连接片－XB2。一旦发生两点接地故障，电桥的平衡状态又遭到破坏，流过继电器－KA 工作绕组 L1 的电流超过其整定值（通常为 0.07A）时，－KA动作，经过时间继电器－KT 延时（1～1.5s）后，启动中间继电器－KM。－KM 动作后，其四对动合触点闭合，第一对触点（见支路 9）用于自保持；第二对触点（见支路 10）启动信号继电器－KS，并通过刀开关－QK3 启动保护跳闸出口继电器－KCO1，发出停机指令，同时发出掉牌未复归光字信号；第三对触点（见支路 11）点亮图 11-6（b）中 C3 区的光字牌－H13。为了防止在两点接地时有较大的电流流过继电器－KA 线圈，因此用－KM的第四对触点（见支路 6）短接－KA 的线圈回路。

若两点接地故障只需发信号，则断开连接片－XB2，即断开跳闸回路。当发生两点接地故障时，不跳闸，只发信号，即点亮图 11-6（b）中 C3 区的光字牌－H13。

四、自动和手动准同步电路

图 11-1 中，6000～12000kW 发电机自动和手动准同步电路如图 11-9 所示，图中二次设备的代号、技术特性等见表 11-4。

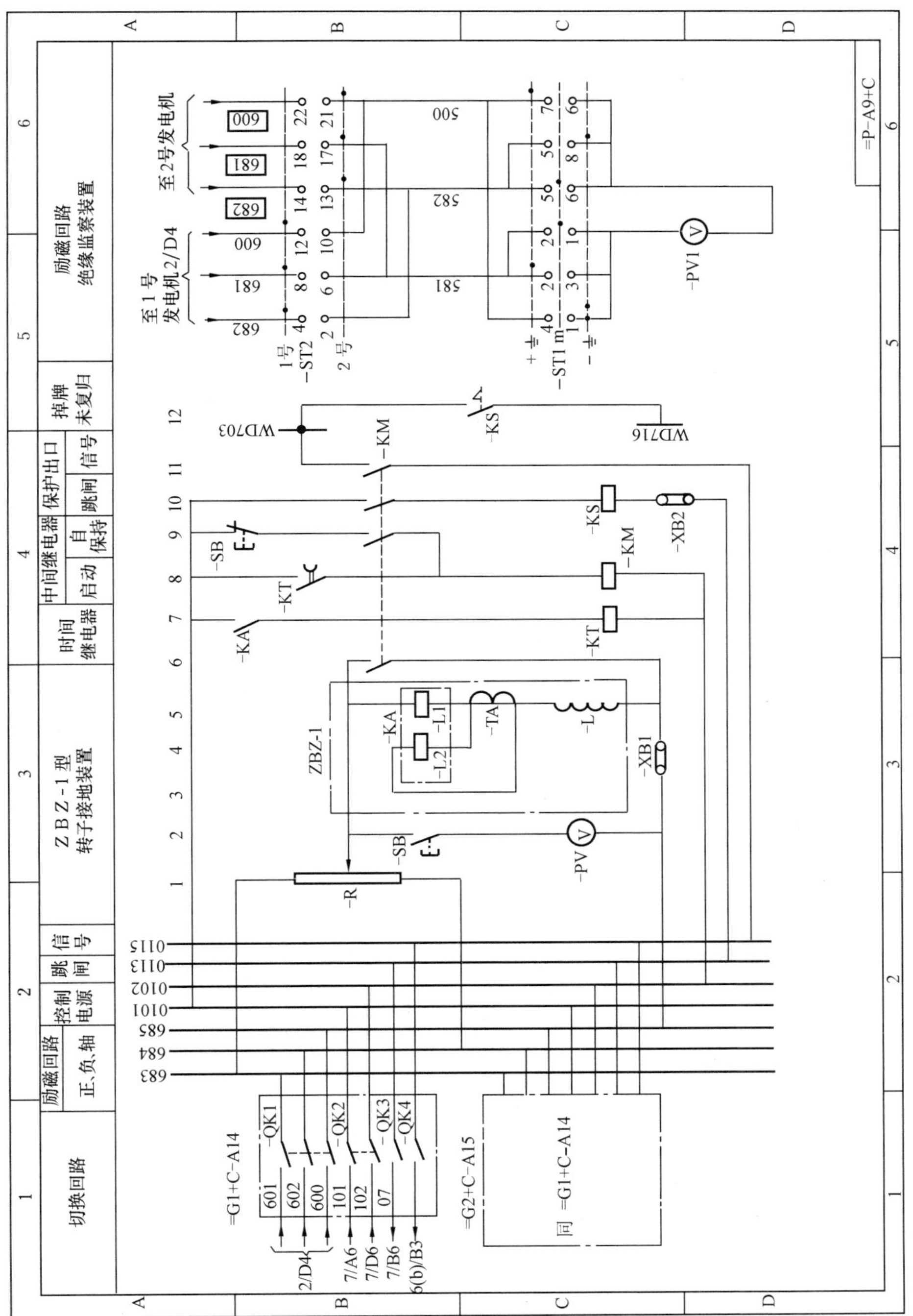

图 11-8　6000～12000kW 发电机励磁回路接地保护电路图

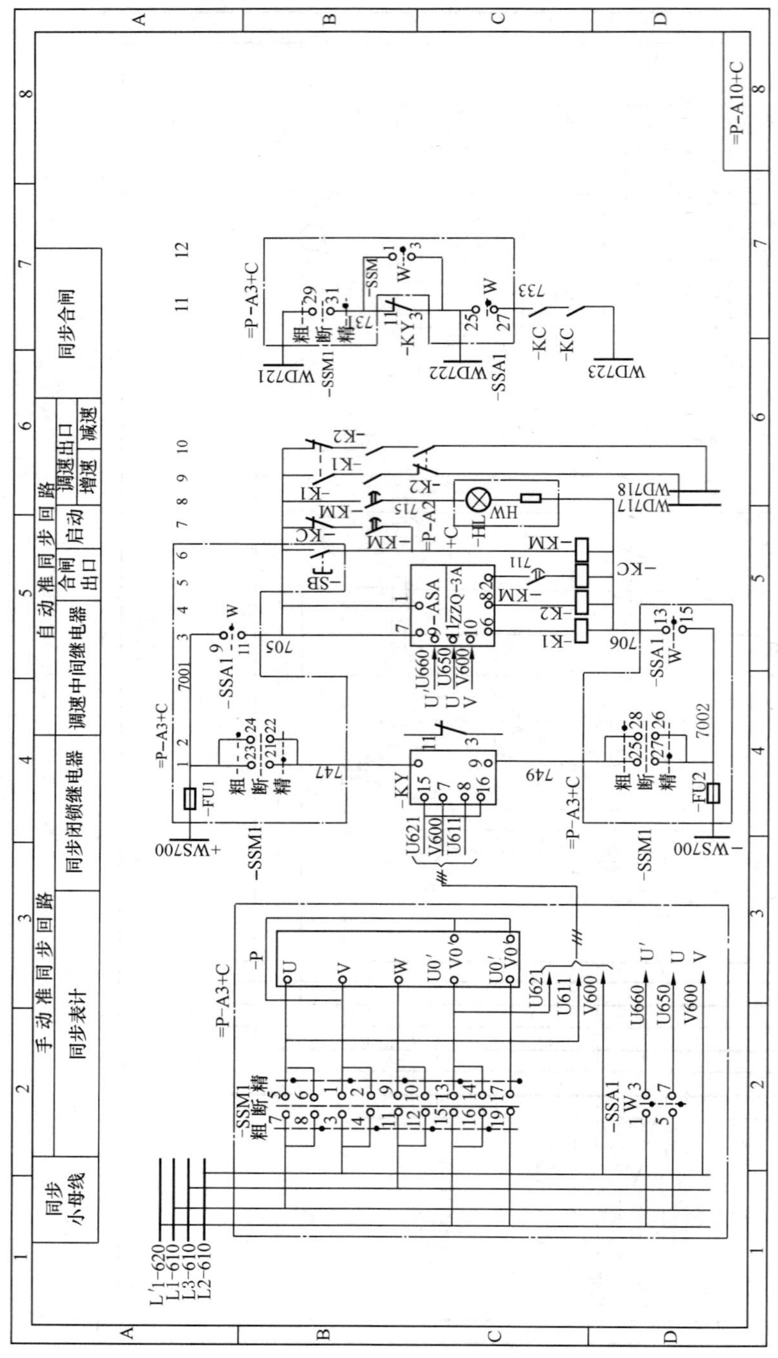

图 11-9 6000～12000kW 发电机自动和手动准同步电路图

表 11-4　图 11-9 中二次设备的代号、技术特性表

项目代号	名　称	型　式	技术特性	数量	备　注
=P－A3－SSM1+C	手动准同步开关	见表注①		1	
=P－A3－SSM+C	解除手动准同步开关	见表注②		1	
=P－A3－SSA1+C	自动准同步开关	见表注③		1	
=P－A3－P+C	组合式同步表	MZ-10	AC100V，50Hz，三相	1	
=P－A3－SB+C	按　钮	LA18-22		1	黑　色
=P－A3－HL+C	白　灯	XD5	灯泡 12V，1.2W	1	电阻 2200Ω
=P－A10－ASA+C	自动准同步装置	ZZQ-3A	AC100V，DC220V	1	
=P－A10－KC+C	合闸中间继电器	DZ-31B	220V	1	
=P－A10－KM+C	中间继电器	DZS-14B	220V	1	
=P－A10－K1.2+C	中间继电器	DZ-31B	220V	2	
=P－A10－KY+C	同步监察继电器	BT-1B/200	220V	1	

注　①LW2-H-2，2，2，2，2，2，2，2/F7-8X。
②LW2—H—1，1/F7—X。
③LW2-H-1，1，1，1，1，1，1/F7-X。

图 11-9 中用点划线框住部分为母线分段控制屏=P－A3+C 上的二次设备，其余部分为中央信号继电器屏=P－A10+C 上的二次设备。图中包括了分散手动准同步和自动准同步两种电路。有关分散手动准同步装置的工作原理在第六章中已经介绍，这里不再赘述。

自动准同步并列采用 ZZQ-3A 型准同步装置，它能自动检查准同步并列条件，当频差不符合条件时，能自动调整待并发电机的频率。电压的调整是通过运行人员手动调整。当频差和压差均符合并列条件时，装置能选择合适的瞬间，自动发出合闸脉冲。装置的交、直流电源都经过自动准同步开关－SSA1 接入，其交流电压回路接于系统电压 L1′－620、L2－600 和待并发电机电压 L1－610、L2－600，其中 L2－600 为公用接地相；直流电源接入信号电源 WS+700 和 WS－700。

在装置投入运行前，先将发电机控制屏［见图 11-6（a）］上的调速选择开关－SM1 置于“集中”位置（其触点 2－4、6－8 和 10－12 接通），分散调速开关－SM2 置于“断开”位置（其触点 13－14 和 15－16 接通）。然后将自动准同步开关－SSA1 置于“工作（W）”位置，装置即可投入运行。

当待并发电机频率小于（或大于）系统频率时，装置中的“加速”（或“减速”）指示灯点亮，同时启动继电器－K1（或－K2），其动合触点闭合将自动调速小母线 WD717（或 WD718）与正电源接通，则调速伺服电动机－M 的绕组 L1（或 L2）接于自动调速小母线 WD717（或 WD718）与负电源接通，即可升高（或降低）发电机转速［参见图 6-9（b）］。

当频差满足要求后，装置中的“加速”（或“减速”）指示灯熄灭。此时，若“闭锁”指示灯点亮，则表明压差不满足要求。运行人员调整磁场变阻器－R（见图 11-2），使“闭锁”指示灯熄灭为止。

当装置上的“加速”“减速”“闭锁”指示灯均熄灭，“同步”指示灯最暗，而“合闸”指示灯点亮时，表明此时符合准同步并列条件，可以启动装置，即按下启动按钮－SB（见支路 6），启动中间继电器－KM，－KM 动作后，三对动合触点瞬时闭合。第一对触点（见支路 7）用于自保持；第二对触点（见支路 8）点亮启动信号灯－HL；第三对触点（见支路

5）启动合闸继电器－KC。在解除手动准同步开关－SSM投入和手动准同步开关－SSM1置于“精确”位置的情况下，－KC的动合触点（见支路11）闭合，使合闸小母线WD723与正电源接通，发出合闸指令。

第五节 接 线 图

一、概述

接线图是以电路图和屏（台）面布置图为原始资料，绘制的屏背面接线图。它反映了各个项目（元件、器件、组件、设备、装置等）之间的连接关系、缆线种类和敷设路径等。它是制造厂配线的依据，也是施工、运行和维修不可缺少的重要技术文件。

根据表达的对象和用途不同，接线图一般分为单元接线图、端子接线图、互连接线图和电缆连系图四种。本节以图9-10（清水泵电动机控制保护回路）为例，介绍上述四种接线图的绘制方法。

（一）接线图的一般规定

在接线图中，应标示出：

（1）项目及其相对位置，项目代号。

（2）端子间的连接关系，端子代号。

（3）导线型式、截面积和导线号。

（4）需补充说明的其他内容。

（二）接线图的表示方法

1. 项目的表示方法

接线图中的元件、器件、部件、组件和设备等项目，应尽量采用简化外形（圆形、方形、矩形）来表示，必要时也允许用图形符号表示。在图形符号近旁标出与电路图项目一致的项目代号。

2. 端子的表示方法

（1）一般端子用图形符号“○”表示；可拆卸的端子用“ϕ”表示。对于用简化外形表示项目时，其上的端子可不画符号，只用端子代号表示。

（2）各端子宜按相对位置表示。

3. 缆线的表示方法

在接线图中，导线的表示方法有：

（1）连续线。用连续的实线表示端子之间实际存在的导线。

（2）中断线。用中断的实线表示端子之间实际存在的导线，同时在中断处标明导线的去向。

（3）导线组、电缆、缆形线束等可用单实线或加粗的单实线表示。

（三）电路图中的回路编号

在接线图中，项目的相互位置取决于屏（台）面布置图，而项目之间的连接关系则由电路图确定。为了正确地连接每个项目，确保电路图的逻辑功能，所以对电路图中的回路应进行编号。

二次回路编号一般由三个及以下的数字组成，对于交流回路为了区分相别，在数字前面加上U、V、W、N等文字符号；对于不同用途的回路规定了编号的数字范围；对于比较重要的常见回路（例如直流正、负电源及跳、合闸回路）都给予了固定的编号。

1. 直流回路标号

直流回路的数字标号见表 11-5。表中，文字一、二、三、四表示四个标号组，每一组用于由一对熔断器引下的控制回路编号。例如三绕组变压器，每一侧装一台断路器，其符号分别为 QF1、QF2、QF3，对应 QF1 取 101～199；对 QF2 取 201～299；对 QF3 取 301～399。图 9-10 所示清水泵电动机控制保护电路中的直流回路编号选用第一组标号。

表 11-5　直流回路的数字标号

回路名称	数字标号组			
	一	二	三	四
正电源回路	101	201	301	401
负电源回路	102	202	302	402
合闸回路	103～131	203～231	303～331	403～431
绿灯或合闸回路监视继电器回路	103	203	303	403
跳闸回路	133～149 1133、1233	233～249 2133、2233	333～349 3133、3233	433～449 4133、4233
备用电源自动合闸回路	150～169	250～269	350～369	450～469
开关设备的位置信号回路	170～189	270～289	370～389	470～489
事故跳闸音响信号回路	190～199	290～299	390～399	490～499
保护回路	01～099（或 0101～0999）			
发电机励磁回路	601～699（或 6011～6999）			
信号及其他回路	701～799（或 7011～7999）			
断路器位置遥信回路	801～809（或 8011～8999）			
断路器合闸线圈或操动机构电动机回路	871～879（或 8711～8799）			
隔离开关操作闭锁回路	881～889（或 8810～8899）			
发电机调速电动机回路	991～999（或 9910～9999）			
变压器零序保护共用电源回路	001、002、003			

2. 交流回路标号

交流回路的数字标号见表 11-6。电流、电压互感器二次回路编号按一次系统中相对应的互感器编号来分组。例如，在图 9-10 中装有两组电流互感器：一组供继电保护用的电流互感器 TA1，其二次回路标号取 U11、N11；另一组供测量仪表用的电流互感器 TA2，其二次回路标号取 U21、N21。

表 11-6　交流回路的数字标号

回路名称	互感器的文字符号及电压等级	回路标号组				零　序
		U 相	V 相	W 相	中性线	
保护装置及测量表计的电流回路	TA	U11～U19	V11～V19	W11～W19	N11～N19	L11～L19
	TA1—1	U111～U119	V111～V119	W111～W119	N111～N119	L111～L119
	TA1—2	U121～U129	V121～V129	W121～W129	N121～N129	L121～L129
	TA1—9	U191～U199	V191～V199	W191～W199	N191～N199	L191～L199
	TA2—1	U211～U219	V211～V219	W211～W219	N211～N219	L211～L219
	TA2—9	U291～U299	V291～V299	W291～W299	N291～N299	L291～L299
保护装置及测量仪表电压回路	TV1	U611～U619	V611～V619	W611～W619	N611～N619	L611～L619
	TV2	U621～U629	V621～V629	W621～W629	N621～N629	L621～L629
	TV3	U631～U639	V631～V639	W631～W639	N631～N639	L631～L639

续表

回路名称	互感器的文字符号及电压等级	回路标号组				零　序
		U相	V相	W相	中性线	
经隔离开关辅助触点或继电器切换后的电压回路	6～10kV	U（W，N）760～769，V600				
	35kV	U（W，N）730～739，V600				
	110kV	U（V，W，L，试）710～719，N600				
	220kV	U（V，W，L，试）720～729，N600				
	330、500kV	U(V，W，L试）730～739，N600、U(V，W，L，试）750～759，N600				
绝缘监察电压表的公用回路		U700	V700	W700	N700	
母线差动保护公用电流回路	6～10kV	U360	V360	W360	N360	
	35kV	U330	V330	W330	N330	
	110kV	U310	V310	W310	N310	
	220kV	U320	V320	W320	N320	
	330(500)kV	U330(U350)	V330(V350)	W330(W350)	N330(N350)	

3. 小母线标号

小母线的文字标号见附录 F。电路图中的小母线用粗实线表示，并注以文字符号。例如图 9-10 中，“L+”和“L—”表示控制回路正、负电源；“WS708”表示事故音响信号小母线；“—WS700”表示信号回路负极电源，其作用是当断路器 QF 事故跳闸后，信号电源—WS700 经过控制开关 SA1 和联锁开关 SA 接至 WS708 上（见图 5-1），启动蜂鸣器发出音响信号。

二、单元接线图

单元接线图是表示装置（或设备）中一个结构单元（即可独立运用的组件或由零件、部件和组件构成的组合体）内部的连接关系。而单元外部（即单元之间）的连接关系不包括在内，但需注明相关接线图的图号，以便查阅。

下面分别介绍清水泵电动机控制台（+C—A2）单元和 6kV 开关柜（+MC—A1）单元接线图，如图 11-10 和图 11-11 所示。

1. 清水泵电动机控制台单元接线图

图 11-10 为控制台+C—A2 单元接线图。图中项目 1、2、3、6 和—X1 用简化的围框（长方形）表示；项目 4 和 5 用图形符号表示。它们在图中相对位置与项目在单元中的实际位置相对应。图中 1～6 项目上的端子都用端子符号“○”表示，并在其旁标注端子代号；端子排—X1 的端子只用端子代号表示、—X 为台顶小母线用端子符号“○”表示，它们水平布置在台底和台顶的内侧。

2. 清水泵电动机 6kV 开关柜单元接线图

图 11-11 为 6kV 开关柜+MC—A1 单元接线图。图中项目的表示方法与图 11-10 相同。

三、端子接线图

端子（或端子排）接线图表示一个结构单元的端子及其与外部导线的连接关系，但不包括单元内部连接关系，必要时可提供相关图号。

（一）端子

端子（接线端子的简称）是二次回路中不可缺少的配件。单元内与单元外设备之间的连接通过端子和电缆来实现。许多端子组合在一起构成端子排。端子排有垂直布置方式，安装在屏后的两侧；有水平布置方式，安装在屏台的下部。

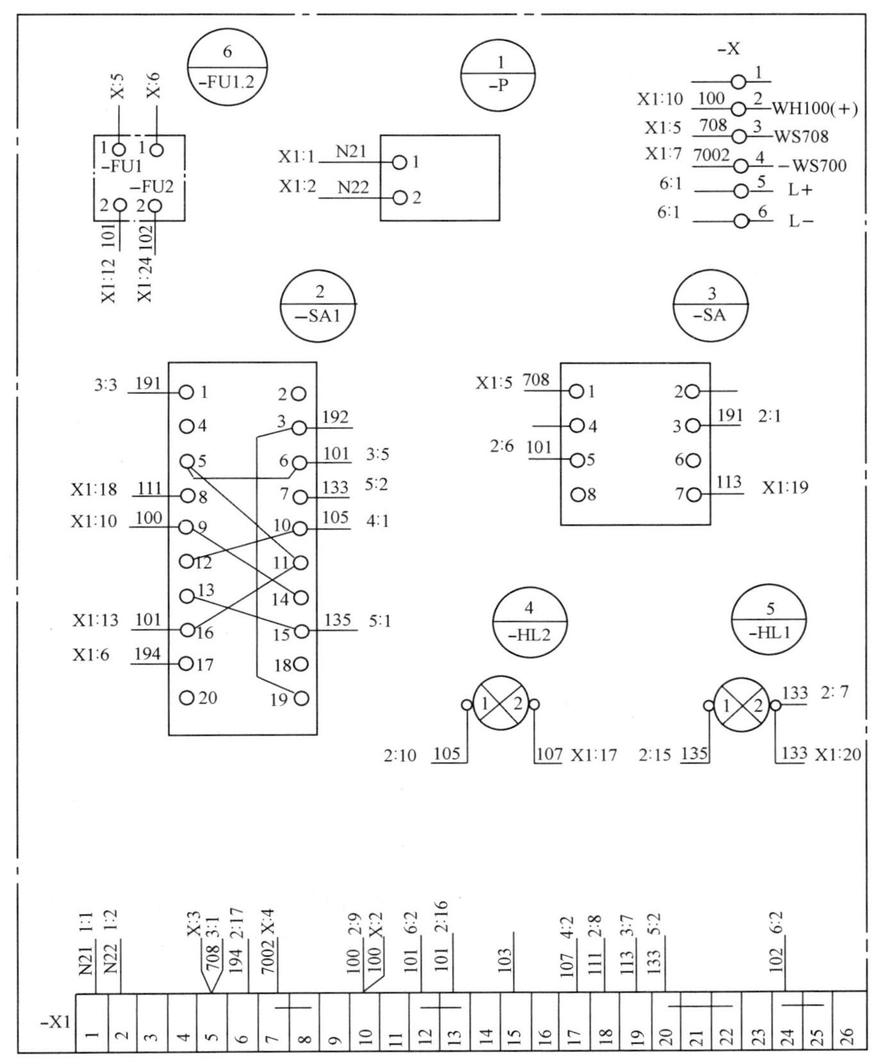

图 11 - 10 清水泵电动机控制台单元（+C—A2）接线图

端子按用途分为以下几种：

（1）一般端子。用于连接单元内外导线（电缆），如图 11 - 12（a）所示 B1-6 型端子。

（2）连接端子。用于端子间连接，如图 11 - 12（b）所示 B1-1 和 B1-4 型端子。

（3）特殊端子。用于需要方便地断开的回路中，如图 11 - 12（c）所示 B1-7 型端子。

（4）试验端子。用于需要接入试验仪表的电流回路中，如图 11 - 12（d）所示 B-2 型端子。

（5）连接型试验端子。用于在端子上需要彼此连接的电流试验回路中，如图 11 - 12（d）所示 B1-3 型端子。

（二）端子排设计原则

1. 端子排连接的回路

端子排的设计应使运行、检修、调试方便，并适当照顾设备与端子排位置相对应。经过端子排连接的回路有：

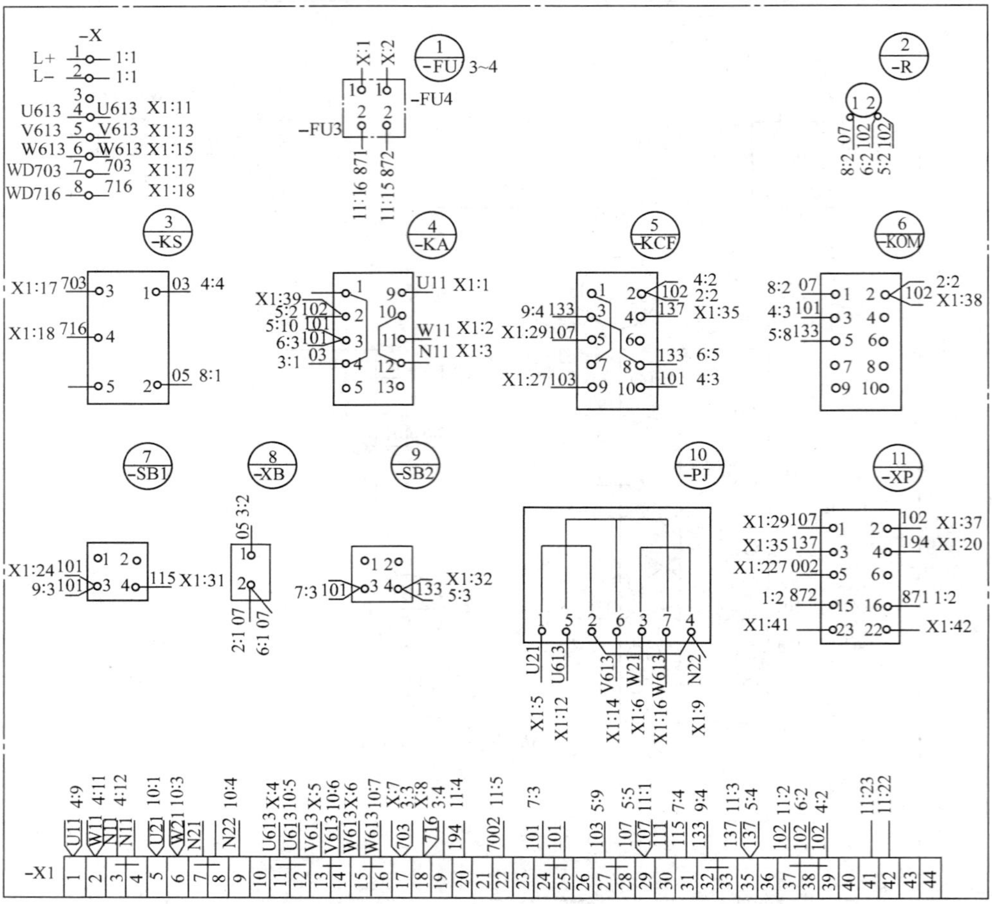

图 11 - 11　清水泵电动机 6kV 开关柜单元（＋MC－A1）接线图

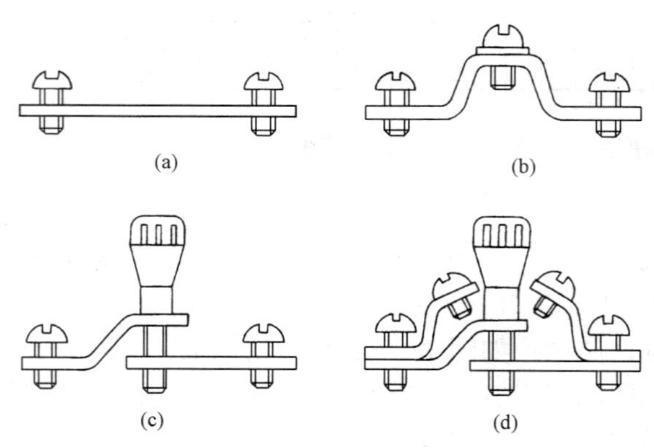

图 11 - 12　不同类型端子的导电片

(a) B1-6；(b) B1-1 和 B1-4；(c) B1-7；(d) B1-2 和 B1-3

（1）单元内与单元外设备之间的连接。其中，交流电流回路应经过试验端子；事故音响信号回路和预告信号回路及其他在运行中需要很方便地断开的回路（例如至闪光小母线的回路）应经过试验（或特殊）端子。

（2）单元内设备直接与小母线（或熔断器、小隔离开关）的连接，一般应经过端子排。

（3）各单元主要保护的正电源，一般均由端子排上引接。保护的负电源应在屏内设备之间接成环形，环的两端应分别接至端子排。其他回路一般均在屏内连接。

（4）同一屏上各结构单元之间的连接应经过端子排。

（5）为节省控制电缆，需要经过本屏转接的回路（过渡回路）应经过端子排。

2. 端子排的排列顺序

(1) 交流电流回路（不包括自动调整励磁装置的电流回路）。按每组电流互感器分组，同一保护装置的电流回路一般排在一起，其中又按标号数字大小由上而下排列，数字小的排在上面，并按 U、V、W、N 排列，如 U11、V11、W11、N11、U21、V21、W21、N21…

(2) 交流电压回路（不包括自动调整励磁装置的电压回路）。按每组电压互感器分组，同一保护装置的电压回路一般排在一起，其中又按标号数字大小排列，并按 U、V、W、L、(试) W、N 排列，如 U610、V610、W610、L610、(试) W610、N600，U630、V630、W630…

(3) 信号回路。按预告、指挥、位置及事故信号分组。每组按数字大小排列，先是信号正电源 7001 接着是预告、指挥、位置回路标号，最后是负电源 7002。

(4) 控制回路。按各组熔断器分组，每组里面先由小到大排正极性回路（单号）；再由大到小排负极性回路（双号），如 100、101、103、133，142、140、102，201、203、233，242、240、202…

(5) 其他回路。按远动装置、励磁保护、自动调整励磁装置的电流、电压回路和联锁回路分组。每一组又按极性、标号和相序顺序排列。

(6) 转接回路。先排本单元的转接端子，再排其他单元的转接端子。

每一单元的端子排应标有顺序号（如－X1、－X2 等），在最后留有 2～3 个端子作为备用。当端子排长度许可时，各组端子之间也可适当地留有 1～2 个备用端子。

正、负电源之间及正电源与合闸（或跳闸）回路之间的端子应不相邻或者以一个空端子隔开，以免在端子排上造成短路，使断路器误合闸（或误跳闸）。

(三) 端子接线图

端子接线图应符合以下规定：

(1) 端子排一侧标明至单元内部连接的近端标记，另一侧标明至本单元外部设备的远端标记或回路标号。

(2) 端子排的引出线宜标出线缆号、线号和线缆的去向。

下面以端子接线图 11-13 为例，说明端子接线图的绘制方法。绘制端子接线图首先绘制端子排。

图 11-13 (a) 为图 11-10 端子排＋C－A2－X1 的端子接线图。＋C－A2－X1 端子排 1、2 号端子为交流电流回路，标号为 N21、N22，采用试验端子，其内侧接电流表－P 的端子 1 和端子 2，用近端标记 1：1 和 1：2 表示，其外侧通过 111 号电缆接至 6kV 开关柜＋MC－A1 中第二组电流互感器 TA2（即＋MC－A1－X1 的端子 8 和端子 9）。3、4 号端子空着备用。5、6 号端子为事故信号回路，采用特殊端子，5 号端子内侧的近端标记为 3：1（－SA 的端子），外侧引接台顶小母线－X 的“事故音响小母线 WS708”；6 号端子内侧近端标记为 2：17（－SA1 的端子），外侧通过 112 号电缆引至＋MC－A1－X1 端子排。7、8 号端子为信号负电源，采用连接型端子（相当于 7、8 号端子短接），7 号端子的外侧引接台顶小母线－X 的信号负电源－7002；8 号端子的外侧通过 112 号电缆引至＋MC－A1－X1 端子排的 22 号端子。9 号端子空着备用。从 10 号端子起排控制回路正电源，先从标号 100 开始，10 号端子采用特殊端子，内侧近端标记为 2：9（－SA1 端子），外侧接台顶闪光小母线 WH100(＋)。11 号端子空着备用。12、13 号端子采用连接型端子，12 号端子外侧接台顶熔断器－FU1；13 号端子内侧近端标记为 2：16（－SA1 端子），外侧引出两根电缆，其一（112

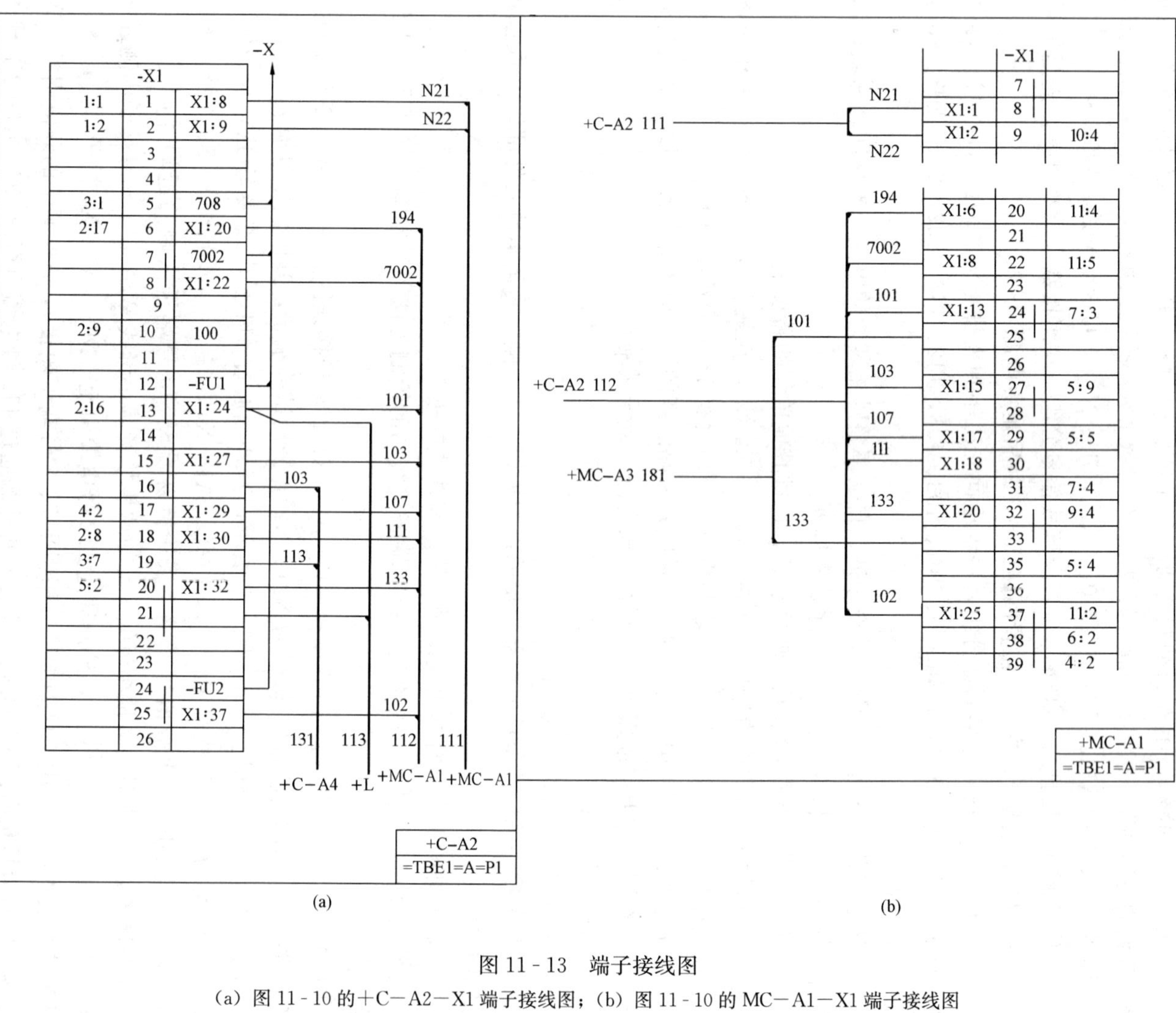

图 11-13　端子接线图

（a）图 11-10 的+C－A2－X1 端子接线图；（b）图 11-10 的 MC－A1－X1 端子接线图

号电缆）引至＋MC－A1 单元，其二（113 号电缆）引至电动机就地事故按钮（＋L－SB）。14 号端子空着备用。

从 15 号端子开始排控制回路。从上至下按 103、107、111、133 的顺序排列。23 号端子空着备用。24 号端子为控制负电源，外侧接台顶熔断器－FU2，为将其转接至＋MC－A1，因此 24、25 号端子采用连接型端子，由 25 号端子外侧将 102 转至＋MC－A1－X1 端子排。最后留下一只备用端子。本端子排共用 26 只端子，不包括终端端子。

从图 11－13 可以看出，在＋C－A2－X1 和＋MC－A1－X1 端子排的外侧画出了本单元引出的电缆及其标号，并标明去向。111、112 号两根电缆由＋C－A2 单元至 6kV 开关柜＋MC－A1 单元，其中 111 号用于交流电流回路，112 号用于直流回路，由于两者所要求的芯线截面不同，故选用两根电缆。131 号为＋C－A2 单元至联锁信号屏＋C－A4 的控制电缆。113 号为＋C－A2 单元至电动机就地端子箱的控制电缆。181 号为 6kV 开关柜＋MC－A1 单元至 6kV 电压互感器柜＋MC－A3 单元的电缆。控制电缆的数字标号见表 11－7。

表 11－7　　控制电缆数字标号

序　号	电　缆　途　径	基本标号	可增加标号
1	控制室去各处电缆	100～129	200～229，300～329
2	控制室屏间联络电缆	130～149	230～249，330～349
3	电动机及厂用配电装置电缆	150～159	250～259，350～359
4	出线小室电缆	160～179	260～279，360～379
5	配电装置内电缆	180～189	280～289，380～389
6	主变压器处的联络电缆	190～199	290～299，390～399

四、互连接线图

互连接线图表示不同结构单元之间的连接关系，不反映单元内部的连接关系，必要时可给出相关单元接线图的图号，以便查阅。

互连接线图的绘制，应遵照上述接线图的一般规定，并且各个单元的连接点不管在何位置上，都要画在同一个平面上，各个单元用点划线围框表示，其连接导线可用连续线或中断线表示。在图上标明线缆号、线号，线缆规格，如图 11－14 所示。

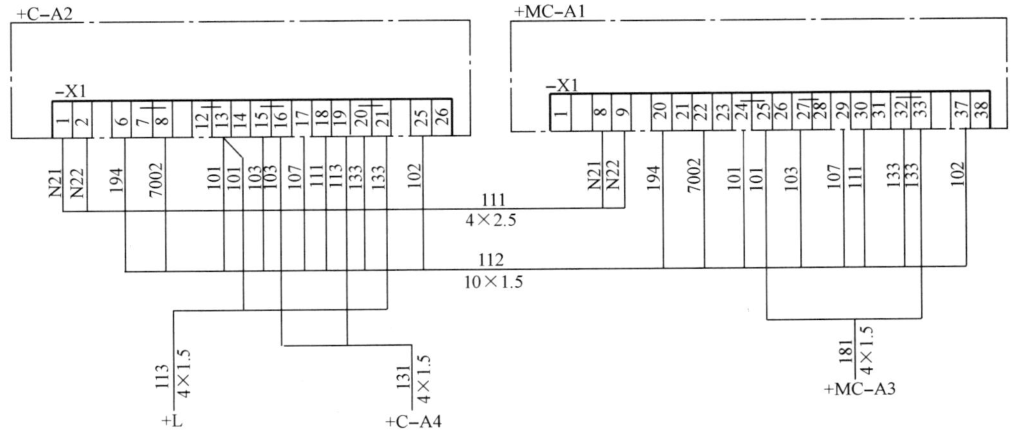

图 11－14　互连接线图

五、电缆联系图

电缆联系图表示各独立单元之间电缆联系。一般只表示出采用何种电缆，必要时可以示出电缆敷设路径。它是计划电缆敷设工作的基本依据。在电缆联系图上，各个单元用粗实线围框表示，并标出相关图号。

电缆联系图中应清晰地表示各个单元之间的连接电缆，并标注电缆标号、电缆型号规格和各单元的项目代号等，如图 11 - 15 所示。

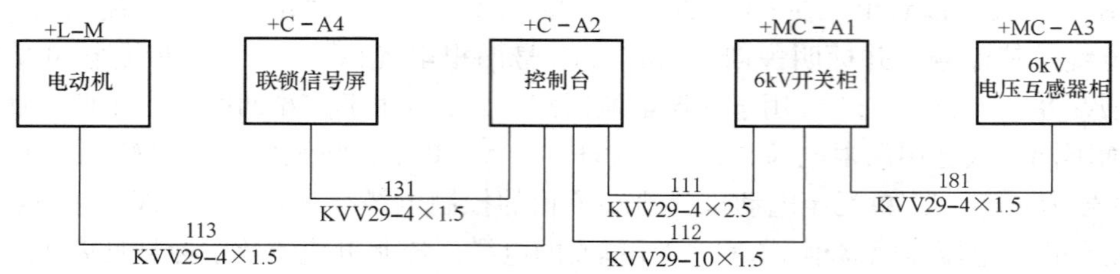

图 11 - 15　电缆联系图

图 11 - 15 中，电缆号旁标注电缆型号、芯数和芯线截面。例如，111 号电缆旁标有 KVV29-4×2.5，表示采用聚氯乙烯绝缘聚氯乙烯护套内钢带铠装控制电缆，电缆芯数为 4 芯（两芯备用），芯线截面积为 2.5mm^2。

从图 11 - 13～图 11 - 15 可看出：如果已经绘制了端子接线图（见图 11 - 13），又绘制了电缆连系图（见图 11 - 15），则这两种图所提供的总信息就等于互联接线图（见图 11 - 14）所提供的信息。所以，通常只绘制端子接线图和电缆联系图，而不再绘制互连接线图。

复习思考题

1. 在图 11 - 7 中，如果在发电机内部产生相间短路故障，而差动保护连接片未投入（未接通）时，发电机能否停机？为什么？

2. 在图 11 - 6（a）中，若连接片 XB 未投入时，如果灭磁开关误跳闸，发电机能否停机？为什么？

3. 接线图的作用及种类，每种接线图表示的内容是什么？

附录 A 电气简图用图形符号

序号	名称	图形符号	
		新	旧
1	符号要素、限定符号及其他符号		
1.1	直流	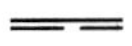	
1.2	交流		
1.3	接地一般符号		
1.4	接机壳或接底板		
1.5	理想电流源	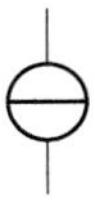	
1.6	理想电压源	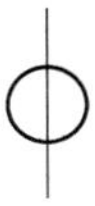	
1.7	故障		
1.8	闪络、击穿		
2	导线和连接器件图形符号		
2.1	连接、连接点		
2.2	端子		
2.3	导线 T 型连接		
2.4	导线的双重连接		
2.5	导线的不连接（单线）		
	多线	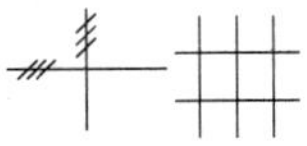	
2.6	连接片 闭合 断开	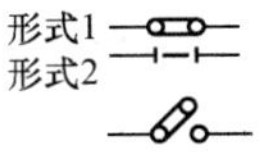 形式1 形式2	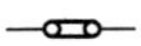
2.7	切换片		

续表

序号	名称	图形符号	
		新	旧
3	电能的发生与转换设备图形符号		
3.1	V形连接的三相绕组		
3.2	三角形连接的三相绕相	△	
3.3	开口三角形连接的三相绕组		
3.4	星形连接的三相绕组		
3.5	中性点引出的星形连接的三相绕组		
3.6	换向绕组 补偿绕组		
3.7	串励绕组		
3.8	并励或他励绕组		
3.9	电机的一般符号星号“＊”可用下列字母代替： G—发电机 GS—同步发电机 M—电动机 MS—同步电动机 注：如需表示电压类别、绕组连接方式时，可示出： ～ ═ Y △ 等	＊	
3.10	同步发电机、直流发电机	GS G	F F
3.11	交流电动机、直流电动机	M M	D D
3.12	变压器（双绕组）		
3.13	电压互感器（同变压器）	形式1 形式2	
3.14	电流互感器 有两个铁芯和两个二次绕组 有一个铁芯和两个二次绕组	形式1 形式2 形式1 形式2	

续表

序号	名称	图形符号	
		新	旧
3.15	蓄电池（组）		n
3.16	桥式全波整流器		
3.17	整流器		
3.18	逆变器		
3.19	整流器/逆变器		
4	无源元件图形符号		
4.1	电阻器一般符号		
4.2	可变电阻		
4.3	滑线电阻		
4.4	滑线电位器		
4.5	电容　一般形式		
4.6	电解电容	+	− +
4.7	电感、线圈、扼流圈、绕组		
4.8	带磁芯的电感器		
5	半导体管和电子管图形符号		
5.1	二极管一般符号		
5.2	发光二极管		
5.3	单向击穿二极管		
5.4	双向击穿二极管		
5.5	双向二极管 交流开关二极管		
5.6	反向阻断三相晶体闸流管 一般型式 阳极侧受控 阴极侧受控		

续表

序号	名称	图形符号	
		新	旧
5.7	三极管　PNP 型 NPN 型		
6	开关、控制和保护装置图形符号		
6.1	开关一般符号		
6.2	断路器、低压断路器（自动开关）		断路器　自动开关
6.3	隔离开关		
6.4	负荷开关		
6.5	三极开关 单线表示 多线表示		
6.6	单极六位开关		
6.7	单极四位开关		
6.8	操作开关 例如，带自复机构及定位的 LW2-Z-1a，4，6a，40，20，20/F8 型转换开关部分触点图形符号。 …表示手柄操作位置； “・”表示手柄转向此位置时触点闭合	跳后，跳，预跳 预合，合，合后 TD T PT 8 5 PC C CD 10 11 10 9 12 9 15 14 13 14 13 16 7 6	8 5 10 11 12 9 15 14 13 16 7 6
6.9	电磁锁		
	单极转换开关 中间断开的双向转换触点		
6.10	接触器（具有灭弧触点） 动合触点 动断触点		

续表

序号	名称	图形符号	
		新	旧
6.11	位置开关、限位开关 动合触点 动断触点		或 或
6.12	按钮（不保持） 动合 动断	E E	
6.13	手动开关		
6.14	先断后合的转换触点		或
6.15	先合后断的转换触点	或	或
6.16	避雷器		
6.17	熔断器		
6.18	击穿保险（火花间隙）		
6.19	非电量触点 动合触点 动断触点		
6.20	热继电器动断触点		
6.21	继电器、接触器 被吸合时暂时闭合的动合触点 被释放时暂时闭合的动合触点 被吸合或被释放时暂时闭合的动合触点		继电器 接触器

续表

序号	名称	图形符号	
		新	旧
6.22	继电器、接触器动合触点	形式1 形式2	继电器 开关
6.23	继电器、接触器动断触点		或 或
	继电器、接触器 延时闭合的动合触点 延时断开的动合触点		继电器 接触器
6.24	继电器、接触器延时闭合的动断触点 延时断开的动断触点 吸合时延时闭合和释放时延时断开的动合触点		继电器 接触器
6.25	信号继电器 机械保持的动合触点 机械保持的动断触点		
6.26	热敏自动开关（双金属片）的动断触点		
6.27	继电器线圈一般符号具有几个绕组时，在符号内画同绕组数的斜线	形式1 形式2	
6.28	交流继电器线圈	~	S
6.29	极化继电器线圈		J
6.30	热继电器驱动器件		
6.31	快速继电器线圈		

续表

序号	名称	图形符号	
		新	旧
7	测量仪表、继电保护或有关器件、灯和信号器件图形符号		
7.1	继电器或有关器件 *处填写： 特性量、能量流动方向、整定范围、延时值等	*	
7.2	低频减载装置	AFL	
7.3	电源自动投入装置	AAT	
7.4	自动重合闸	AAR　0→1	
7.5	硅整流装置	AUF	
7.6	自动准同步装置	ASA	
7.7	手动准同步装置	ASM	
7.8	自同步装置	AS	
7.9	自动切机装置	AAC	
7.10	自动调节励磁装置	AER	
7.11	手动调节励磁装置	AEM	
7.12	电力系统稳定器	PSS	
7.13	故障录波器	AFO	
7.14	欠电压继电器 一整定范围为50～80V 重整定比为130%	$U<$ 50~80V 130%	$U<$
7.15	过电压继电器	$U>$	$U>$
7.16	瞬时过电流继电器	$I>$	$I>$

续表

序号	名称	图形符号	
		新	旧
7.17	延时过电流继电器	$I>$	$3I>$
7.18	反延时过电流继电器	$I>$	$I>$
7.19	低电压启动的过电流继电器	$I>$ $U<$	$I>$ $U<$
7.20	复合电压启动的过电流继电器	$I>$ $U_1<+U_2>$	
7.21	距离保护	Z	$Z<$
7.22	接地距离保护	Z	$Z_0<$
7.23	差动继电器	I_d	I_d
7.24	零序电流差动保护	I_{d0}	I_{d0}
7.25	发电机横差保护	I_{N-N}	I_{N-N}
7.26	定子接地保护	S	S
7.27	转子接地保护（＊处填写 1 或 2）	R＊	R
7.28	断相故障检测继电器	$m<3$	$m<3$
7.29	过励磁、失磁保护	$\phi>$　$\phi<$	$\phi>$　$\phi<$
7.30	匝间短路检测继电器	$N>$	$N<$
7.31	对称对负荷继电器	$I>$ $m=3$	$I>$ $m=3$
7.32	气体保护器件		
7.33	发电机断水保护	$H_2O<$	$H_2O<$

续表

序号	名称	图形符号	
		新	旧
7.34	断线监视继电器		$U=0$
7.35	自动重合闸继电器	0→1	0→1
7.36	欠功率、逆功率继电器	$P<$　P←	$P<$　P←
7.37	功率方向继电器	P →	P
7.38	指示代表一般符号 * 处填写量符号或单位符号等	*	
7.39	电压表	V	V
7.40	电流表	A	A
7.41	有功功率表	W	W
7.42	无功功率表	var	var
7.43	频率表	Hz	Hz
7.44	同步指示器		
7.45	记录仪表 * 处填写量符号或单位符号等	*	
7.46	记录式有功功率表	W	W
7.47	记录式无功功率表	var	var
7.48	记录式电流、电压表	A　V	A　V
7.49	积算仪表 * 处填写量符号或单位符号	*	

续表

序号	名称	图形符号	
		新	旧
7.50	有功电能表 一般符号 测量从母线流出的电能 测量流向母线的电能 测量单向传输电能	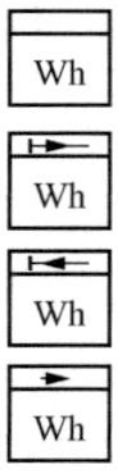 Wh Wh Wh Wh	 Wh Wh Wh Wh
7.51	无功电能表	 varh	 varh
7.52	机电型位置指示器	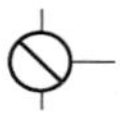	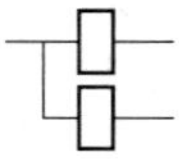
7.53	灯的一般符号	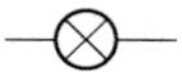	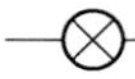 或 
7.54	电喇叭	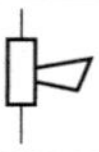	
7.55	电铃		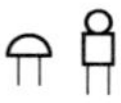
7.56	报警器、电笛		
7.57	蜂鸣器		
8	电信传输设备图形符号		
8.1	放大器一般符号（三角形指向传输方向）	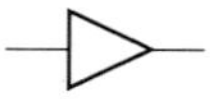	
8.2	滤波器一般符号	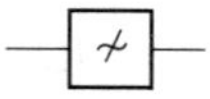	
8.3	削波器	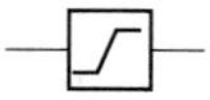	
8.4	调制器、解调器	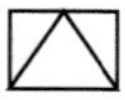	
8.5	“或”单元	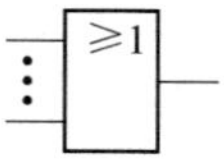 ≥1	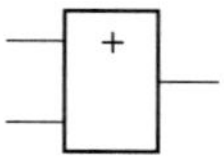 +
8.6	“与”单元	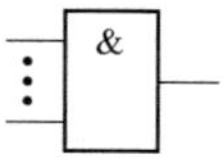 &	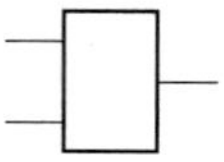

续表

序号	名称	图形符号	
		新	旧
8.7	输入逻辑非		
8.8	输出逻辑非		
8.9	异或单元	=1	⊕
8.10	非门	1	
8.11	3输入与非门	&	
8.12	3输入或非门	≥1	
8.13	与或非门	& ≥1	
8.14	RS触发器 RS锁存器	S R	S C Q R $\overline{Q}$
8.15	单稳单元（在输出脉冲期间可重复触发）		
8.16	延时单元	a t_1 t_2 b 当$t_1=t_2$时 a t b 注： 输入 a 输出 b t_1 t_2	

附录B　常用电气设备（装置）文字符号

序号	名称	新符号		旧符号	序号	名称	新符号		旧符号
		单字母	多字母				单字母	多字母	
1	计算机终端、电路板、放大器、调节器、自动装置、控制（保护）台	A			1.26	（线路）纵联保护装置		APP	
1.1	保护装置		AP		1.27	零序电流方向保护装置		APZ	
1.2	自动tp机装置		AAC		1.28	自动准同步装置		ASA	ZZQ
1.3	自动重合闸装置		AAR	ZCH	1.29	手动准同步装置		ASM	
1.4	电源自动投入装置		AAT	BZT	1.30	自同步装置		AS	
1.5	电桥		AB		1.31	收发信机		AT	
1.6	振荡闭锁装置		ABS		1.32	远动装置		ATA	
1.7	载波机		AC		1.33	遥测装置		ATM	
1.8	中央信号装置		ACS		1.34	远方跳闸装置		ATQ	
1.9	灭磁装置		AD		1.35	故障距离探测装置		AUD	
1.10	调节励磁装置		AE		1.36	硅整流装置		AUF	
1.11	自动调节励磁装置		AER		1.37	故障预测装置		AUP	
1.12	手动调节励磁装置		AEM		1.38	电压抽取装置		AVS	
1.13	按频率解列装置		AFD		2	测量变送器传感器	B		
1.14	按频率减负载装置		AFL	ZPJH	2.1	扬声器	B		
1.15	故障录波装置		AFO		3	电容器（组）	C		
1.16	自动调节频率装置		AFR		4	二进制元件、延迟器件、存储器插件	D		
1.17	巡回检测装置		AMD		4.1	数字集成电路和器件	D		
1.18	电流保护装置		APA		4.2	延迟线	D		
1.19	有功功率成组调节装置		APA		4.3	双稳态元件	D		
1.20	母线保护装置		APB		4.4	单稳态元件	D		
1.21	距离保护装置		APD		4.5	磁芯存储器	D		
1.22	失灵保护装置		APD		4.6	寄存器	D		
1.23	电压保护装置		APV		5	发热器件、发光器件、照明灯	E		
1.24	接地故障保护装置		APE		5.1	发光器件	E		
1.25	无功功率成组调节装置		APR		5.2	发热器件		EH	

续表

序号	名称	新符号		旧符号	序号	名称	新符号		旧符号
		单字母	多字母				单字母	多字母	
5.3	照明灯		HL		10.8	防跳继电器		KCF	TBJ
6	保护器件放电间隙	F			10.9	出口继电器		KCO	BCJ
6.1	避雷器	F			10.10	跳闸位置继电器		KCT	TWJ
6.2	熔断器		FU	RD	10.11	合闸位置继电器		KCC	HWJ
6.3	限压保护器件		FV		10.12	事故信号继电器		KCA	SXJ
7	电源	G			10.13	预告信号继电器		KCR	YXJ
7.1	发电机	G			10.14	同步中间继电器		KCS	
7.2	异步发电机		GA		10.15	固定继电器		KCX	
7.3	蓄电池		GB		10.16	加速继电器		KCL	
7.4	直流发电机		GD		10.17	切换继电器		KCW	
7.5	励磁机		GE	L	10.18	重动继电器		KCE	
7.6	同步发电机		GS		10.19	重合闸后加速继电器		KCP	JSJ
8	信号器件	H			10.20	差动继电器		KD	
8.1	声响指示器		HA		10.21	自动灭磁继电器		KDM	
8.2	电铃、电笛		HA		10.22	接地继电器		KE	JDJ
8.3	蜂鸣器		HB		10.23	过励磁继电器		KEO	
8.4	光指示器、信号灯		HL		10.24	欠励磁继电器		KEU	
8.5	指示灯		HL		10.25	母线差动继电器		KDB	
8.6	光字牌	H			10.26	频率继电器		KF	
8.7	绿灯		HG		10.27	过频率继电器		KFO	
8.8	红灯		HR		10.28	欠频率继电器		KFU	
8.9	白灯		HW		10.29	差频率继电器		KFD	
8.10	黄灯		HY		10.30	闪光继电器		KH	
9	软件（程序、模块、单元）	J			10.31	冲击继电器		KI	
10	继电器	K		J	10.32	阻抗继电器		KI	
10.1	电流继电器		KA	J	10.33	保持继电器、双稳态继电器		KL	
10.2	过电流继电器		KAO	LJ	10.34	闭锁接触继电器		KL	
10.3	欠电流继电器		KAU		10.35	接触器		KM	C
10.4	负序电流继电器		KAN	FLJ	10.36	脉冲继电器		KM	
10.5	零序电流继电器		KAZ	LDJ	10.37	中间继电器		KM	
10.6	制动继电器		KB		10.38	保护出口中间继电器		KOM	
10.7	合闸继电器		KC		10.39	极化继电器		KP	

续表

序号	名称	新符号		旧符号	序号	名称	新符号		旧符号
		单字母	多字母				单字母	多字母	
10.40	逆流继电器		KR		12.2	直流电动机		MD	
10.41	热继电器		KR		12.3	同步电动机		MS	
10.42	干簧继电器		KR		13	模拟/数字混合器件	N		
10.43	重合闸继电器		KRC		13.1	稳压器	N		
10.44	信号继电器		KS		13.2	电压稳定器	N		
10.45	启动继电器		KS		13.3	模拟集成电路	N		
10.46	选择器		KS		13.4	运算放大器	N		
10.47	停信继电器		KSS		14	指示器件、记录器件、测量设备	P		
10.48	收信继电器		KSR		14.1	积算测量器件	P		
10.49	时间继电器		KT		14.2	信号发生器	P		
10.50	跳闸继电器		KT		14.3	绝缘电阻表	P		
10.51	温度继电器		KT		14.4	功率因数表	P		
10.52	电压继电器		KV	YJ	14.5	相位表	P		
10.53	过电压继电器		KVO		14.6	电流表		PA	
10.54	欠电压继电器		KVU		14.7	计数器		PC	
10.55	负序电压继电器		KVN	FYJ	14.8	频率表		PF	
10.56	零序电压继电器		KVZ	LYJ	14.9	电能表		PJ	
10.57	监察继电器		KVI		14.10	记录仪器		PS	
10.58	功率继电器		KW		14.11	同步表		PS	
10.59	功率方向继电器		KW	GJ	14.12	信号发生器		PS	
10.60	负序功率方向继电器		KWN		14.13	时钟、操作时间表		PT	
10.61	零序功率方向继电器		KWZ		14.14	无功功率表		PR	
10.62	逆功率继电器		KWR		14.15	电压表		PV	
10.63	同步检查继电器		KY		14.16	有功功率表		PW	
10.64	失步继电器		KYO		14.17	电力系统稳定器		PSS	
11	电感、电抗器				15	电力回路开关	Q		
11.1	电抗器	L			15.1	低压断路器（自动空气开关）	Q		
11.2	电感器	L			15.2	断路器		QF	
11.3	电感线圈	L			15.3	刀开关		QK	
11.4	消弧线圈	L			15.4	负荷开关		QL	
12	电动机	M			15.5	隔离开关		QS	
12.1	异步电动机		MA		16	电阻器、变阻器	R		

续表

序号	名称	新符号		旧符号	序号	名称	新符号		旧符号
		单字母	多字母				单字母	多字母	
16.1	电位器		RP		19.3	变流器	U		
16.2	热敏电阻器		RT		19.4	无功补偿器	U		
16.3	压敏电阻器		RV		19.5	调制器、解调器	U		
16.4	分流器		RS		19.6	变频器、编码器	U		
17	控制回路开关	S			19.7	电码变换器	U		
17.1	控制开关		SA		19.8	模拟/数字、数字/模拟变换器	U		
17.2	选择开关		SA		20	半导体器件	V		
17.3	按钮开关		SB		20.1	稳压管	V		
17.4	试验按钮		SE		20.2	二极管、三极管		VD	
17.5	连锁开关		SG		20.3	晶闸管、电子阀	V		
17.6	行程开关		SP		20.4	电子管		VE	
17.7	转换开关		ST		20.5	光耦合器	V		
17.8	终端（限位）开关	S		XWK	20.6	光敏电阻	V		
17.9	手动准同步开关		SSM1	1STK	20.7	光纤接收/发送器件	V		
17.10	解除手动准同步开关		SSM	STK	21	导线、母线、电缆	W		
17.11	自动准同步开关		SSA1	DTK	21.1	信号总线	W		
17.12	自同步开关		SSA2	ZTK	21.2	辅助母线		WA	
17.13	灭磁开关		SD		21.3	电力母线		WB	
17.14	调速开关		SM		21.4	直流母线		WD	
17.15	同步开关		SS		21.5	闪光母线		WH	
18	变压器	T		B	21.6	照明干线		WL	
18.1	信号变压器	T			21.7	电力电缆		WP	
18.2	电流互感器		TA	LH	21.8	天线		WR	
18.3	自耦变压器		TA	ZB	21.9	信号母线		WS	
18.4	控制回路变压器		TC	KB	21.10	光纤		WX	
18.5	接地（励磁）变压器		TE		21.11	控制电缆		WC	
18.6	电力变压器		TM		22	端子、接线柱	X		
18.7	转角变压器		TR		22.1	电缆箱	X		
18.8	电压互感器		TV	YH	22.2	连接片		XB	
19	变换器	U			22.3	测试插孔		XJ	
19.1	整流器	U			22.4	插头		XP	
19.2	逆变器	U			22.5	插座、切换片		XS	

续表

序号	名称	新符号		旧符号	序号	名称	新符号		旧符号
		单字母	多字母				单字母	多字母	
22.6	端子箱（排）		XT		23.3	跳闸线圈		YT	
23	操作线圈、闭锁器件	Y			24	滤波器、终端设备	Z		
23.1	电磁铁（锁）		YA		24.1	滤过器（正序、负序、零序）	Z		
23.2	合闸线圈		YC		24.2	线路阻波器	Z		

附录C 电学的量和单位符号

量的名称	量的符号	单位名称	单位符号
1. 空间和时间的量和单位符号			
1.1 长度	L	米	m
1.2 时间，时间间隔，持续时间	t	分 〔小〕时 日（天）	min h d
1.3 角速度	ω	弧度每秒	rad/s
1.4 速度	v，c	米每秒	m/s
1.5 加速度	a	米每二次方秒	m/s^2
2. 周期及其有关现象的量和单位符号			
2.1 周期	T	秒	s
2.2 频率	f	赫〔兹〕	Hz
2.3 旋转频率（转速）	n	每秒，负一次方秒 转每分	s^{-1} r/min
2.4 角频率（圆频率）	ω	弧度每秒 每秒，负一次方秒	rad/s s^{-1}
3. 电学和磁学的量和单位符号			
3.1 电流❶	I	安［培］	A
3.2 电荷［量］	Q	库［仑］	C
3.3 电场强度	E	伏［特］每米	V/m
3.4 电位（电势）	V，φ	伏［特］	V
3.5 电位差（电势差）电压❷	U，(V)	伏［特］	V
3.6 电动势❸	E	伏［特］	V
3.7 电容	C	法［拉］	F
3.8 介电常数❹（电容率）	ε	法［拉］每米	F/m
3.9 磁场强度	H	安［培］每米	A/m
3.10 磁通势，磁动势	F，F_m	安［培］	A
3.11 磁通［量］密度，磁感应强度	B	特［斯拉］	T
3.12 磁通［量］	Φ	韦［伯］	Wb

❶ 在交流电技术中，I 表示有效值（均方根值），i 表示瞬时值。

❷ 在交流电技术中，U 表示有效值（均方根值），u 表示瞬时值。

❸ 在交流电技术中，E 表示有效值（均方根值），e 表示瞬时值。

❹ 介电常数，在 IEC 中又称“绝对介电常数”，IEC 和 ISO 还称“电常数”。

续表

量的名称	量的符号	单位名称	单位符号
3.13　有功功率	P	瓦（特）	W
3.14　视在功率（表现功率）	S，P_s	伏（特）安（培）	V·A
3.15　无功功率	Q，P_Q	伏（特）安（培）	V·A
3.16　功率因数	λ		
3.17　［有功］电能	W	焦耳 瓦（特）（小）时	J W·h
3.18　自感	L	亨［利］	H
3.19　互感	W、L_{12}	亨［利］	H
3.20　磁导率	μ	亨［利］每米	H/m
3.21　［直流］电阻	R	欧［姆］	Ω
3.22　电阻率	ρ	欧［姆］米	Ω·m
3.23　［电流］电导	G	西［门子］	S
3.24　电导率❶	γ，σ	西［门子］每米	S/m
3.25　磁阻	R_m	每亨［利］ 负一次方亨［利］	H^{-1}
3.26　磁导	Λ，(P)	亨［利］	H
3.27　频率	f，v	赫［兹］	Hz
3.28　角频率	ω	弧度每秒 每秒，负一次方秒	rad/s s^{-1}
3.29　阻抗（复［数］阻抗）	Z	欧［姆］	Ω
3.30　［交流］电阻	R	欧［姆］	Ω
3.31　电抗	X	欧［姆］	Ω
3.32　导纳（复［数］导纳）	Y	西［门子］	S
3.33　［交流］电导	G	西［门子］	S
3.34　电纳	B	西［门子］	S
3.35　品质因数	Q	—	1
3.36　损耗角	δ	弧度	rad

❶　在电化学中用 κ 表示。

附录D　电力专业角标符号

名称	短式	长式	名称	短式	长式	名称	短式	长式
一次	1	prim	负序分量	2，n		异步的	as	asyn
二次	2	sec	共振的	r		感应的	i	ind
短路	k	sc	信号的	s		电枢	a	
断路	o	oc	失真	d	dist	磁场	f	fd
串联	s	ser	波动（脉动）	u		励磁系统，励磁电源	E	
并联，平行的	p	par	滞环	Hy		返回	r	
负荷	L		涡流	Ft		分支	br	
过负荷	ol		绝缘	ins		过渡	tr	
电源，源	s		转子	r		死区	db	
阳极	a		定子	s		线路	l	
阴极	k		绕组端部	b		系统	s	
基极	b		耗散	d		涌流	e	
发射极	e		串励的	ser		制动	res	
集电极	c		泄漏	σ		振荡	osc	
丝极	f		整定	set		断开	off	
栅极	g		灵敏	sen		接通	on	
门，栅	g		连接	jo		有功	a	
激励	e	exc	接线	con		无功	r	
脉冲	p	pul	配合	co		附加	ad	
交变的	～（a）	alt	补偿	com		启动	st	
直流的	—（d）	（0）	可靠	reI		自启动	ast	
空载	0		动作	op		分流	di	
一次谐波(基波)	1	（1）	保护	p		励磁、接地	e	
二次谐波	2	（2）	残余	rem		反馈	fb	
n次谐波	n	（n）	剩余	r		母线	bus	
零序分量	0，h		电弧	ar		相	ph	
正序分量	1，p		同步的	s	syn	工作	W	

附录 E 特定导线和电气设备端子标记

名称	新符号		旧符号
	单字母	多字母	
1. 特定导线标记			
1.1 交流系统电源三相标记			
第一相		L1	A
第二相		L2	B
第三相		L3	C
1.2 中性线	N		
1.3 接地线	E		
1.4 保护接地线		PE	
1.5 不接地的保护导线		PU	
1.6 保护接地线和中性共同一线		PEN	
1.7 直流系统电源线			
正极		L+	
负极		L−	
中间线	M		
2. 电气设备端子标记			
2.1 交流系统的电气设备端子三相			
第一相	U		
第二相	V		
第三相	W		
2.2 中性线	N		
2.3 接地线	E		
2.4 保护接地线		PE	
2.5 直流系统			
正极	C		
负极	D		
中间线	M		

附录F　小母线新旧文字符号及其回路标号

序号	小母线名称	原编号		新编号	
		文字符号	回路标号	文字符号	回路标号
（一）直流控制、信号和辅助小母线					
1	控制回路电源	+KM、−KM	1、2；101、102；201、202；301、302；401、402	L+、L−	
2	信号回路电源	+XM、−XM	701、702	+WS700　−WS700	7001、7002
3	事故音响信号（不发遥信时）	SYM	708	WS708	708
4	事故音响信号（用于直流屏）	1SYM	728	WS728	728
5	事故音响信号（用于配电装置）	2SYMⅠ、2SYMⅡ、2SYMⅢ	727Ⅰ、727Ⅱ、727Ⅲ	WS7271、WS7272、WS7273	7271、7272、7273
6	事故音响信号（发遥信时）	3SYM	808	WS808	808
7	预告音响信号（瞬时）	1YBM、2YBM	709、710	WS709、WS710	709、710
8	预告音响信号（延时）	3YBM、4YBM	711、712	WS711、WS712	711、712
9	预告音响信号（用于配电装置）	YBMⅠ、YBMⅡ、YBMⅢ	729Ⅰ、729Ⅱ、729Ⅲ	WS7291、WS7292、WS7293	7291、7292、7293
10	控制回路断线预告信号	KDMⅠ、KDMⅡ、KDMⅢ、KDM	713Ⅰ、713Ⅱ、713Ⅲ	WS7131、WS7132、WS7133、WS713	7131、7132、7133、713
11	灯光信号	（−）DM	726	WS726（−）	726
12	配电装置信号	XPM	701	WS701	701
13	闪光信号	（+）SM	100	WH100（+）	100
14	合闸电源	+HM、−HM		+、−	
15	“掉牌未复归”光字牌	FM、PM	703、716	WD703、WD716	703、716
16	指挥装置音响	ZYM	715	WD715	715
17	自动调速脉冲	1TZM、2TZM	717、718	WD717、WD718	717、718
18	自动调压脉冲	1TYM、2TYM	Y717、Y718	WD7171、WD7172	7171、7172
19	同步装置越前时间	1TQM、2TQM	719、720	WD719、WD720	719、720
20	同步合闸	1THM、2THM、3THM	721、722、723	WD721、WD722、WD723	721、722、723

续表

序号	小母线名称	原编号		新编号	
		文字符号	回路标号	文字符号	回路标号
21	隔离开关操作闭锁	GBM	880	WD880	880
22	旁路闭锁	1PBM、2PBM	881、900	WD881、WD900	881、900
23	厂用电源辅助信号	+CFM、−CFM	701、702	+WA701、−WA701	7011、7012
24	母线设备辅助信号	+MFM、−MFM	701、702	+WA702、−WA702	7021、7022
（二）同步电压、交流电压和电源小母线					
25	同步电压（运行系统）小母线	TQM'_a、TQM'_c	A620、C620	L1′−620、L3′−620	U620、W620
26	同步电压（待并系统）小母线	TQM_a、TQM_c	A610、C610	L1−610、L3−610	U610、W610
27	自同步发电机残压小母线	TQM_j	A780	L1−780	U780
28	第一组（或奇数）母线交流电压小母线	$1YM_a$、$1YM_b$（YM_b）、$1YM_c$ $1YM_L$、$1S_cYM$、YM_N	A630、B630（B600）、C630 L630、Sc630、N600	L1−630、L2−630（600）、L3−630、L−630、L3−630（试）、N−600（630）	U630、V630（V600）、W630、L630、（试）W630、N600（630）
29	第二组（或偶数）母线交流电压小母线	$2YM_a$、$2YM_b$（$1YM_b$）、$2YM_c$ $2YM_L$、2ScYM、YM_N	A640、B640（B600）、C640 L640、S_c640、N600	L1−640、L2−640（600）、L3−640、L−640、L3−640（试）、N−600（640）	U640、V640（V600）、W640、L640、（试）W640、N600（640）
30	6～10kV备用线段电压小母线	$9YM_a$、$9YM_b$、$9YM_c$	A690、B690、C690	L1−690、L2−690、L3−690	U690、V690、W690
31	转角小母线	ZM_a、ZM_b、ZM_c	A790、B790（B600）、C790	L1−790、L2−790（600）、L3−790	U790、V790（V600）、W790
32	低电压保护小母线	1DYM、2DYM、3DYM	011、013、02	M011、M013、M02	011、013、02
33	电源小母线	DYM_a、DYM_N		L1、N	
34	旁路母线电压切换小母线	YQM_c	C712	L3−712	W712

注 表中交流电压小母线的符号和标号，适用于电压互感器（TV）二次侧中性点接地，括号中的符号和标号，适用于（TV）二次侧V相接地。